工程设计与分析系列

Proteus 电子电路设计及仿真
（第2版）

许维蓥　郑荣焕　编著

電子工業出版社.

Publishing House of Electronics Industry

北京·BEIJING

内 容 简 介

Proteus VSM 是一款强大的电子仿真软件系统，其集成原理图设计、程序编写联调、PCB 布板等众多功能于一身，深受电子爱好者及工程技术人员欢迎。

本书在修正和完善第 1 版的基础上，以最新版本的 Proteus 8.0 中文版为蓝本，由浅入深、循序渐进地介绍了 Proteus 8.0 中各部分知识及其在电子设计中的应用，包括 Proteus 8.0 基础知识、基本操作、基础设置、模拟电子应用、数字电子应用、单片机应用及 PCB 布板应用。全书通过基础知识和实例训练相结合的方式讲解 Proteus 的强大功能，且在其中穿插了模电、数电及单片机的知识，配书光盘中有本书实例的详细视频讲解。

本书适合具有一定电子设计基础的读者使用，也可作为大中专院校电子类相关专业和培训班的教材，同时对电子设计相关领域的专业技术人员也极有参考价值。

图书在版编目（CIP）数据

Proteus 电子电路设计及仿真 / 许维鋆，郑荣焕编著．—2 版．—北京：电子工业出版社，2014.2
（工程设计与分析系列）

ISBN 978-7-121-22134-7

Ⅰ．①P…　Ⅱ．①许…②郑…　Ⅲ．①单片微型计算机—系统设计—应用软件 ②单片微型计算机—系统仿真—应用软件　Ⅳ．①TP368.1

中国版本图书馆 CIP 数据核字（2013）第 297877 号

策划编辑：许存权
责任编辑：许存权　　　　特约编辑：鲁秀敏
印　　刷：北京七彩京通数码快印有限公司
装　　订：北京七彩京通数码快印有限公司
出版发行：电子工业出版社
　　　　　北京市海淀区万寿路 173 信箱　邮编　100036
开　　本：787×1 092　1/16　印张：25.5　字数：612 千字
版　　次：2014 年 2 月第 1 版
印　　次：2024 年 12 月第 19 次印刷
定　　价：59.00 元（含光盘 1 张）

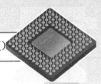

再版前言

Proteus 提供的智能模拟仿真环境能够使实验具有高效性与确定性，同时其内嵌的图表分析使实验结果直观明了。另外，Proteus 提供的多种单片机芯片及虚拟仪器，使直接在 PC 上进行预开发成为可能。

正如 Proteus 所标注的"FROM CONCEPT TO COMPLETE"，这也正是 Proteus 可以提供给电子技术开发人员的所有。本书作者具有较丰富的结合 Proteus 的电子设计开发经验，因此，也希望读者在阅读本书后能具有这种"从概念到成品"的高效性、自主性的开发能力。

本书第 1 版在 2012 年出版以来，获得读者的广泛好评，已多次重印，并且，很多读者来信介绍他们具体应用 Proteus 的情况，对本书提出了很多宝贵意见和建议。在此基础上，我们根据读者的建议、结合相关企业应用的需求和高校教学需求进行修订，推出第 2 版。第 2 版在最新软件版本 Proteus 8.0 的基础上进行写作，更新了大量内容，并且也更加贴合实际应用，相信可以更好地帮助读者深入应用 Proteus。

本书的读者对象：

① 缺乏稳定实验条件而又需要进行电子电路实验的技术人员。

② 想利用虚拟电子电路进行实验验证过程的测试人员。

③ 欲加快开发速度的单片机工程的硬件开发人员。

④ 苦于无具体实验仪器，欲避免多次烧写昂贵芯片造成损失的电子设计爱好者。

⑤ 欲一窥电子设计门径，进而具备一技之长在电子设计比赛中拿到好成绩的高校学生。

⑥ 在精通电子设计后，欲开发自己原创作品的业余发明家。

本书的应用领域：

① 高校电子设计课程。

② 电子电路开发项目。

③ 电子电路学习工具。

在本书的指导下，只要有一台安装有 Proteus VSM 的 PC，就可以轻松搭建自己的实验室，将自己的电子设计和实验想法付诸实践，不用担心昂贵的元器件被烧坏，而且可以随心所欲地修改程序，在仿真中快速地加以验证。

本书的特点：

① 直观易懂性。全书以通俗的语言介绍基础知识和实例操作，所有的知识点和操作流程尽可能集中在图片上，直观易懂，使读者能够在最短的时间内获取最多的知识。

② 先进性。以最新的 Proteus 8.0 中文版为蓝本进行讲解，并参阅了国内外大量的成功教材，一切从满足电子设计用户的需求出发。

③ 实用性。全书采用了基础知识和实例操作相结合的方法，两者互相补充，书中的实例来源于电子设计实例，电子设计所需要具备的基本知识均有涉及。

④ 结构清晰，讲解详尽。全书采用"基础知识讲解—典型实例"的循序渐进的讲解方法，一步步地提高读者学习电子设计知识及操作 Proteus 的能力，而且每个知识点和实例都做了尽可能详细的讲解，使读者学习起来轻松自如。

⑤ 多媒体示范。本书配套光盘中提供了所有实例的操作视频，读者可以在观看视频中增强对知识点的理解。

本书分为 8 章，依次介绍了以下相关内容。

第 1 章 Proteus 概述。介绍 Proteus 历史和应用领域、Proteus VSM 组件、Proteus 的启动与退出、设计流程，附带了 Proteus 的安装方法。

第 2 章 Proteus ISIS 基本操作。介绍了 Proteus ISIS 的工作界面、编辑环境设置、系统参数设置等内容。

第 3 章 Proteus ISIS 电路图绘制。介绍了绘图模式及命令、导线的操作、对象的操作、绘制电路图进阶等内容，并配有典型实例。

第 4 章 Proteus ISIS 分析及仿真工具。介绍了 Proteus ISIS 中的虚拟仪器、探针、图表、激励源等内容，并配有典型实例。

第 5 章模拟电路设计及仿真。结合模电常用电路知识及 Proteus 操作，介绍了运算放大器基本应用电路、测量放大电路与隔离放大电路、信号转换电路、移相电路与相敏检波电路、信号细分电路、有源滤波电路、信号调制/解调电路、函数发生电路等，并配有结合 Proteus 的典型实例。

第 6 章数字电路设计及仿真。结合数电常用电路知识及 Proteus 操作，介绍了基本应用电路、脉冲电路、电容测量仪、多路电子抢答器等，并配有结合 Proteus 的典型实例。

第 7 章单片机仿真。基于 ATmega16 单片机，以市场上最流行的 AVR 单片机为例，详细讲解了单片机工程在 Proteus 中的应用，介绍了 Proteus 中单片机设计开发的流程，并配有大量的实际例子进行讲解展示。

第 8 章 PCB 布板。介绍了 PCB 设计概念、Proteus ARES 软件的应用、ARES 系统设置、ARES 工作界面等内容，并且针对性地配有典型实例。

本书主要由许维崟、郑荣焕完成，参加本书编写和光盘开发的还有谢龙汉、林伟、魏艳光、林木议、王悦阳、林伟洁、林树财、郑晓、吴苗、李翔、朱小远、唐培培、耿煜、尚涛、邓奕、张桂东、鲁力、刘文超、刘新东等，同时也非常感谢腾龙工作室其他成员的帮助和支持。

由于时间仓促，书中难免有疏漏之处，请读者谅解。读者可通过电子邮件 tenlongbook@163.com 与我们交流。

编著者

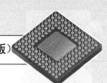

目　　录

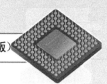

第 1 章　Proteus 概述

Proteus VSM 组合了混合模式 SPICE 电路仿真、处理器模型、动态元器件库、虚拟仪器、处理器软仿真器、第三方编译器和调试器等组件，第一次使得在物理原型构建出来之前，在计算机上完成从原理图设计、电路测试仿真、处理器代码调试联系电路实时仿真设计、功能验证、出板成品成为可能。使用 Proteus 能够帮助电子电路开发人员涉猎更多知识，缩短开发周期，降低开发成本。

 本章内容

➥ Proteus 简介和历史
➥ Proteus 的应用领域
➥ Proteus VSM 组件
➥ Proteus 设计流程
➥ Proteus 的启动和退出
➥ Proteus 的主页
➥ Proteus 工程的新建

1.1　Proteus 简介和历史

1.1.1　简介

Proteus 是英国 Labcenter electronics 公司开发的 EDA 工具软件。Labcenter electronics 公司在与相关的第三方软件公司共同开发了众多模拟和数字电路中常用的 SPICE 模型及各种动态元件（基本元件如电阻、电容、各种二极管、三极管、MOS 管、555 定时器等；74 系列 TTL 元件和 4000 系列 CMOS 元件，保存芯片包括各种常用的 ROM、RAM、EEPROM，以及常见 I^2C 器件）的基础上，整合了微处理器的仿真（如 PIC 系列、AVR 系列、8051 系列等）和常用编译器（Proton、WinAVR、KEIL）协同调试，从而产生了这款 EDA 仿真软件。

视频教学

1.1.2　历史

Proteus 自 1989 年产生至今已有 20 多年历史，由于版本和元器件的数据库更新及时，极大地方便了电子电路开发人员的开发工作，在全球被广泛使用。Labcenter electronics 公司在 7.X 版的基础上对 Proteus 进行了重大的改进，于 2013 年 2 月推出 Proteus 8.0 版本，本书使用的正是最新版 Proteus 8.0 Professional。

Proteus 8.0 不但界面更加人性化，而且文件统一在一个工程下，工程公用一个共同数据库（Common Database），可以大幅度提高电子电路开发效率。在早年版本中，原先分立的 ISIS（用于电路原理图输入及仿真）和 ARES（用于 PCB 布线与制造）两个主要模块，现在集成在同一个友好的应用框架下，使得工程开发的各个过程的联系更加紧密。

最新版包含以下新特点：

（1）全新的软件架构（Application Framework），使 Proteus 各个模块能够在单窗口或者多窗口两种方式查看。

（2）全新的共同数据库（Common Database）使电子电路的信息在整个开发平台实现实时共享。

（3）全新的完整 VSMStudio 集成开发环境使得原理图设计和固件工程紧密结合，并且 VSMStudio 集成开发环境会自动弹出窗口进行仿真。

1.2　Proteus 的应用领域

由于其具有模拟电路仿真、数字电路仿真、微处理器及其外围电路组成系统仿真、各种虚拟仪器测试及图表分析功能、PCB 布板等众多强大的功能，因此，可以很方便地使用其完成模拟电路测试、数字电路测试、微处理器系统调试而不必拘束于实验器材及环境，并且可以通过仿真形成产品。使用 Proteus 形成"实验方案设计→原理图输入→仿真调试→PCB 布板→最终产品"的电子电路设计过程，缩短开发周期，降低开发成本。

其应用领域如下：

1）电子电路辅助学习

很多有心学习电子电路知识的朋友，可能由于条件所限无法进行真实的硬件电子电路测试帮助自己加深认识。然而电子电路是理论与实验并重的学科，Proteus 的出现可以帮助解决由于缺乏元件和仪器而产生的尴尬。

2）电子电路竞赛

参加电子设计比赛的朋友，由于时间紧、任务重，一次失败往往意味着与奖项无缘。而 Proteus 完善的电子电路仿真性能可以帮助选手最大可能地降低失败率，提高获奖概率。

3）电子电路开发

从事电子电路开发的工程师及从事电子电路研究的研究人员，许多时候需要通过实验了解电路的特性，但苦于实验条件的多变性，Proteus 可以帮助解决这种问题。通过设置，完全可以构建满足要求的稳定虚拟实验室，可以很快地从中得到自己需要的数据，完成理论到实验到工程的链接。

1.3　Proteus VSM 组件

Proteus VSM 由以下组件组成：

1）原理图输入（Schematic Entry）

Proteus ISIS 是一个结合了易于使用及编辑功能强大的工具。其原理图捕获既支持电路仿真也支持 PCB 设计。ISIS 对图的处理能力非常强，包括线宽、填充类型、字符等。

2）电路仿真（Circuit Simulation）

Proteus VSM 的核心是 ProSPICE，ProSPICE 组合了 SPICE3F5 模拟仿真器和基于快速时间驱动的数字仿真器的混合仿真系统。SPICE 内核允许用户使用数目众多的供应厂商提供的 SPICE 模型，目前该软件包包含约 6 000 个模型。

Proteus VSM 包含大量的虚拟仪器。仿真器能通过色点来显示每个引脚状况，色点在单步调试 IO 码时非常有用。

3）微处理器软件协同仿真（Co-Simulation of Microcontroller Software）

Proteus VSM 最重要的特点是能够仿真运行在微处理器上的软件同连接在微处理器上的任何模拟或数字电子器件的交互事件。

在设计原理图中，有微处理器及其外围器件，微控制器模型仿真目标代码执行，正如真实芯片一样。例如，程序代码写到一个端口，逻辑电平将会相应改变。而当电路改变了处理器引脚的状态，也可以通过程序代码看到。

VSM CPU 模型完全仿真处理器的接口，例如，I/O 端口、中断、定时器、串口及其他外围接口。当然这些处理器首先得为 Proteus 所支持。这些外围接口同外部电路的交互事件完全模型化为波形级，且整个系统也被仿真。

4）源码级调试（Source Level Debugging）

Proteus VSM 具有唯一的接近实时仿真微控制器系统的能力，同时，更具备能够单步调试模式完成仿真的能力。如同普通的软件调试器。除了单步执行仿真，用户还能观察整个设计效果，包括所有的外围的电子器件及微控制器。

5）诊断信息（Diagnostic Messaging）

Proteus 配备有易于理解的诊断及追踪信息。允许用户指定以某个时间，返回所有活动或系统交互的详细文本报告。这对于确定、定位软件及硬件方面的问题大有裨益，而且比工作于物理原型上要快速和稳定。

6）外围器件模型库（Peripheral Model Libraries）

除了每个所支持系列的未处理外，库中还有成千上万的无源的、TTL/CMOS、保存器等标准器件模型。Proteus VSM 配备大量的嵌入式外围器件模型库。从数字及图形的 LCD 显示器件，从 DC、BLCD 到伺服电机及以太网控制芯片。

1.4　Proteus 设计流程

面对日益复杂的电子电路，文件的数量不断增多。为使文件的组织更加清晰，Proteus 8.0 将文件统一在一个工程下。因此，为提高开发的效率，有必要形成工程设计的思路，然后使用 Proteus，按照"设计→仿真→调试→完成"的流程完成开发，建议使用以下两种开发思路。

1.4.1　自顶向下设计

将复杂的大问题分解为相对简单的小问题，优先考虑系统的功能，然后具体到底层应该负责的工作，找出每个问题的所在，这种方法称为自顶向下设计方法。

该方法需要先考虑系统的总功能，然后一步步地将功能细化，最后分配底层的任务。该设计方法的好处是对系统的要求有很好的把握，工作细化，适用于软/硬件工程师的合作。行为设计与系统要求一般由软件工程师负责，而逻辑设计和电路设计由硬件工程师考虑，最后将两者整合。自顶向下设计流程如图1-1所示。

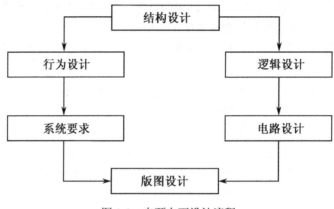

图1-1　自顶向下设计流程

1.4.2　自下而上设计

该方法是一种自下向上的递增型设计方法，要求工程师先搭建好底层物理层平台，生成零件，根据零件功能插入装配体，逐步地增加功能，软件根据物理硬件的接口进行编写，最后整合为一个系统，再考察系统的特性。此方法的好处是底层零件的相互关系及重建行为将更简单，使用自下而上可以让工程师专注于零件的设计工具，不断改造底层而影响整体系统的功能。自下而上设计流程如图1-2所示。

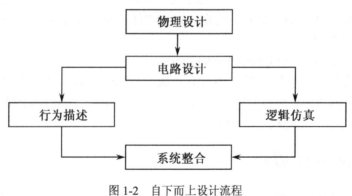

图1-2　自下而上设计流程

1.5 Proteus 的安装方法

Proteus 8.0 可运行于 Windows 98/2000/XP/Vista/7 环境，对 PC 要求不高，一般主流配置即可满足要求。下面介绍 Proteus 8.0 在 Windows XP 环境中的安装方法，至于在 Windows 7 中的安装，过程与此类似，如有问题，请参阅相关文献。

先单击安装图标 ，在单击安装图标后，会进入图 1-3 所示界面。

图 1-3 安装欢迎界面

单击 Next 按钮进入安装协议界面，如图 1-4 所示。

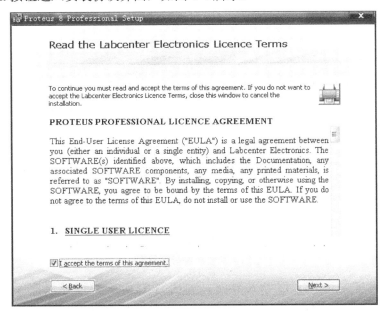

图 1-4 安装协议界面

视频教学

勾选"我接受协议中的所有条款（I accept the terms of this agreement）"复选框，单击 Next 按钮，进入安装方式界面，如图1-5所示。

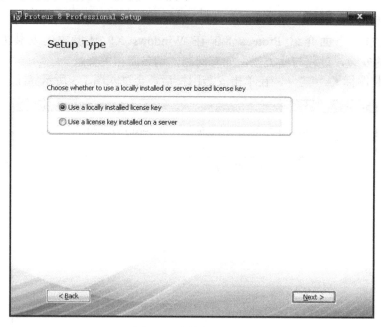

图1-5　安装方式界面

在安装方式界面可以选择许可证的来源，若无许可证，则无法继续安装。选择完许可证的来源，单击 Next 按钮，进入安装许可证界面，如图1-6所示。

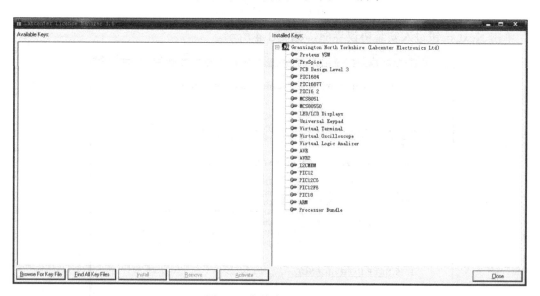

图1-6　安装许可证界面

安装完许可证，进入文件导入界面，如图 1-7 所示。可导入旧版样式（Legacy Styles）、缓存文件（Templates）、库（Libraries）等旧版本 Proteus 的资源。为充分利用资源，一般全部勾选。单击 Next 按钮，出现选择安装界面。

视频教学

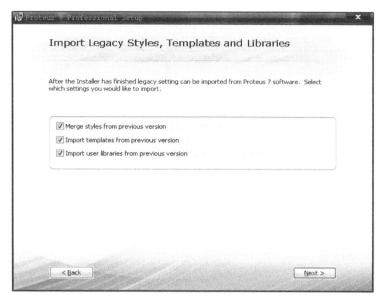

图 1-7 文件导入界面

在选择安装界面下，典型（Typical）已经能满足一般需要，若有特殊需要，可以选择
自定义（Custom）。这里单击 Typical 按钮，等待系统安装，如图 1-8 所示。

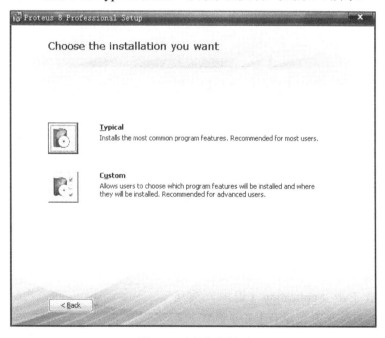

图 1-8 选择安装界面

Proteus 已经安装完毕，单击 Close 按钮关闭安装窗口或者单击运行 Proteus 8 专业版
（Run Proteus 8 Professional）按钮运行 Proteus，或者单击右上角的关闭按钮退出安装程序，
如图 1-9 所示。

需要提醒的是，Proteus 默认的安装路径为 C:\Program Files\Labcenter Electronics\

Proteus8，如果想要变更，请自行选择合适的安装路径。

图1-9　安装完成界面

1.6　Proteus 的启动和退出

　　Proteus 安装好后，单击"任务栏→开始→程序→Proteus 8 Professional"，此时将会出现 Proteus 菜单，如图 1-10 所示。

　　建议为 Proteus 创建桌面快捷方式。这样每次可以直接从桌面快速启动。

　　启动 Proteus 可以在桌面上双击已建立的桌面快捷方式或者单击图 1-10 所示的 Proteus 菜单图标，成功启动后，直接进入 Home Page（主页），如图 1-11 所示。

　　Proteus 的退出方法：单击 File（文件）选项，然后再单击 Exit Application（退出）选项（见图 1-12）。或直接单击窗口右上角的 ，又或者先按组合键"Alt+F"再按组合键"Alt+X"。

图 1-10　Proteus 菜单

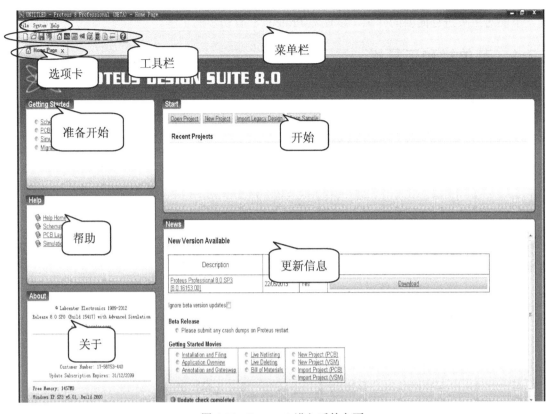

图 1-11　Proteus 8 进入后的主页

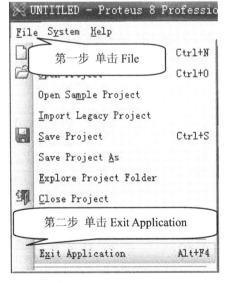

图 1-12　Proteus 的退出

1.7　Proteus 的主页

Proteus 的（Home Page）主页是全新的 Proteus 模块，它的出现使工程设计入手更加快捷。下面对主页进行简要的介绍，以便对 Proteus 8 有初步的了解。

1.7.1 菜单栏和工具栏

1．菜单栏

菜单栏包括工程的新建、打开、保存、关闭和系统设置等操作。

Proteus 的主页菜单栏如图 1-13 所示，包括 File（文件）、System（系统）和 Help（帮助）三个菜单。每一个菜单下面还有子菜单。

File System Help

图 1-13　菜单栏

① File 菜单包括常用的文件功能。包括新建工程、打开工程、保存工程、关闭工程和退出应用框架等操作。

② System 菜单包含系统设置一项功能。

③ Help 菜单包括总览、版本信息、打开帮助文件等操作。

2．工具栏

工具栏内含多种工具，帮助快速进行文件操作和进入不同模块，如图 1-14 所示。

图 1-14　工具栏

工具栏图标及其用法如表 1-1 所示。

表 1-1　主工具栏图标

图　　标	图 标 名 称	图标按钮作用
	新建工程	按下该按钮将会新建一个工程文件
	打开工程	按下该按钮可以选择打开已有工程文件
	保存工程	按下该按钮将保存工程文件
	关闭工程	按下该按钮将关闭工程文件
	打开主页	按下该按钮将打开 Proteus 主页
	打开 ISIS	按下该按钮将打开 ISIS
	打开 ARES	按下该按钮将打开 ARES
	打开 3D 浏览器	按下该按钮将打开 3D 浏览器
	打开 Gerber 浏览器	按下该按钮将打开 Gerber 浏览器
	打开设计浏览器	按下该按钮将打开设计浏览器
	生成元器件报表	按下该按钮将生成元器件报表
	打开代码编辑器	按下该按钮将打开代码编辑器
	打开帮助文件	按下该按钮将打开帮助文件

1.7.2　选项卡

选项卡是 Proteus 8 新增的功能，正在运行的模块在选项卡中以高亮显示，如图 1-15 所示。通过鼠标拖动可以在一个新的窗口中打开模块或者合并选项卡。在新的窗口中打开模块也可以采取双击选项卡的方法。单击选项卡上 × 可以关闭相应的选项卡。

图 1-15　选项卡

1.7.3　准备开始框

准备开始框包括 Schematic Capture（原理图设计）、PCB Layout（PCB 设计）、Simulation（电子电路仿真）和 Migration Guide（操作迁移指南），如图 1-16 所示。单击相应的选项，可以打开相应的帮助文件，这有助于快速熟悉并适应 Proteus 8 的开发环境。

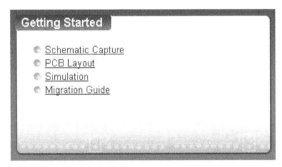

图 1-16　准备开始框

1.7.4　开始框

开始框包括 Open Project（打开工程）、New Project（新建工程）、Impot Legacy Design（导入旧版设计）和 Open Sample（打开样例），如图 1-17 所示。Recent Projects（最近工程）罗列出最近打开的工程，有利于快速进入工程。

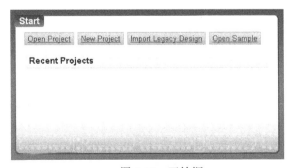

图 1-17　开始框

1.8 Proteus 工程的新建

Proteus 8 中，工程思想极大地方便了工程的管理，所有文件都必须包含在一个工程下。新建工程可以单击 Home Page（主页）的 Start（开始区）中的 New Project（新建工程），如图 1-18 所示，也可以单击"File（文件）→New Project（新建工程）"（见图 1-19）或者直接单击 □。

图 1-18 新建工程（方法一）

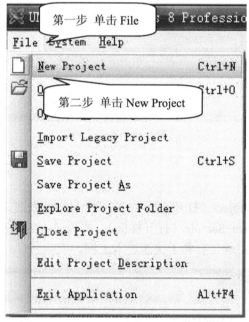

图 1-19 新建工程（方法二）

之后出现图 1-20 所示的窗口，输入工程文件名以及工程文件的存储路径。存储路径中出现中文、空格和特殊字符不影响开发人员对工程文件的操作。若选中 New Project（新工程）单选按钮，则为新建普通工程；若选中 From Development Board（从开发板）单选按钮，则为新建开发板工程。选择 New Project 单选按钮，单击 Next 按钮，进入下一窗口。如果新建开发板工程，Proteus 8 会自动加载开发板原理图，并开启编译器供代码输入。

视频教学

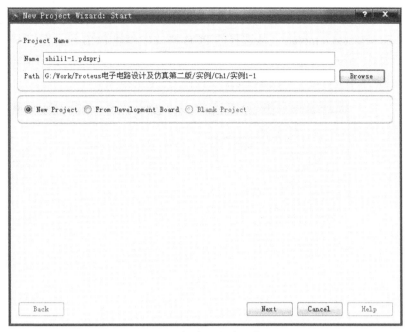

图 1-20　新建工程窗口之一

Proteus 8 自带了若干种图纸样式，选择"Create a schematic from the selected template
（从选择的图纸样式中创建原理图）"单选按钮之后可以选择图纸样式，单击 Next 按钮进入
下一窗口（见图 1-21）。若不需创建原理图，则选择"Do not create a schematic（不创建原
理图）"单选按钮。

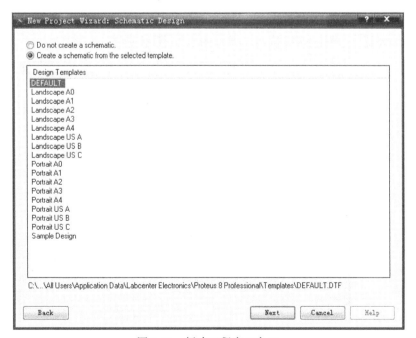

图 1-21　新建工程窗口之二

Proteus 8 自带了若干种 PCB 样式，若需要进行 PCB 的设计，则选择"Create a PCB layout from the selected template（从选择的 PCB 样式中创建 PCB 设计图）"单选按钮（见图 1-22）。之后单击 Next 按钮，进入下一窗口。若不需要进行 PCB 的设计与制造，则选择 "Do not create a PCB layout（不创建 PCB 设计图）"单选按钮。

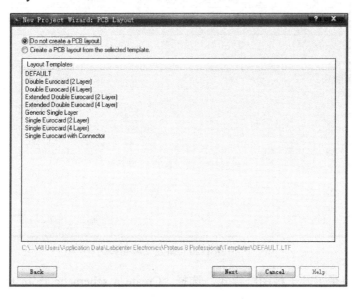

图 1-22　新建工程窗口之三

如图 1-23 所示，如果开发的电子电路不含微处理器，则选择"No Firmware Project（无固件工程）"单选按钮；反之，选择"Create Firmware Project（创建固件工程）"单选按钮，并且可以选择工程所需的微处理器的 Family（系列）、Contoller（型号）和所需的 Compiler（编译器）。单击 Next 按钮，弹出图 1-24 所示窗口。

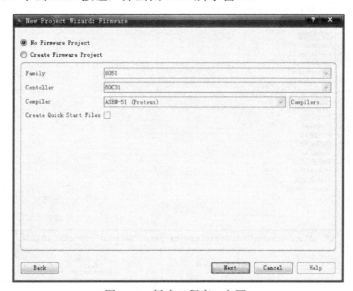

图 1-23　新建工程窗口之四

视频教学

单击 Finish 按钮，工程文件即创建完毕，Proteus 8 自动打开 Proteus ISIS 模块供开发人员输入原理图（见图 1-25）。

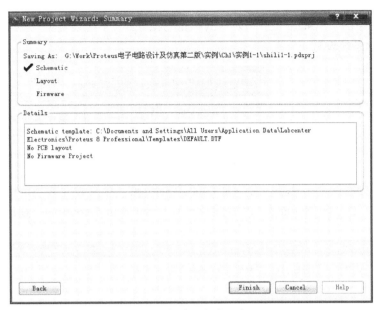

图 1-24　新建工程窗口之五

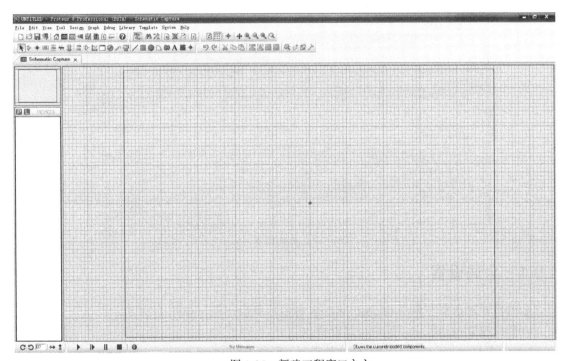

图 1-25　新建工程窗口之六

关于 ISIS 模块的操作，将在后面几章重点介绍。

1.9　Proteus 的系统设置

单击主页中的"System（系统）→System Settings（系统设置）"（见图 1-26），可以对 Proteus 8 进行系统设置。

第一步　单击 System

第二步　单击 System Settings

图 1-26　打开系统设置

系统设置中有四个子选项，分别是 Global Settings（全局设置）、Simulator Settings（仿真设置）、PCB Design Settings（PCB 设计设置）和 Crash Reporting（崩溃报告）等（见图 1-27）。

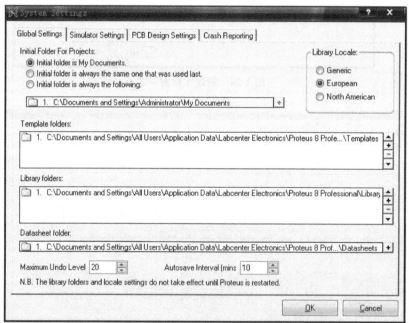

图 1-27　系统设置窗口

1.9.1　全局设置

全局设置对话框在单击 Global Settings 标签后就会出现，如图 1-28 所示。

在全局设置对话框中，用户可以设置：

Initial Folder For Projects（默认文件夹）：通过勾选选中以下三种状态，即①Windows 的 My Documents 文件夹；②默认为最后设计所用的文件夹；③默认文件夹如下。其中，第三个选项可以选择计算机中的指定文件夹。默认路径：操作系统安装盘:\Documents and Settings\Administrator\My Documents。

视频教学

Library Locale（本地库）：通过勾选选中下列三种状态，即 Generic（普通）、European（欧洲）、North American（北美）。

Template folders（模板文件夹）：通过选择计算机中指定文件夹作为模板文件夹。默认路径：安装盘:\Proteus 8 Professional\Templates。

Library folders（库文件夹）：通过选择计算机中指定文件夹作为库文件夹。默认路径：安装盘:\Proteus 8 Professional\Library。

Datasheet folder（数据表文件夹）：通过选择计算机中指定文件夹作为数据表文件夹。默认路径：安装盘:\Proteus 8 Professional、Datasheets。

Maximum Undo Level（最多撤销步数）：用户可以通过输入数字调节撤销的步数。

Autosave Interval (mins)（自动保存时间（分钟））：用户通过输入数字调节。

注意

①本地库和库文件夹必须重启 Proteus 8，设置才会生效。
②自动保存时间是以分钟为单位设置的。

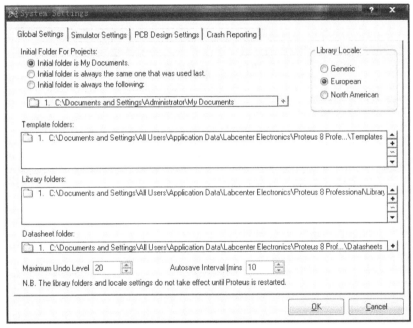

图 1-28　全局设置

1.9.2　仿真设置

仿真设置对话框在单击 Simulation Settings 标签后就会出现，如图 1-29 所示。

Simulation Model and Module Folders（仿真模型和模块文件夹）：通过选择计算机中指定文件夹作为仿真模型和模块文件夹。默认路径：操作系统安装盘:\Documents and Settings\All Users\Application Data\Labcenter Electronics\Proteus 8 Professional\Model。

Path to folder for simulation results（存放仿真结果文件夹）：通过选择计算机中指定文

件夹作为存放仿真结果文件夹。默认路径：操作系统安装盘:\Documents and Settings\All Users\Application Data\Labcenter Electronics\Proteus 8 Professional\Simulation Results。

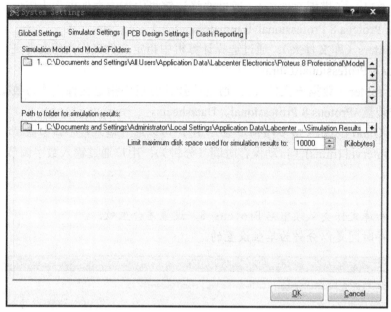

图 1-29　仿真设置

1.9.3　PCB 设计设置

PCB 设计设置对话框在单击 PCB Design Settings 标签后就会出现，如图 1-30 所示。

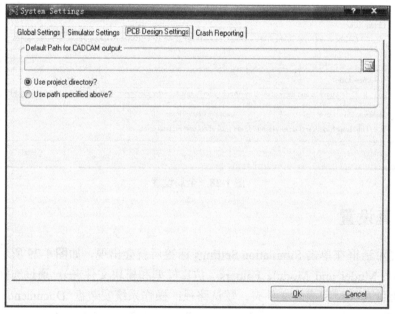

图 1-30　PCB 设计设置

视频教学

Default Path for CAD/CAM output（CAD/CAM 输出的默认路径）：通过选择计算机指定的文件夹作为 CAD/CAM 文件的输出文件夹。

Use project directory（使用工程所在路径）：选中该单选按钮，则 CAD/CAM 文件的输出文件夹为工程所在文件夹。

Use path specified above（使用上述的特殊路径）：选中该单选按钮，则 CAD/CAM 文件的输出文件夹为用户自己设置的路径。

1.9.4　崩溃报告设置

崩溃报告设置对话框在单击 Crash Reporting 标签后就会出现，如图 1-31 所示。

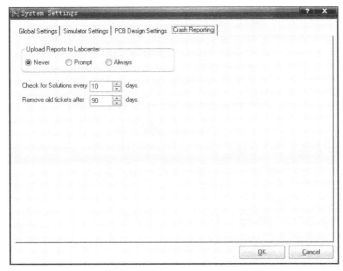

图 1-31　崩溃报告设置

上传崩溃报告给 Labcenter 公司能够让 Labcenter 公司进一步修改 Proteus 8 的漏洞，使得 Proteus 更有利于开发人员的使用。

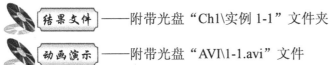

结果文件——附带光盘"Ch1\实例 1-1"文件夹

动画演示——附带光盘"AVI\1-1.avi"文件

新建一个普通的 Proteus 工程。

（1）单击 File（文件）→New Project（新建工程）（见图 1-32）。

（2）输入工程文件名以及工程文件的存储路径，选中 New Project（新工程）单选按钮，单击 Next 按钮（见图 1-33）。

（3）选中 Create a schematic from the selected template（从选择的模板中创建原理图）单选按钮，选择 DEFAULT（默认），单击 Next 按钮（见图 1-34）。

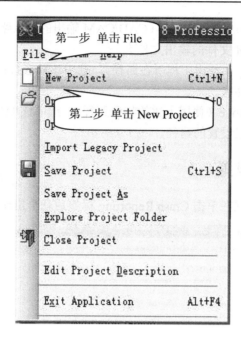

图 1-32　新建工程

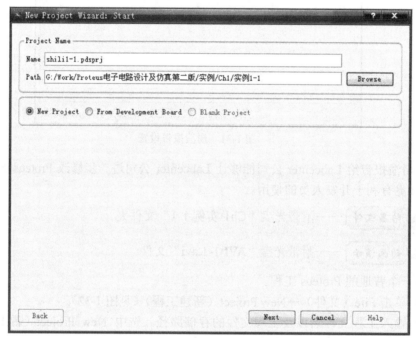

图 1-33　输入工程文件名

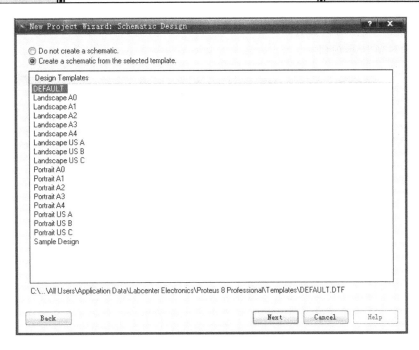

图 1-34 选择模板

（4）选中 Do not create a PCB layout（不创建 PCB 设计图）单选按钮，单击 Next 按钮（见图 1-35）。

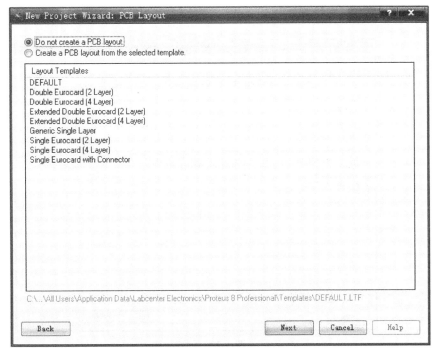

图 1-35 不创建 PCB 设计图的设置

（5）如图 1-23 所示，选中 No Firmware Project（无固件工程）单选按钮，单击 Next 按钮，弹出图 1-36 所示窗口。

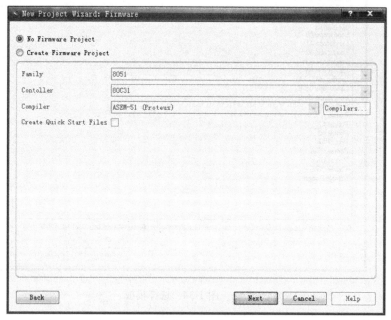

图 1-36　无固件工程的设置

（6）单击 Finish 按钮，工程文件即创建完毕，如图 1-37 所示。新建的工程为默认模板、无 PCB 设计、无固件设计的工程。

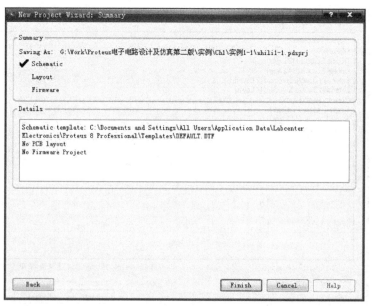

图 1-37　创建完毕

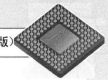

第 2 章　Proteus ISIS 基本操作

本章主要是介绍 Proteus 8 中的原理布线系统 Proteus ISIS 的基本操作，包括其工作界面、菜单、工具栏，以及环境参数设置。本章的内容为 Proteus VSM 的入门基础，是后续学习的必要，但如果之前接触过 Proteus，可以选择性地阅读。

 本章内容

- ↘ Proteus ISIS 工作界面
- ↘ Proteus ISIS 工具栏
- ↘ Proteus ISIS 菜单
- ↘ Proteus ISIS 模板设置

 本章案例

- ↘ 原理图绘制实例

2.1　Proteus ISIS 工作界面

工程新建后，Proteus 8 自行启动 Proteus ISIS 模块，工作界面如图 2-1 所示。

2.1.1　编辑窗口

编辑窗口为点状栅格区域，显示正在编辑的电路原理图，可以通过 View 菜单中的 Redraw 命令来刷新显示内容，同时预览窗口中的内容会跟着刷新。一般情况下，伴随着电路原理图的编辑，显示内容实时刷新。编辑窗口用于放置元件、进行连线、绘制原理图，是 ISIS 最直观的部分。

视频教学

1．编辑窗口的缩放和移动

经常需要将原理图某部分进行放大以方便放置元件，或者需要将整个电路缩放至最合适位置以获得一目了然的全局观察视野，这时就需要使用编辑窗口缩放的命令。在菜单栏的 View（查看）菜单下有四个命令：Zoom In（放大）、Zoom Out（缩小）、Zoom All（全局缩放）、Zoom to Area（区域缩放），可以单击这些命令达到所需的视野，或者通过前面主工具栏内四个关于缩放的图标 进行缩放，或者可以通过快捷键 F6（放大）、F7（缩小）、F8（缩放至全局），或者通过鼠标的竖直滚轮达到缩放效果，十分方便。

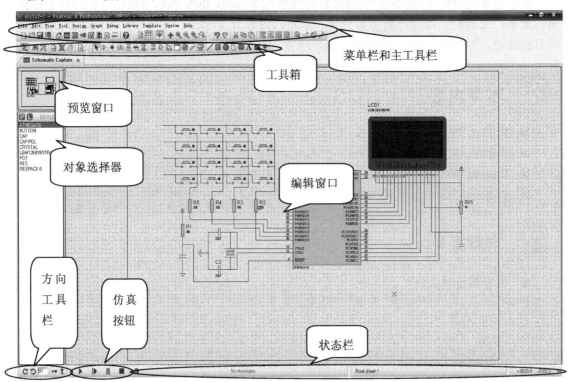

图 2-1　Proteus ISIS 界面

当原理图规模达到一定程度后，即使 ISIS 最大化也不能够显示原理图的全部，放大后，必须通过移动编辑窗口才能达到观察原理图全部的目的。单击预览窗口中的绿框，移动鼠标，编辑窗口的原理图随着鼠标的移动而移动。当原理图移动到视野的合适位置时，再单击预览窗口中的绿框，原理图即不再随鼠标移动。移动原理图也可以在编辑窗口中单击鼠标的竖直滚轮，非常方便。

2．编辑窗口的栅格

编辑窗口内的栅格可以帮助对齐元件，这也是十分方便的功能之一。可以通过单击菜单栏内的 View（查看）中的 Toggle Grid（切换网格）开启或者禁止，或者使用快捷键 G，点与点之间的距离可以通过当前捕捉的设置决定，如图 2-2 所示。

图 2-2　栅格的开启与设定

当用户使用鼠标在编辑窗口内移动时，坐标值就是凭着栅格捕捉值的固定步长增长的，如果需要确切地知道位置的坐标，则使用 View（查看）菜单栏内的 Toggle X-Cursor（切换光标）命令，选中后将会在捕捉点显示一个小的交叉十字，而状态栏则会显示准确的坐标值。

3．编辑窗口的实时捕捉

当鼠标指针指向元件时，例如，指向引脚末端或引线，则鼠标指针将会捕捉到这些物体，这种功能称为实时捕捉，这种功能可以方便地将导线和引脚连接。当然，元件太密集时，实时捕捉的对象可能不是需要连接的，这时可以通过放大原理图达到正确捕捉的目的。

2.1.2　预览窗口

预览窗口用于显示全部原理图。窗口内的绿框标识编辑窗口中显示的区域。在预览窗口上单击将会以单击位置为中心刷新编辑窗口。其他情况下当一个对象有以下情况：

① 使用旋转或镜像按钮。
② 在对象选择器中被选中。
③ 为一个可以设定朝向的对象类型图标时。

则显示将要被放置的对象的预览。此对象为"放置预览"特性激活状态。放置对象若执行非以上情况，"放置预览"特性被解除。

2.1.3　对象选择器

对象选择器根据图标决定的当前状态而显示不同的内容。显示的对象包括设备、中断、标注、图形、引脚和图形符号等。

对象选择器有一个 Pick 切换按钮，单击该按钮可以弹出库元件选取窗体。通过窗体可以选择元件并置入对象选择器，在以后绘图时使用。

另外，对象选择器有一个 L 按钮，用于管理库元件。

2.1.4　菜单栏与主工具栏

菜单栏与主工具栏是整个原理图绘画的控制中心，包括文件的打开、加载、存储，操作的重复、撤销、元件的查找等功能。

如图 2-3 所示为菜单栏与主工具栏。Proteus ISIS 的菜单栏包括有 File（文件）、Edit（编辑）、View（查看）、Tool（工具）、Design（设计）、Graph（绘图）、Debug（调试）、Library（库）、Template（模板）、System（系统）、Help（帮助）。单击任一个菜单后都将会弹出相应的下拉菜单。工具栏中的所有命令都能在菜单栏及其下拉菜单中找到。主工具栏有一系列的图标代替文字形象地说明它们的作用。

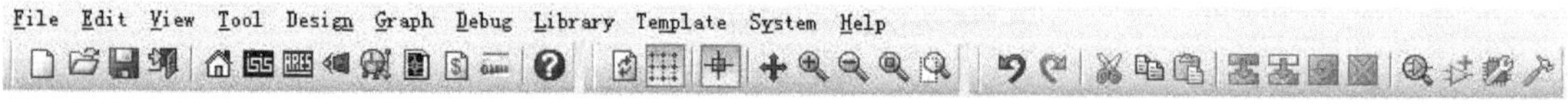

图 2-3　菜单栏与主工具栏

1. 菜单栏

File 菜单包括常用的文件功能，例如，新建工程、打开工程、导入工程、导入旧版工程、保存工程、关闭工程、导入位图、导出工程、打印命令、打印设置、显示最近工作文件及退出 Proteus 8 等操作。

Edit 菜单包括操作的撤销/恢复、元件的查找与编辑、剪切/复制/粘贴及层叠关系设置。

View 菜单包括重画、切换网格、原点、切换光标、网格间距设置、电路图的缩放及工具条设置。

Tool 菜单包括实时标注、全局标注、属性设置、编译网络表、电器规则检查、模型编译等。

Design 菜单包括编辑设计属性、编辑页面属性、编辑设计注释、设定电源范围、新建页面、删除页面、上一页/下一页、转页等命令。

Graph 菜单包括编辑图表、仿真图表、查看日志、导出数据、清除数据、一致性分析及批模式一致性分析。

Debug 菜单包括启动/暂停/停止仿真、单步执行、跳进函数、跳出函数、跳至光标处、恢复弹出窗口、恢复模型固化数据、使用远程调试监控、设置诊断、窗口水平对齐、窗口竖直对齐等。

Library 菜单包括元件/符号的选取及创建、封装工具及库管理器的调用等。

Template 菜单包括跳转到主图、设置设计默认值、设置图形颜色、设置图形颜色、设置文本颜色、设置文本风格、设置图形文本、设置连接点、从其他设计导入风格等。

System 菜单包括系统设置、设置属性定义、设置图纸大小、设置文本编辑选项、设置快捷键、设置动画选项、设置仿真选项等。

Help 菜单包括 Schematic Capture Help（原理图设计帮助）、Schematic Capture Tutorial（原理图设计样例）、Simulation Help（仿真帮助）、版本信息等。妥善运用好帮助文件，可以对 ISIS 有更加娴熟的应用和更加深刻的认识。

2. 主工具栏

主工具栏图标及其用法部分已经在表 1-1 中列出，剩余部分请参见表 2-1。

表 2-1　主工具栏图标

图　　标	图 标 名 称	图标按钮作用
	刷新	按下该按钮可以刷新编辑窗口
	切换栅格	按下该按钮可以开启/关闭网格显示
	切换为原点	按下该按钮可使能/禁止人工原点设定
	光标居中	按下该按钮使得光标居于编辑窗口中央
	放大	按下该按钮放大编辑窗口显示范围内的图像
	缩小	按下该按钮缩小编辑窗口显示范围内的图像
	缩放到全图	按下该按钮编辑窗口显示全部图像
	缩放到区域	按下该按钮出现区域廓选，选中后将显示区域内容
	撤销	按下该按钮撤销前一步操作
	重做	按下该按钮重做撤销的命令
	剪切	按下该按钮可剪切对象
	复制	按下该按钮可复制对象
	粘贴	按下该按钮可粘贴被剪切或被复制对象
	块复制	按下该按钮以区域形式复制对象区域
	块移动	按下该按钮以区域形式移动对象区域
	块旋转	按下该按钮以区域形式旋转对象区域
	块删除	按下该按钮以区域形式删除对象区域
	从库中选择元件	按下该按钮将进入库中选择所需的元件、终端、引脚、端口和图形符号
	创建元件	按下该按钮将选中的图形/引脚编译成器件并入库
	封装工具	按下该按钮将启动可视化封装工具
	分解	按下该按钮将选择的对象拆解成原型

2.1.5　状态栏

状态栏里的文字显示鼠标指向停留状态，报告一些图标或按钮的命令说明或在编辑窗口中的坐标，仿真时会显示实际运行时间、运行信息等内容。

2.1.6　工具箱

工具箱内含有多种工具，帮助进行原理图的编辑设计及仿真，这里将继续详细介绍工具箱内各工具的用法。

选择工具箱内相应的工具箱图标按钮，将提供不同类型的操作工具。如图 2-4 所示为工具箱。

图 2-4　工具箱

工具箱图标及其说明如表 2-2 所示。

表 2-2　工具箱图标及说明

图　标	图 标 名 称	说　明
	切换自动连线器	使能/禁止自动连线器。启用时直接单击想要连接的元件端点，连线器将会自动编辑路径连线
	搜索并选中元件	根据属性的匹配自动寻找并选中元件
	属性分配工具	通用属性分配工具。单击后将产生属性分配工具
	新页面	创建一个新的根页面
	移动删除页面	删除当前页面
	退出到父页面	离开当前页面返回到父页面
	查看电气报告	生成电气规则报告
	选择模式	按下此按钮将会进入选择模式。此模式下可以选择任意元件并编辑元件的属性
	元件模式	按下此按钮将会进入元件模式。此模式下可选择元件
	节点模式	按下此按钮将会进入节点模式。此模式下可在原理图中标注连接点
	连线标号模式	按下此按钮将会进入连线标号模式。此模式下可以在原理图中标识一条线段（为线段命名）
	文字脚本模式	按下此按钮将会进入文字脚本模式。此模式下可以在原理图输入一段文本
	总线模式	按下此按钮将会进入总线模式。此模式下可以在原理图绘制一段总线
	子电路模式	按下此按钮将会进入子电路模式。此模式下可以绘制一个子电路模块
	终端模式	按下此按钮将会进入终端模式。此模式下对象选择器列出各种终端（如普通端口、输入端口、输出端口、双向端口、电源端口、地端口、总线端口等）
	器件切换模式	按下此按钮将会进入器件切换模式。此模式下对象选择器列出各种引脚（如普通引脚、时钟引脚、反电压引脚、短接引脚等）
	图表模式	按下此按钮将会进入图表模式。此模式下对象选择器出现各种仿真分析所需的图表（如模拟图表、数字图表、混合图表、频率分析图表、传输图表、噪声图表、傅里叶图表、DC 图表、AV 图表、音频图表等）
	活动弹出窗口模式	按下此按钮将会进入活动弹出窗口模式
	激励源模式	按下此按钮将会进入激励源模式。此模式下对象选择器出现各种信号源（如 DC 信号源、正弦信号源、脉冲信号源、文件信号源、指数信号源、音频信号源等）
	探针模式	按下此按钮将会进入探针模式且可在原理图添加探针。此模式用于仿真时显示探针处的电压值或电流值
	虚拟仪器模式	按下此按钮将会进入虚拟仪器模式。此模式下对象选择器出现各种虚拟仪器（如示波器、逻辑分析仪、定时/计数器、虚拟终端、SPI 调试器、I2C 调试器、信号发生器、模式发生器、直流电压计、直流电流计、交流电压计、交流电流计等）

视频教学

续表

图 标	图标名称	说 明
	2D 图形直线模式	按下此按钮将会进入 2D 图形直线模式。此模式用于创建元件或表示图表时划线
	2D 图形框体模式	按下此按钮将会进入 2D 图形框体模式。此模式用于创建元件或表示图表时绘制方框
	2D 图形圆形模式	按下此按钮将会进入 2D 图形圆形模式。此模式用于创建元件或表示图表时绘制圆形
	2D 图形圆弧模式	按下此按钮将会进入 2D 图形圆弧模式。此模式用于创建元件或表示图表时绘制弧线
	2D 图形闭合路径模式	按下此按钮将会进入 2D 图形闭合路径模式。此模式用于创建元件或表示图表时绘制任意形状图标
	2D 图形文本模式	按下此按钮将会进入 2D 图形文本模式。此模式用于创建元件或表示图表时插入各种文字说明
	2D 图形符号模式	按下此按钮将会进入 2D 图形符号模式。此模式用于创建元件或表示图表时选择各种符号元件
	2D 图形标记模式	按下此按钮将会进入 2D 图形标记模式。此模式用于产生各种标记图标

2.1.7　方向工具栏与仿真按钮

方向工具栏内的按钮及输入窗口是作为旋转对象所用的，合理地编排对象的角度及位置，可以降低原理图连线的复杂程度，保证电路的正确性。

仿真按钮是起到对控制仿真启动、运行与停止的作用。

在 Proteus 原理图编辑里面，线路的连接是非常重要的，只有线路连接正确才可以确保电路运行安全、稳定、正确，运用方向工具栏内的方向按钮对对象进行操作可以使对象的摆放合理，方便连线的设计。仿真按钮控制仿真的进行。如图 2-5 所示为方向工具栏与仿真按钮。

图 2-5　方向工具栏与仿真按钮

方向工具栏与仿真按钮图标及说明如表 2-3 所示。

表 2-3　方向工具栏与仿真按钮图标及说明

图 标	功 能	说 明
	旋转按钮	按钮以 90° 的偏置改变元件放置方向，方框内的输入为 90° 的整数倍
	镜像	水平镜像按钮以 Y 轴为对称轴，按 180° 的偏置旋转元件。竖直镜像按钮以 X 轴为对称轴，按 180° 的偏置旋转元件
	启动仿真	按下此按钮将启动仿真
	单步启动	按下此按钮将启动单步仿真
	暂停	按下此按钮将会暂停仿真
	停止	按下此按钮将会停止仿真

2.2　模板设置

模板控制电子电路图的外观，如电子电路图中的图形格式、文本格式、设计颜色、线条连接点大小和图形等。由于每个人都有自己的工作习惯，因此，在使用软件工作时都希望构造最适合自己的工作模板。合适的工作模板不但可以使得编辑环境美观、简洁，而且可以在提高工作效率的同时保持一颗好心情。

2.2.1　模板风格设置

设置模板风格，做法如图 2-6 所示。

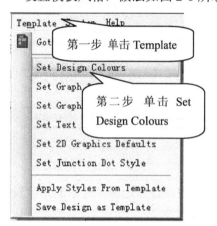 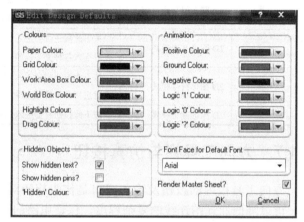

图 2-6　模板风格设置

默认在模板风格设置对话框内可以进行 Paper Colour（图纸颜色）、Grid Colour（栅格颜色）、Work Area Box Colour（工作边框颜色）、World Box Colour（边界框颜色）、Highlight Colour（高亮颜色）、Drag Colour（拖曳颜色）等，以及 Animation（电路仿真）时 Positive Colour（正极颜色）、Ground Colour（地颜色）、Negative Colour（负极颜色）、Logic '1' Colour（逻辑'1'颜色）、Logic '0' Colour（逻辑'0'颜色）、Logic '?' Colour（逻辑'?'颜色）的设置，同时还可以设置 Hidden Objects（隐藏对象）的显示与否及其颜色，还可以设置编辑环境的 Font Face for Default Font（默认字体）。

2.2.2　图表设置

图表的设置如图 2-7 所示，用以设置图表。

在图 2-7 所示的对话框内可对 Graph Outline（图表轮廓）、Background（背景）、Graph Title（图表标题）、Graph Text（图表文本）、Tagged/Hilite（选中）等选项按照期望颜色进行设置，同时也可以对 Analogue Traces（模拟轨迹）及 Digital Traces（数字轨迹）中的 Standard（标准）、Bus（总线）、Control（控制）、Shadow（阴影）的颜色等进行设置。

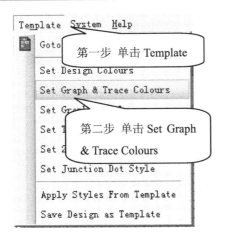
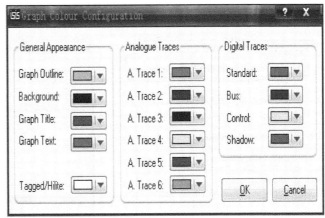

图 2-7　图表设置

2.2.3　图形设置

图形的设置如图 2-8 所示，用以设置图形。

在图形设置的对话框内可以编辑图形风格，如 Line style（线型）、Width（线宽）、Colour（线的颜色）及 Fill Attributes（图形）的 Fill style（填充类型），以及 Fg colour（颜色）。在填充类型下拉列表框可选择不同的系统图形风格，在对话框内可以 New（新建）、Rename（重命名）、Delete（删除）、Undo（撤销）、Import（导入）属于自己的风格。

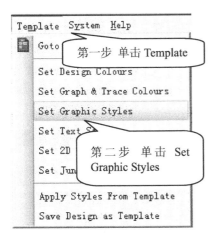
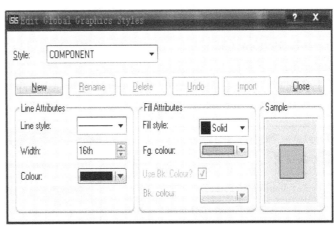

图 2-8　设置图形

2.2.4　文本设置

文本风格的设置如图 2-9 所示，用以设置文本。

通过文本风格设置的对话框可以在字体（Font face）下拉列表框中选择所需字体，也可以设置文字的宽度（Width）、高度（Height）、颜色（Colour）、效果（Effects）等，效果通过勾选粗体（Bold）、斜体（Italic）、下画线（Underline）、删除线（Strikeout）、可见

（Visible）来达到。在最下面的样例（Sample）中可以预览文字设置的效果。

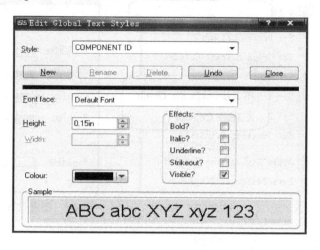

图 2-9　文本设置

2.2.5　图形文本设置

图形文本的设置如图 2-10 所示，用以设置图形文本。

如图 2-10 所示，通过图形文本设置对话框，可以在 Font face（字体）列表中选择 2D 图形文本的字体类型，在 Text Justification（文本位置）内可以选择 Horizontal（水平位置）[Left（靠左）、Centre（居中）、Right（靠右）]、Vertical（垂直位置）[Top（靠上）、Middle（居中）、Bottom（靠下）]，在 Effects（效果）内可以勾选 Bold（粗体）、Italic（斜体）、Underline（下画线）、Strikeout（删除线）来选择字体的效果，在 Character Sizes（字体大小）内可以设置 Height（高度）、Width（宽度）。要注意的是：某些字段（如字体宽度、粗细、下画线等）在特殊字体时使用。

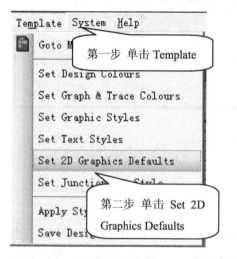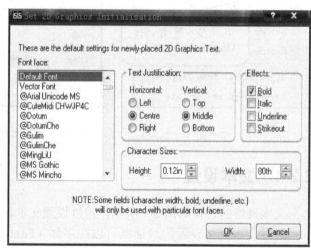

图 2-10　图形文本设置

视频教学

2.2.6　交点设置

交点设置如图 2-11 所示，用以设置交点。

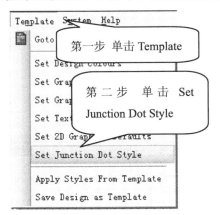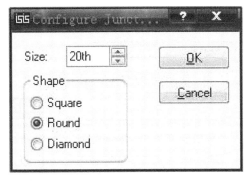

图 2-11　交点设置

如图 2-11 中的交点设置对话框，可以设置 Size（交点的大小）及 Shape（形状），形状通过勾选 Square（方形）、Round（圆形）、Diamond（菱形）选取，确定好后单击 OK 按钮便可以完成设置。

2.3　系统参数设置

系统参数设置让用户可以很方便地调整各种系统参数，包括大量隐藏的系统参数，使得使用 Proteus ISIS 更得心应手。

2.3.1　属性定义设置

如图 2-12 所示为打开的属性定义设置对话框。

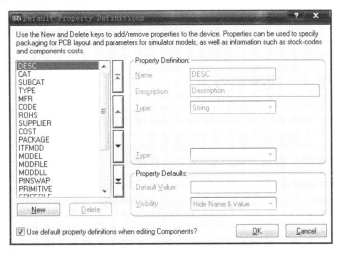

图 2-12　属性定义设置

视频教学

属性关联了元件、端口、引脚、图形等，在这个对话框内可以使用"新建"和"删除"命令添加或移除器件属性，这些属性用来指定 PCB 封装、仿真模型参数及一些其他信息，如库存代码、器件成本。

2.3.2　图纸大小设置

如图 2-13 所示为打开的图纸大小设置对话框。

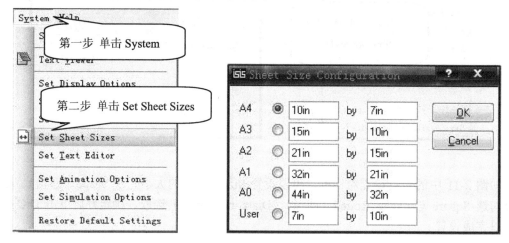

图 2-13　图纸大小设置

对于各种不同规模的电路设计，用户需要用到大小不一的图纸。在图纸大小设置对话框中通过勾选 A4、A3、A2、A1、A0、User（用户自定义）复选框，然后单击 OK 按钮确认设置即可。

注意：A0、A1、A2、A3、A4 为美制，A4 最小。

2.3.3　文本编辑选项设置

如图 2-14 所示为文本编辑选项设置。
通过文本编辑选项对话框，用户可以设置字体的大小、字体、效果、颜色等。

2.3.4　快捷键设置

如图 2-15 所示为打开的快捷键设置对话框。
在快捷键设置对话框，用户可以通过 Command Groups（命令组）的下拉菜单选择不同的命令组，例如，菜单命令、工具箱命令、图标相关命令、子电路命令、轨迹相关命令等，Available Commands（命令）菜单里面列出了命令与对应的快捷键，选中一个命令，在下面的 Key sequence for selected command（快捷键）输入窗口进行输入设置或者取消快捷键。

注意　快捷键的设置是直接选取快捷键输入窗口，然后在键盘上按下自己需要的快捷键或者快捷键组合即可，输入框会有相应的显示，然后再选取设置。

视频教学

设置完后单击 OK（确定）按钮确认快捷键设置生效。

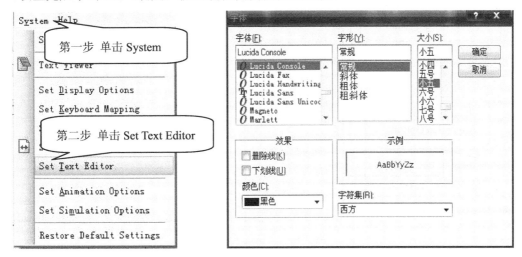

图 2-14　文本编辑选项设置

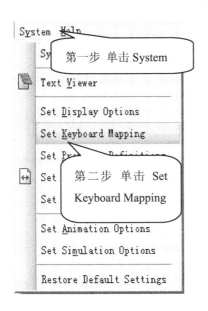

图 2-15　快捷键设置

2.3.5　动画选项设置

动画选项的设置是联系到仿真的显示效果的，主要包括仿真速度、动画选项、电压/电流范围等的设置。适当的动画选项设置对于仿真过程中观察电子电路的工作大有裨益。

如图 2-16 所示为打开的动画选项设置对话框。

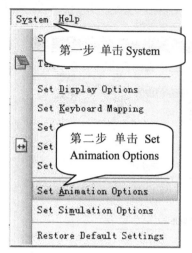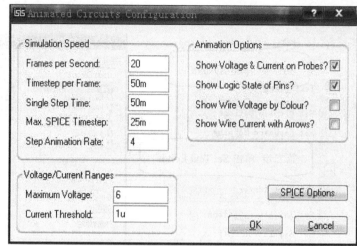

图 2-16　动画选项设置

如图 2-16 所示，动画选项设置对话框内主要是三大部分：Simulation Speed（仿真速度）、Animation Options（动画选项）、Voltage/Current Ranges（电压/电流范围）。

Frames per Second（每秒显示的帧数）：用户通过在输入框内输入正整数控制每秒仿真显示的帧数。

Timestep per Frame（每帧时间间隔）：用户通过在输入框内输入正整数控制每帧时间间隔，单位为毫秒（ms）。

Single Step Time（单步时间）：用户通过在输入框内输入正整数控制单步仿真的时间间隔，单位为毫秒。

Max SPICE Timestep（最大 SPICE 时间步长）：用户通过在输入框内输入正整数控制最大的 SPICE 时间步长，单位为毫秒。

Show Voltage & Current on Probes（探针上显示电压和电流值）：通过勾选这个选项可以激活/解除状态。

Show Logic State of Pins（引脚上显示逻辑状态）：通过勾选这个选项可以激活/解除状态。

Show Wire Voltage by Colour（颜色显示电压高低）：通过勾选这个选项可以激活/解除状态。

Show Wire Current with Arrows（箭头表示电流方向）：通过勾选这个选项可以激活/解除状态。

Maximum Voltage（最大电压）：通过输入数字控制电压范围，单位为伏特（V）。

Current Threshold（电流触发）：通过输入数字控制电流的触发门槛，单位为安培（A）。

2.3.6　仿真选项设置

仿真选项其实也可以通过单击动画选项设置对话框内的 SPICE Options（SPICE 选项）进入。

如图 2-17 所示为打开的仿真选项设置对话框。

视频教学

仿真选项内部有 6 个子选项菜单，分别是 Tolerances（误差）、MOSFET、Iteration（迭代）、Temperature（温度）、Transient（瞬变）、DSIM 等。

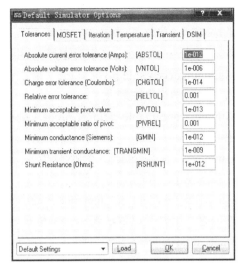

图 2-17　仿真选项设置

1．Tolerances（误差）参数设置

误差参数的设置对话框在单击 Tolerances 标签后就会出现，如图 2-18 所示。

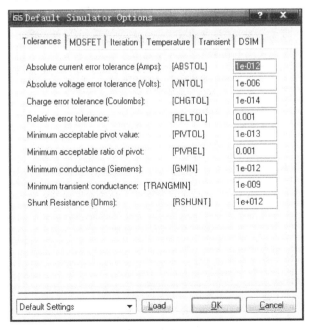

图 2-18　误差参数设置

对话框内的选项如下：

Absolute current error tolerance（绝对电流误差）：用户通过在输入框内输入数字调整绝对电流误差，用科学记数法表示，单位是安培。

Absolute voltage error tolerance（绝对电压误差）：用户通过在输入框内输入数字调整绝对电压误差，用科学记数法表示，单位是伏特。

Charge error tolerance（充电误差）：用户通过在输入框内输入数字调整充电误差，用科学记数法表示，单位是库仑。

Relative error tolerance（相对误差）：用户通过在输入框内输入数字调整相对误差。

Minimum acceptable pivot value（最小中心值）：用户通过在输入框内输入数字调整最小中心值，用科学记数法表示。

Minimum acceptable ratio of pivot（最小中心比率）：用户通过在输入框内输入数字调整最小中心比率。

Minimum conductance（最小电导）：用户通过在输入框内输入数字调整最小电导，用科学记数法表示，单位是 S（西门子）。

Minimum transient conductance（最小瞬态电导）：用户通过在输入框内输入数字调整最小瞬态电导，用科学记数法表示，单位是 S（西门子）。

Shunt Resistance（分流电阻）：用户通过在输入框内输入数字调整分流电阻大小，用科学记数法表示，单位是欧姆（Ω）。

注意 科学计数法中，e 之前的数字为 $a \times 10^n$ 的 a，e 之后的数字表示 $a \times 10^n$ 的 n。例如，3e-2 就是 3×10^{-2}。

2. MOSFET 参数设置

MOSFET 参数的设置对话框在单击 MOSFET 标签后就会出现，如图 2-19 所示。

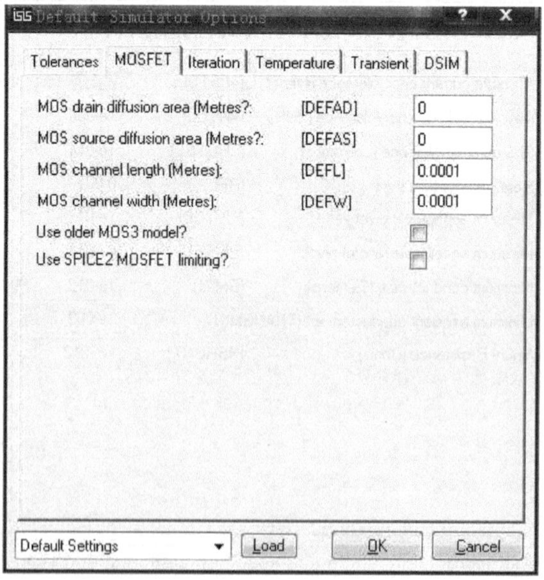

图 2-19　MOSFET 参数设置

对话框内的选项如下：

MOS drain diffusion area（MOS 管漏极扩散面积）：用户可以在输入框内输入有效数值以调节 MOS 管漏极扩散面积，单位为 m^2（平方米）。

MOS source diffusion area（MOS 管源极扩散面积）：用户可以在输入框内输入有效数值以调节 MOS 管源极扩散面积，单位为 m²。

MOS channel length（MOS 管沟道长度）：用户可以在输入框内输入有效数值以调节 MOS 管沟道长度，单位为 m。

MOS channel width（MOS 管沟道宽度）：用户可以在输入框内输入有效数值以调节 MOS 管漏极扩散宽度，单位为 m。

Use older MOS3 model（使用旧版的 MOS3 模型）：用户可以通过勾选而使用/禁止旧版的 MOS3 模型。

Use SPICE2 MOSFET limiting（使用 SPICE2 MOSFET 限制）：用户可以通过勾选而使用/禁止 SPICE2 MOSFET 限制。

3．Iteration（迭代）参数设置

Iteration 参数的设置对话框在单击 Iteration 标签后就会出现，如图 2-20 所示。

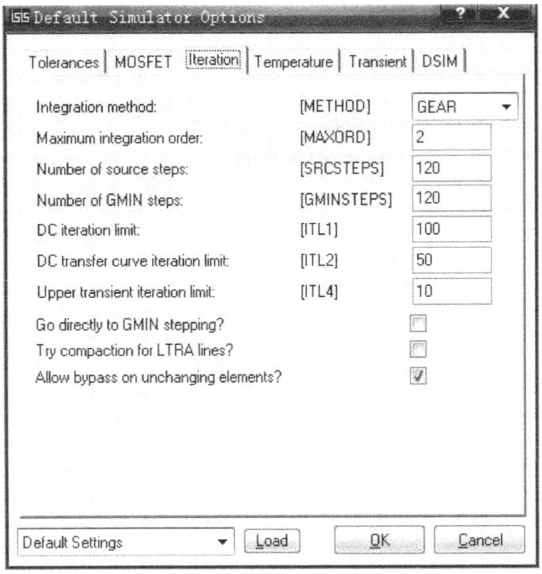

图 2-20　迭代参数设置

对话框内的选项如下：

Integration method（积分方法）：用户可在此下拉列表中选择 GEAR 积分法或 TRAPEZOIDAL 积分法。

Maximum integration order（积分幂的最大值）：用户可以在此输入框内输入有效值调整积分幂的最大值。

Number of source steps（源步数）：用户可以在此输入框内输入有效值调整源步数。

Number of GMIN steps（GMIN 步数）：用户可以在此输入框内输入有效值调整 GMIN 步数。

DC iteration limit（直流积分极限）：用户可以在此输入框内输入有效值调整直流积分极限。

DC transfer curve iteration limit（直流转移曲线极限）：用户可以在此输入框内输入有效值调整直流转移曲线极限。

Upper transient iteration limit（瞬态积分上限）：用户可以在此输入框内输入有效值调整瞬态积分上限。

Go directly to GMIN stepping（直接进入 GMIN 步进）：用户可以勾选而使能/禁止直接进入 GMIN 步进。

Try compaction for LTRA lines（尝试压缩 LTRA 线）：用户可以通过勾选而使能/禁止尝试压缩 LTRA 线。

Allow bypass on unchanging elements（允许旁路不变的元件）：用户可以通过勾选而使能/禁止允许旁路不变的元件。

4．Temperature（温度）参数设置

Temperature（温度）参数的设置对话框在单击 Temperature 标签后就会出现，如图 2-21 所示。

图 2-21　温度参数设置

对话框内的选项如下：

Operating temperature（运行温度）：用户可以通过在输入框内输入有效数值控制仿真时的模拟环境温度，单位是℃。

Parameter measurement temperature（参数测量温度）：用户可以通过在输入框内输入有效数值控制仿真时的待测量温度，单位是℃。

5．Transient（瞬变）参数设置

Transient（瞬变）参数设置在单击 Transient 标签后就会出现，如图 2-22 所示。

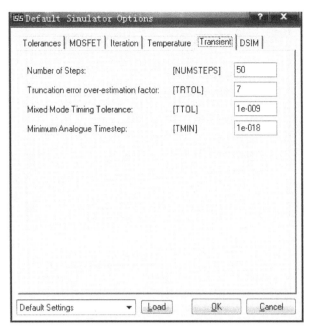

图 2-22 瞬变参数设置

对话框内的选项如下：

Number of Steps（步数）：用户可以在此输入框内输入有效数字控制步数。

Truncation error over-estimation factor（截断误差过高估计因子）：用户可以在此输入框内输入有效数字设置截断误差过高估计因子。

Mixed Mode Timing Tolerance（混合模式时间容差）：用户可以在此输入框内输入有效数字设置混合模式容差，用科学记数法表示。

Minimum Analogue Timestep（最小模拟时间片）：用户可以在此输入框内输入有效数字设置最小模拟时间片，用科学记数法表示。

6．DSIM 参数设置

DSIM 参数设置对话框在单击 DSIM 标签后就会出现，如图 2-23 所示。

对话框内的选项如下：

Random Initialisation Values（对话框内的选项有随机初始值）和 Propagation Delay Scaling（传播延迟缩放比例）。

Fully random values（完全随机数）：用户通过勾选激活/解除此选项。

Pseudo-random values based on seed（基于种子的伪随机数）：用户通过勾选激活/解除此选项，可在输入框内输入有效数值设置种子值。

Scale all values by constant amount（以恒定比例进行缩放）：用户通过勾选激活/解除此选项，可在输入框内输入有效数值设置缩放比例。

Pseudo-random scaling based on seed（基于种子的伪随机缩放比例）：用户通过勾选激活/解除此选项，可在输入框内输入有效数值设置种子值。

Fully random scaling（完全随机的缩放比例）：用户通过勾选激活/解除此选项。

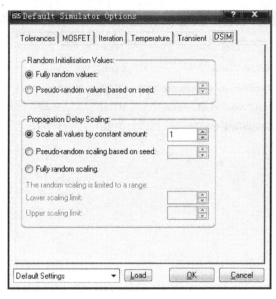

图 2-23　DSIM 参数设置

2.4　Proteus 的元器件清单

Proteus 8 中，Bill Of Materials（元器件清单，BOM）模块用于列出当前设计中的所有元器件，便于后续 PCB 的制造和成本估算（见图 2-24）。BOM 中的元器件与原理图保持同步。欲进入 Bill Of Material 模块，可以单击 Home Page 工具栏中的 $\boxed{\$}$ 。

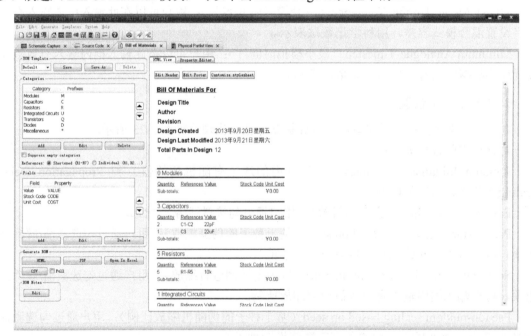

图 2-24　元器件清单模块

2.4.1 HTML View（查看 HTML）

HTML View 以 HTML 格式显示出元器件清单，如图 2-25 所示。

图 2-25 查看 HTML

选项卡左上方放置着三个按钮，分别是 Edit Header（编辑页眉）（见图 2-26）、Edit Footer（编辑页脚）（见图 2-27）和 Customize Stylesheet（自定义清单模板）（见图 2-28）。分别可以设置 HTML 格式的 BOM 的页眉、页脚和清单模板。

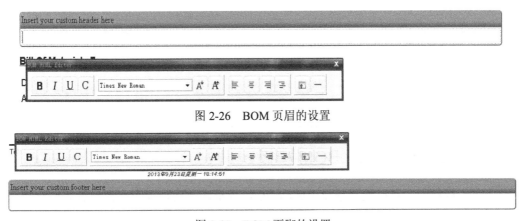

图 2-26 BOM 页眉的设置

图 2-27 BOM 页脚的设置

相信读者对于文字的编辑十分了解，这里不再赘述页眉和页脚的编辑方法。值得一提的是，页眉和页脚不仅仅可以插入文字，而且可以通过单击编辑器右边的 ▣ 插入图片。

关于 BOM 模板的设置，请读者参考有关 CSS 编辑的书籍。

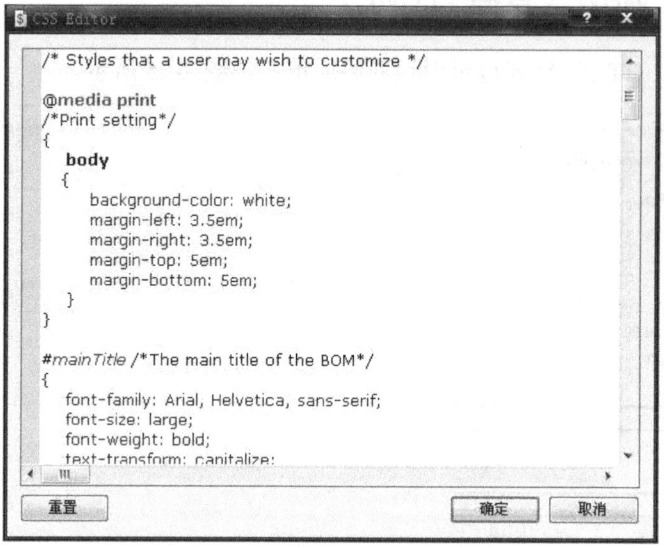

```
CSS Editor                                           ?  X
/* Styles that a user may wish to customize */

@media print
/*Print setting*/
{
  body
  {
      background-color: white;
      margin-left: 3.5em;
      margin-right: 3.5em;
      margin-top: 5em;
      margin-bottom: 5em;
  }
}

#mainTitle /*The main title of the BOM*/
{
    font-family: Arial, Helvetica, sans-serif;
    font-size: large;
    font-weight: bold;
    text-transform: capitalize;
```

    重置   确定   取消

图 2-28　BOM 模板的设置

2.4.2　Property Editor（属性编辑器）

在属性编辑器中可以更改元器件的某些属性，如单价（见图 2-29）。更改完成后需单击选项卡中间靠上的 Apply Changes（应用更改）按钮。

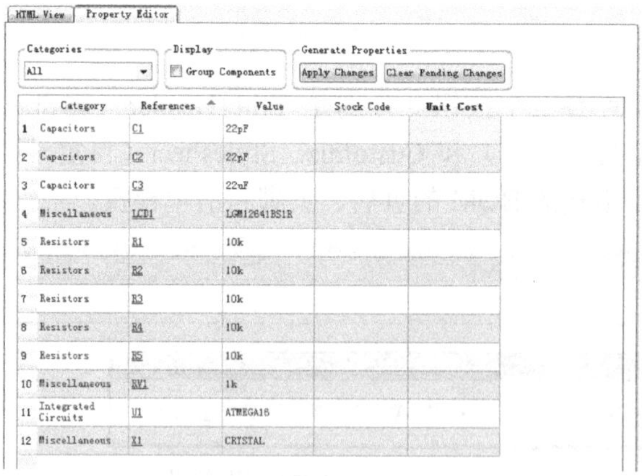

	Category	References	Value	Stock Code	Unit Cost
1	Capacitors	C1	22pF		
2	Capacitors	C2	22pF		
3	Capacitors	C3	22uF		
4	Miscellaneous	LCD1	LGM12641BS1R		
5	Resistors	R1	10k		
6	Resistors	R2	10k		
7	Resistors	R3	10k		
8	Resistors	R4	10k		
9	Resistors	R5	10k		
10	Miscellaneous	RV1	1k		
11	Integrated Circuits	U1	ATMEGA16		
12	Miscellaneous	X1	CRYSTAL		

图 2-29　属性编辑器

2.4.3　BOM Template（BOM 模板）

在 BOM 模板中，可以选择想要生成的 BOM 模板，也可以保存已经设置好的模板（见图 2-30）。

图 2-30　BOM 模板

视频教学

2.4.4　BOM Categories（BOM 类别）

在分类（Categories）中列出的是已有的类，包括一般使用的电阻、电容、晶体管等（见图 2-31）。在图 2-31 中的 BOM 类别框里面，有 Add（添加）、Delete（删除）、Edit（编辑）和上下箭头按钮，删除按钮用于删除已有类，编辑按钮用于编辑已有类，上下箭头按钮用于将已有类进行排序。

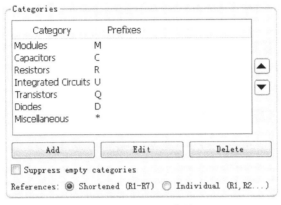

图 2-31　BOM 类别

如果需要新加类，可以单击 Add（加入）按钮，进入 Edit BOM Category（BOM 类别编辑对话框）（见图 2-32），然后在 Category Heading（目录标题）中输入 Subcircult，然后在 Reference(s) to match（匹配参考）中输入前缀 S（每个目录可以设定四个前缀，也就是说，前缀相同的器件将认为是同类），再单击"确定"按钮，则新的类将添加到 BOM 中。

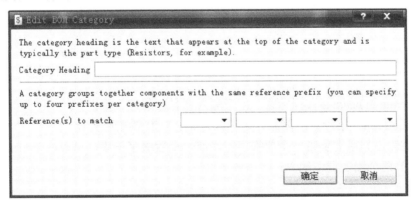

图 2-32　BOM 类别的编辑

2.4.5　BOM Fields（BOM 字段）

BOM 字段如图 2-33 所示，其操作与 BOM 类别基本一致。

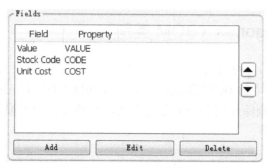

图 2-33　BOM 字段

单击 Add（添加）按钮后进入添加字段的编辑窗口，如图 2-34 所示。在字段添加对话框中第一个框为 Component property name（器件属性名称），单击 List（列表按钮）将会列出当前设计中的所有属性。

图 2-34　BOM 字段的编辑

Title for column heading（列标题）用于输入列名称的输入框。

Field width limit（字段宽度限制）是输入定义 ASCII 输出的列宽。

器件属性输出如果需要带一个前缀字符串或一个后缀字符串，可以在 Prefix（前缀）和 Suffix（后缀）两个输入框中输入。

2.4.6　Generate BOM（生成 BOM）

Proteus 8 可生成以下四种形式的 BOM：HTML（Hyper Text Markup Language）格式、PDF 格式、Excel 格式和 CSV（Compact Separated Variable）格式，如图 2-35 所示。

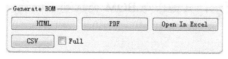

图 2-35　生成 BOM

实例 2-1　原理图绘制实例

实例 2-1 是基础的 Proteus 操作指令实践，包括新建项目工程文档、加载元器件、保存原理图、开始仿真、查看窗口、退出等指令。

　结果文件———附带光盘"Ch2\实例 2-1"文件夹

　动画演示———附带光盘"AVI\2-1.avi"文件

1）新建项目文档

首先启动 Proteus 8 软件，然后在 File（文件）菜单中单击 New Project（新建工程）命令，或者直接单击▢图标新建项目文档，工程的新建请参阅实例 1-1。

2）加载元器件

单击工具箱中的▷进入元件模式，接着单击对象浏览器中的 P 按钮，进入加载元件选项，然后输入需要的器件名，选中后再双击，使得对象浏览器中出现，这才认为选中了，将元件选好后就连接电路（为方便读者，这里直接加载了已经绘制好的原理图，如图 2-36 所示，其元器件如元器件表 2-1 所示。关于电路连接，在第 3 章会详细讲述）。如图 2-37 所示为实例 2-1 加载元器件。

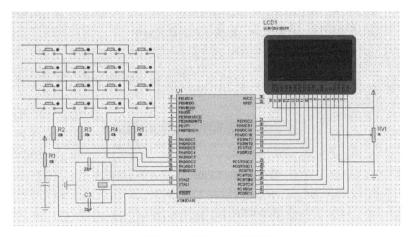

图 2-36　实例 2-1 原理图

元器件表 2-1　原理图绘制实例

Reference	Type	Value	Package
C1	CAP-POL	22uF	CAP10
C2	CAP	22pF	CAP10
C3	CAP	22pF	CAP10
LCD1	LGM12641BS1R	LGM12641BS1R	missing
R1	RES	10k	RES40
R2	RES	10k	RES40
R3	RES	10k	RES40
R4	RES	10k	RES40
R5	RES	10k	RES40
RV1	POT	1k	missing
U1	ATMEGA16	ATMEGA16	DIL40
X1	CRYSTAL	CRYSTAL	XTAL18

图 2-36　实例 2-1　加载元器件

3）保存原理图

原理图画好后，需要保存原理图，以确保工作成果。单击 File（文件）菜单中的 Save Project（保存）命令，如图 2-38 所示。

图 2-38　实例 2-1　保存原理图

4）仿真开始

单击 ▶ 按钮，启动仿真。如图 2-39 所示为实例 2-1 仿真开始。

5）查看窗口

在仿真开始后在 Debug（调试）菜单（见图 2-40）中单击 Simulation Log（仿真窗口）与 Watch Window（观察窗口）。如图 2-41 所示为实例 2-1 查看窗口。

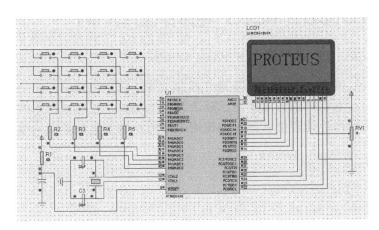

图 2-39 实例 2-1 仿真开始

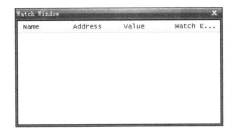

图 2-40 调试窗口的打开

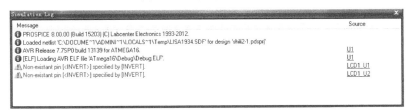

图 2-41 实例 2-1 查看窗口

6）结束退出

确认无误后单击 File（文件）菜单中的 Exit Application（退出）命令退出 Proteus 8 软件。
至此，一个完整的利用 Proteus 8 进行原理图设计和仿真的实例就结束了。

视频教学

第 3 章　Proteus ISIS 电路图绘制

　　第 2 章详细地介绍了 Proteus ISIS 的界面、基本操作和命令等，绘制电路原理图是通过使用工具箱内的工具完成的，本章的任务主要是了解工具箱的功用、完成原理图的绘制和自制元器件。通过实例的操作让读者能够熟练地使用电路图绘制工具快速准确绘制电路原理图。

本章内容

- 绘图模式
- 绘图命令
- 导线的操作
- 对象的操作
- 绘图进阶
- 实际应用

本章案例

- 共发射极放大电路的绘制
- JK 触发器组成的三位二进制同步计数器的绘制与测试
- KEYPAD 的绘制及仿真
- 单片机控串行输入并行输出移位寄存器的绘制

3.1　绘图模式及命令

　　Proteus 的绘图模式主要包含元器件、节点、连线标号、文字脚本、总线、子电路、终端、器件引脚以及 2D 图形工具共 9 种，在这些模式下可以分别对原理编辑图的对象进行设置与操作。在绘制编辑图前有必要熟悉这些模式及其相关命令和设置。

3.1.1 Component（元器件）模式

当启动 Proteus ISIS 的一个新建工程后，对象选择器是空的，此时默认的模式是⤵️，要使用元器件必须先调出器件到选择器。具体步骤如下：

（1）从工具箱内选取元器件模式📁按钮，使得元器件模式激活。

（2）单击对象选择器中的元器件选择按钮🅿️，此时将会弹出元器件选择 Pick Devices 对话框，如图 3-1 所示。该对话框内的输入框和状态框如下：

① Results（结果）栏：结果栏内是显示符合要求的元器件列表，有 Device（器件列）、Library（库列）、Description（描述列）三列，器件列是器件名列表，库列是器件所在库列表，描述列是该器件主要特性的列表。例如，"AD581S ANALOGD 10VICReference"就是说器件 AD581S 是额定电压 10V 的 IC 元器件，在 ANALOGD 库中。

② Keywords（关键字）：用户可以在此框内输入需要的元器件的关键字，例如，欲选择 AD 器件，可以先输入 AD，结果框内便会列出所有拥有"AD"字符的元器件，可以使用模糊输入。例如，"*AD"是选择后缀为 AD 的元器件，"AD*"是选择前缀为 AD 的元器件。

③ Match Whole Words（完全匹配）：选取可以使得器件名完全匹配关键字的元器件列于结果栏中。

④ Category（类别）：类别栏列出器件的类别。例如，模拟 IC、二极管、电阻、触发/延时性质器件等。

⑤ Sub category（子类别）：子类别栏列出的是在类别栏中选中的大类下的子类。例如，选择了 Switches&Relays，子类别内便会列出 Relays（Generic）、Relays（Specific）、Switches 三个子类。

⑥ Manufacturer（制造商）：制造商栏内列出的是器件的制造商。

⑦ Schematic Preview 和 PCB Preview（原理图预览栏和 PCB 预览栏）：在对话框右边分别是器件的原理图预览和 PCB 封装预览；在 PCB Preview 下拉选择框可以选择同种型号但不同封装的元器件。

（3）在关键字内输入一个或多个关键字，使用类别和子类别导航过滤掉不期望出现的元器件，同时定位需要的元器件。

（4）在结果列表内双击元器件，元器件即可以添加到设计中，此时对象选择器中会出现该器件名。

（5）完成全部元器件提取后，单击 OK（确定）按钮关闭对话框返回到 ISIS。

注意 有些器件是由多个元器件组成的，例如，与门、非门等逻辑门，一块门芯片通常集成较多的门元器件，因此，在这些情形下，会出现多个元器件在 PCB 中属于一个物理元器件的情况，此时，逻辑元器件自动被标注为 U1:A，U1:B，U1:C，…，以表示它们属于同一物理元器件。

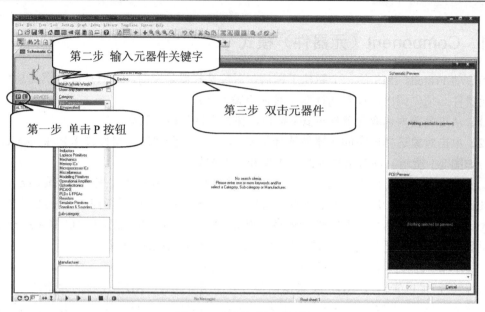

图 3-1　元器件选择对话框

3.1.2　Junction dot（节点）模式

单击工具箱中的节点模式 ✛ 按钮进入节点模式。连接点用于线之间的互连。一般情况下，ISIS 会根据具体情形自动添加或删除连接点。同时，也可以先放置连接点，再将线连接到已放置的连接点或从这一个连接点引线。放置连接点的步骤如下：

（1）从工具箱中单击节点模式 ✛ 按钮进入节点模式。

（2）在编辑窗口欲放置连接点处单击，当画笔变成连接点 ● 时即可放置连接点。

（3）在画笔变成连接点后，若想切换为其他模式，则可以单击鼠标右键或者按 Esc 键。

注意　当用户从已存在的线向外引线时，ISIS 自动放置连接点并动态显示于鼠标指针上；当一条线或多条线被删除时，ISIS 将检测留下的连接点是否有连线，若无则自动删除。

3.1.3　Wire label（连线标号）模式

单击连线标号模式 🔤 按钮进入连线标号模式。该模式用于对一组连线或一组引脚编辑网络名称，标注名称后 Proteus 系统会认为标有相同名称的连线和引脚是相连的，这样的好处是省略很多引脚、线路间的连线，使得原理图简洁，而且即使相连的连线和引脚，笔者也推荐使用标号标识一下，方便线路的检查。线标号的特性类似元器件的 Reference（参考）标签或 Value（值）。使用线标号的步骤如下：

（1）从工具箱图标栏内选择连线标号模式 🔤 按钮并单击。

（2）此时鼠标箭头会变成一支画笔，移动到欲标识的线上，由于实时捕捉线段将会高亮，此时单击，将会出现图 3-2 所示的编辑线标号对话框，在已存在的标号上单击时也会出现该对话框。

视频教学

（3）在该对话框内输入相应的 String（文本），该文本输入框下还有 Rotate（旋转）与 Justify（位置）选取框，通过选取可以选择 Horizontal（水平）或 Vertical（垂直），Left（靠左）、Centre（居中）或 Right（靠右），Top（靠上）、Middle（居中）或 Bottom（靠下）。此外，编辑线标号对话框内还有个选取项：Auto Sync（自动同步）。该选项的作用是当一条线上放置多个标号时，如果想让线上的标号具有统一的名称，且当其中一个标号改变时其他的标号同时改变，则可以选取该选项。

图 3-2　编辑线标号对话框

（4）完成输入与位置选择后单击 OK（确定）按钮即可关闭对话框，完成线标号的放置与编辑。

注意

① 不可以将线标号标识在线以外的对象上，当没有线时，可以切换到节点模式，放置连接点后再连线。

② ISIS 会自动地根据线或总线的走向调整标号的方位，不过用户可以在编辑线标号对话框内自主调整。

③ 在编辑线标号对话框内单击 Style（类型）列表符可改变标号的风格，该对话框内有遵从全局风格的勾选框，该勾选框选取时标号的字体、高度、宽度、可见性、粗体等设置均与全局文本一样，不勾选时用户可以自行设定。

3.1.4　Text scripts（文字脚本）模式

单击文字脚本模式▦按钮进入文字脚本模式。ISIS 支持自由格式的文本编辑，其使用包括以下方式：定义变量（用于表达式或作为参数）、标注设计、保存属性和封装信息等。放置和编辑文字脚本的步骤如下：

（1）从工具箱图标栏内单击文字脚本模式 ▦ 按钮。

（2）在编辑窗口欲放置的脚本左上角处单击，即出现图 3-3 所示的编辑文字脚本对话框，对话框内的 Text（文本）输入框用于输入文本，它的旁边有 Rotation（旋转）、Justification（位置）选取框，在这些选取框中可以选择文字脚本的方位及位置：Horizontal（水平）、Vertical（竖直）、Left（靠左）、Centre（居中）、Right（靠右）、Top（靠上）、Bottom（靠下），而在 External File（外部文件）选项组中可以选择从文件 Import（输入）或 Export（输出）文字脚本。

图 3-3　编辑文字脚本对话框

（3）在 Text 区域内输入文本，同时可以通过单击 Style（类型）列表符改变脚本的属性，该对话框内有遵从全局风格的选取框，该选取框选取时脚本的字体、高度、宽度、可见性、粗体等设置均与全局文本一样，不选取时用户可以自行设定。

（4）单击 OK（确定）按钮完成脚本的放置与编辑，单击 Cancel（取消）按钮关闭对话框并取消对脚本的放置与编辑。

注意

① 文字脚本是非常重要的内容，是用于编辑器件属性及功能的工具，在稍后的器件制作中会有说明。

② 用户可以重新设置编辑文字脚本对话框的尺寸以便于输入脚本，调整完后请单击对话框左上角处的 ISIS 标志，将弹出图 3-4 所示的菜单，然后可利用 Save Window Size 命令保存。

图 3-4　编辑文字脚本对话框下拉菜单

3.1.5　Buses（总线）模式

单击工具箱图标栏内的总线模式按钮即进入总线模式。总线是一个符号，没有电特征，相当于许多线路绞在一块，使得原理图编辑简单明了。ISIS 支持在层次模块间运行总线，同时支持定义库元器件为总线型引脚的功能。总线使用步骤如下：

（1）从工具箱图标栏内选择总线模式按钮并单击。

（2）在期望总线起始端处单击，起始端可为总线引脚、已存在总线或空白处。

（3）拖动鼠标在转弯处单击鼠标。

（4）在总线终点单击结束总线放置。总线终点可为总线引脚、已存在总线或空白处，注意在空白处需要双击。

（5）若开始画线后想切换为其他模式，则可以单击鼠标右键或者按 Esc 键。

3.1.6　Subcircuit（子电路）模式

单击工具箱图标栏内的子电路模式按钮即进入子电路模式。层次设计由两层或多层页面组成。最高级别是整个系统的结构方框图。每个方框有一个实现设计的子页面。由于设计的复杂性，这些子页面可能本身还包含更深的黑盒子或者 Module（模块）。ISIS 对层次设计的深度是没有限制的。子电路用于在层次设计中连接底层绘图页与高层绘图页。每个子电路均有一个标识名，用于标识子绘图页，同时具有用于标识子电路的电路名。在任一给定的绘图页中具有不同的图页名，但是其电路名称可能相同。子电路拥有属性表，属性只保证了其为参数电路，即给定电路的不同实体具有不同的元器件值且具有独立的标注。

子电路模式下绘制子电路如图 3-5 所示。子电路绘制步骤如下：

（1）从工具箱图标栏内选择子电路模式按钮并单击。

（2）在欲放置矩形框左上顶点处按下鼠标左键。

（3）拖动鼠标至欲放置矩形框右下顶点处按下鼠标左键。

（4）从对象选择器中选择期望的端口类型，端口类型有 DEFAULT（默认端口）、INPUT（输入端口）、OUTPUT（输出端口）、BIDIR（双向端口）、POWER（电源端口）、GROUND（地端口）和 BUS（总线端口）等。

（5）在欲放置端口处单击，通常将端口放置在子电路左侧或右侧，ISIS 会自动根据所选择端口类型判断端口方向。

（6）选中子电路并双击鼠标，将弹出编辑子电路属性对话框，如图 3-5 所示，名称输入框用于标识子绘图页面，电路输入框用于标识绘图页电路，属性用于描述子电路。图 3-6 所示为一个绘好的子电路图。

注意 层次设计中父电路端口与子电路的逻辑终端通过名称连接。因此，系统设计中端口名称与终端名称必须一致。单击子电路时，按下快捷键 Ctrl+C 或者"鼠标右键→Go to Child Sheet（进入子绘图页面）"进入子绘图页面，按下快捷键 Ctrl+X 或者按下工具栏内 （Exit to Parent Sheet，退出当前页面）按钮退出子绘图页面并返回父绘图页面。

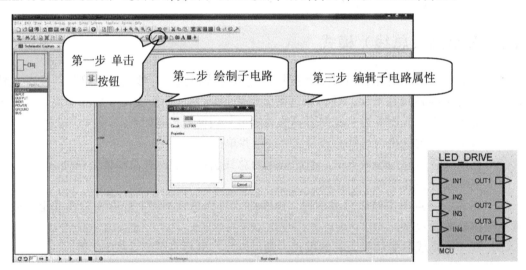

图 3-5　绘制子电路　　　　　　　　　　图 3-6　绘制好的子电路

3.1.7　Terminals（终端）模式

单击工具箱图标栏内的终端模式 按钮即进入终端模式。ISIS 提供两种终端：逻辑终端与物理终端。这两种终端以其标号的语法区分。

（1）逻辑终端：逻辑终端仅仅用于作为网络标号。特别是在层次设计中作为绘图页间的连接，逻辑终端可使用文字、数字、字符及连接符、下画线或空格等组合标识。线标号、总线名称及网络名称均适用逻辑终端标识方式。逻辑终端可链接到总线。总线终端为逻辑终端。

（2）物理终端：物理终端表征一个物理连接器引脚。例如，J2:1 是连接器 J2 的引脚 1。物理终端可以在任意位置放置。

选择编辑逻辑终端操作步骤如下：

（1）从工具箱图标栏内选择终端模式▤按钮并单击。注意：若期望的终端类型不在对象选择器中则可单击▣按钮打开符号库选取，通常对象选择器中有以下端口：

① ○—：DEFAULT PORT，默认端口。

② ▷—：INPUT PORT，输入端口。

③ —▷：OUTPUT PORT，输出端口。

④ ◁▷：BIDIR PORT，双向端口。

⑤ —▷：POWER PORT，电源端口。

⑥ ⊥⊢：GROUND PORT，地端口。

⑦ ◀—：BUS PORT，总线端口。

（2）在对象选择器中选择所需引脚，在预览窗口可预览所选中的引脚。

（3）根据设计需要对选中的引脚进行旋转或镜像确定方位。

（4）在编辑窗口中欲摆放的位置单击即可放置，若按住鼠标左键不放可拖动。

（5）选中并单击以弹出编辑终端属性对话框以编辑属性，如图 3-7 所示。在此可以编辑表示终端属性标号的名称、方位及位置，还可以单击 Style（风格）列表符自定义更多的选项，具体的与文本属性设置基本相同，请参阅 3.1.4 节。

图 3-7　终端属性编辑对话框

（6）编辑完成后单击 OK（确定）按钮以退出编辑对话框。

注意　ISIS 允许将总线连接到终端。在此情形下，终端应定义为总线终端。如果没有给出范围，ISIS 将默认连接到端口的总线范围为终端的范围。当连接到端口的总线范围也没有给出时，将使用总线引脚所连接的总线范围作为终端范围。

3.1.8 Device Pins（器件引脚）模式

单击工具箱图标栏内的器件引脚模式 按钮即进入引脚模式。在此模式下，对象选择框内会出现以下引脚：

（1）DEFAULT（普通引脚）：—。普通引脚一般是指普通的输入或输出引脚。

（2）INVERT（反电压引脚）：—○。类似于在电平输入此引脚前被反转的特殊引脚。

（3）POSCLK（上升沿有效的时钟输入引脚）：—→。时钟输入时上升沿引起触发事件的引脚。

（4）NEGCLK（下降沿有效的时钟输入引脚）：—→○。时钟输入时下降沿引起触发事件的引脚。

（5）SHORT（短接引脚）：—。特殊的引脚，一般情况较少用到。

（6）BUS（总线引脚）：▬。类似具有总线性质的引脚。

添加引脚状态下，光标会自动变成一个笔头，当光标移至引脚上方时光标变成一只小手，可以按下鼠标左键对引脚进行移动，或单击鼠标右键打开其快捷菜单，对引脚进行修改，如图3-8所示。

图 3-8　引脚属性编辑对话框

可以修改的属性如下：

① Pin Name（引脚名称）：在引脚名称输入框内可以输入引脚名。注意：尽量使用英文说明，因为仿真暂时不支持中文标识。

② Default Pin Number（引脚编号）：在引脚编号输入框内可以输入引脚的编号，即对于整个芯片或元器件所处的引脚位置，在后续的自制元器件中会有更详细的解说。

③ Draw body（显示引脚选取框）：选取则激活此选项，引脚在电路原理编辑图中可见。

④ Draw name（显示名称选取框）：选取则激活此选项，名称在电路原理编辑图中可见。

⑤ Draw number（显示编号选取框）：选取则激活此选项，编号在电路原理编辑图中可见。

⑥ Rotate Pin Name（旋转引脚名称选取项）：选取此选项后引脚名称将旋转90°。

⑦ Rotate Pin Number（旋转引脚编号选取项）：选取此选项后引脚编号将旋转90°。

⑧ Electrical Type（引脚电气类型选取框）：此框内有PS（无源）、TS（三态）、IP（输

入）、PU（上拉）、OP（输出）、PD（下拉）、IO（双向）、PP（电源脚），可根据需要选中其中任意一个。

另外，Proteus ISIS 还提供了一个方便的功能，使用 Page Up 与 Page Down 键可以在引脚间切换。

注意 有些引脚并不在对象选择框内，则需要先从符号库中取出期望的引脚。如果某个引脚表示地址总线或数据总线，用户可使用总线引脚。此情形下引脚编号只可以使用虚拟封装工具编辑。同样如果某器件由多个元器件组成，如逻辑门 IC，则用户只能再次使用封装为每个引脚重新分配引脚编号。上述情形下，用户应使得引脚的编号为空。

3.1.9　2D 图形工具

2D 图形工具包括 2D 图形直线 、2D 图形框体 、2D 图形圆形 、2D 图形圆弧 、2D 图形闭合曲线 、2D 图形文本 、2D 图形符号 、2D 图形标记 。这些工具可以直接用于绘制图。直线、框图、圆形、圆弧、闭合曲线、文本都包括元器件、引脚、端口、标记、终端、发生器、子电路、线、总线等的编辑风格，2D 图形标记有原点、记号、标签、引脚名称、引脚编号、触发、递增、递减等编辑风格。在创建新的库元器件时需要使用到它们不同的功用。

3.2　导线的操作

ISIS 的智能化在用户需要绘制导线时进行自动检测，因此，绘制导线时非常方便。

3.2.1　两对象连线

两个对象之间的连线步骤如下：

（1）单击第一个对象连接点。

（2）单击另一个对象连接点，此时 ISIS 会自动定出走线路径。如果需要自己决定走线路径，则在拐点处单击鼠标左键即可。当然，系统默认自动开启线路自动路径器（Wire Autorouter），不过可以通过以下方式关闭，如图 3-9 所示，关闭后可以直接用斜线连接对象。

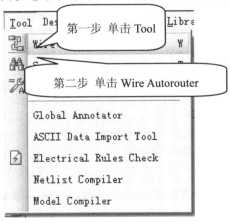

图 3-9　激活/关闭 WAR

3.2.2　连接点

　　一个连接点可以精确地连到一根线。在元器件和终端的引脚末端都有连接点。若单击节点模式 ✛ 按钮则可以放置一个圆点，一个圆点从中心出发有四个连接点可以连接四根线。若放弃绘线，按下 Esc 键即可。

3.2.3　重复布线

　　很多时候遇到需要重复布线的情况。例如，一个 7 段数码管需要和单片机上的 I/O 口相连，如图 3-10 所示。

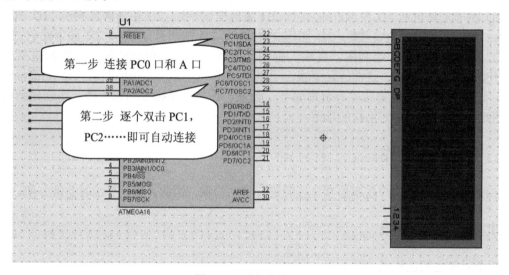

图 3-10　重复布线例子

　　首先可以单击单片机的 PC0 口与 7 段数码管的 A 口，使得它们之间建立一条线路，然后双击 PC1、PC2 等，重复布线功能将会被激活，自动在 PC1 口与 B 口、PC2 口与 C 口等之间布线。重复布线完全复制了上一根线的路径。如果上一根线已经是自动重复布线，则将仍旧自动复制该路径。另外，若上一根线为手工布线，则将精确复制用于新的布线。

3.2.4　拖动连线

　　除了一般的拖动方法（使用鼠标右键选中连线，在弹出菜单选择 Drag Wire，然后拖动）以外，也有一些特殊的拖动方法。

　　（1）拖动线的一个角，则角会随着鼠标指针而移动。

　　（2）指向一个线段的中间或两端，则会出现一个角，然后可以拖动。需要注意的是，为了能够使后者工作，线所连接的对象不可有标示，否则系统会认为需要拖动对象。

　　（3）在需要移动的线段周围拖出一个选择框，则可以拖动线段或线段组，再次单击鼠标左键以结束，可以使用撤销命令取消错误的操作。如图 3-11 所示为移动线段组。

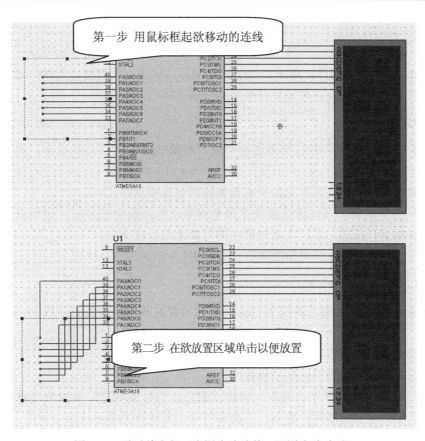

图 3-11　移动线段组（上图为移动前，下图为移动后）

3.2.5　移走节点

有时在编辑电路原理图时若遇到一些线路比较杂乱，则有必要移走节点，使得线路简化产生空间。移走节点的步骤如下：

（1）选择模式下使用鼠标左键单击欲修改的线路。

（2）用鼠标对准节点一角并按下左键。

（3）拖动该角使其与另一底角重合。

（4）松开鼠标左键，节点将被移除，如图 3-12 和图 3-13 所示。

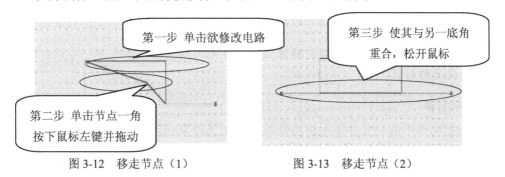

图 3-12　移走节点（1）　　　　　图 3-13　移走节点（2）

3.3　对象的操作

在 Proteus 原理图编辑中，对象包括引脚、端口、仪器、元器件、导线、激励源等，灵活使用一些技巧对对象操作，能够更好地绘制合格准确的原理图。

1．选中对象

使用鼠标指向对象且单击右键可选中对象，对象被选中后以高亮显示，然后可以进行编辑。

（1）对象被选中时，该对象上的所有连线同时也会被选中。

（2）选择多个对象，可以通过依次在每个对象上右击选中的方式，也可以使用左键或右键拖出选择框进行括选，不过在括选框内的对象才可以被选中。

（3）右击空白处可以取消对象的选择。

2．放置对象

ISIS 支持多类型的对象，不同类型的对象的放置的基本步骤都是一样的。放置对象的步骤如下：

（1）根据对象的类别在工具箱选择相应模式的图标。

（2）根据对象的具体类型选择子模式图标。

（3）若对象类型是元器件、端点、引脚、图形、符号或标记，从对象选择器里选择需要的对象的名字。对于元器件、端点、引脚和符号，可能首先需要从库中调出。

（4）有方向性的对象，将会在预览窗口显示出来，可以通过单击旋转和镜像图标来调整对象的朝向。

（5）在编辑窗口欲放置处单击鼠标左键放置对象。对于不同的对象，确切的步骤可能略有不同，但基本上类似于其他的图形编辑软件，非常直观。

3．删除对象

用鼠标指向选中的对象并单击右键可以删除该对象或者直接按下 Delete 键，同时该对象的所有连线都会被删除。

4．复制对象

用鼠标选中需要的对象，然后单击复制 按钮，把复制的轮廓拖到需要的位置，单击鼠标左键放置复制，重复上一步骤可以放置多个对象复制，最后单击鼠标右键结束。

注意　当一组元器件被复制后，标注自动重置为随机态，以准备下一步的标注，防止出现重复的元器件标注。

5．拖动对象

用鼠标指向选中的对象并用左键拖动可以拖动该对象。该方式对整个对象和对象中单独的标签均有效。若 WAR 功能被使能，被拖动对象上所有的连线将花费约 10s 的时间重新排布。在对象有很多连线的情况下，鼠标指针将显示为一个沙漏。若误拖动一个对象导致混乱的排布产生，可以使用撤销命令撤销操作以恢复操作前的状态。

6．调整对象

可以调整大小的对象有子电路、图表、线、框和圆。当用户选中这些对象时，对象周围会出现白色小方块，叫做"手柄"，可以通过拖动这些"手柄"来调整对象的大小。需要注意的是，在拖动的过程中手柄会消失以便不和对象的显示混叠。

7．调整朝向

许多类型的对象可以调整朝向为 0°、90°、270°、360° 或产生 x 轴或 y 轴镜像。当该类型对象被选中后，单击方向工具栏内的 ↻ ↺ ▯ ↔ ↕ 按钮即可调节。

8．编辑对象

许多对象具有图形或文本属性，这些属性可以通过其编辑对话框进行编辑，这是很常见的操作，有多种实现方式。

（1）选中对象单击以弹出编辑对话框。

（2）选择对象并且按下快捷键 Ctrl+E 启动外部文本编辑器编辑对象。若鼠标未指向任何对象，则该命令对目前原理图进行编辑。

3.4　绘制电路图进阶

3.4.1　替换元器件

编辑原理图时，删除一个对象往往会导致删除连接此对象的导线，非常不方便，不过 ISIS 提供了一种替换元器件的方法，使得可以避免这种麻烦。操作过程如下：

（1）在元器件库内选择需要的新元器件并将其添加到对象选择框内，选中此元器件。

（2）根据实际需要调整元器件的方位。

（3）在旧的元器件内部单击，须确保新元器件至少有一个引脚的末端重合于旧元器件的某一引脚的末端。当自动替换被激活时需保证在替换元器件过程中，光标始终在旧元器件内部。

ISIS 替换元器件同时也保留了连线，但是由于替换过程中是先匹配位置然后匹配引脚名称，所以不同的元器件替换可能得不到理想的结果。图 3-14 所示为替换元器件。

3.4.2　隐藏引脚

默认状态下，有很多元器件连接到 VDD 或 VSS 等引脚将会隐藏。例如，隐藏引脚 VDD 连接到同名的网络 VDD，需要查看这些引脚可以在双击元器件后出现的元器件编辑对话框内单击 Hidden Pins（隐藏引脚）查看，如图 3-15 所示。

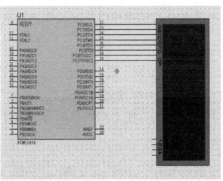

（a）ATMEGA16 替换前

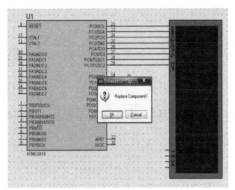

（b）利用 ATMEGA128 替换 ATMEGA16

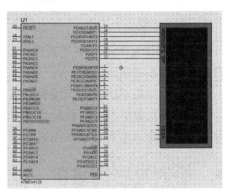

（c）ATMEGA128 替换后

图 3-14　替换元器件

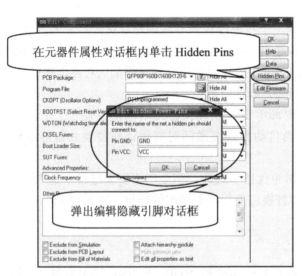

图 3-15　隐藏引脚

3.4.3　设置头框

如同机械设计图、工艺图等图纸，ISIS 的原理图每页应该有一个说明设计者、页名、文档数、页数和细节的头框。应该提醒，Proteus 8 部分内置的模板已经自带了头框，所以不必重新设置。对于无头框的图纸，设置头框的步骤如下：

（1）单击工具栏中的 **2D** 图形符号模式 按钮进入标注模式。

（2）单击对象选择器中的 P 按钮，在出现的对话框的 Libraries（库）中选择 SYSTEM，然后在下面的 Objects（对象）列表中选中 HEADER，在预览窗口中可以预览 HEADER，双击添加到对象选择器中，如图 3-16 所示。

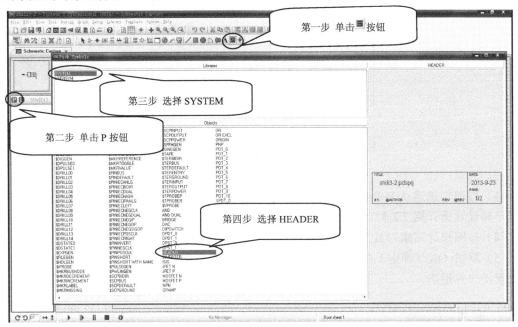

图 3-16 头框选择

（3）在编辑窗口中单击放置对象，拖动其放置在相应的位置，如图 3-17 所示。

（4）单击 Design（设计）菜单，再单击 Edit Design Properties（设置设计属性）可以进行相关的设置，如图 3-18 所示。在此属性设置对话框内可以设置以下选项：

① Title：设计标题。

② Doc.No：文档编号。

③ Revision：版本信息。

④ Author：作者名称。

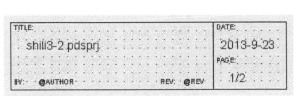

图 3-17 头框放置

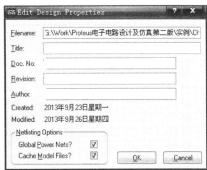

图 3-18 设计属性设置

3.4.4　设置连线外观

有时，用户需要自行设置连线的风格，此时可按照以下步骤进行：

（1）确保不在连线标号模式  下。

（2）双击欲改变风格的连线，弹出编辑对话框，如图 3-19 所示。

图 3-19　连线编辑对话框

（3）取消勾选遵从 Follow Global（全局风格）。若不取消，则无法进行个别设置，需要进行全局设置请详阅 2.2.3 节。

（4）按照设计需求对线形进行改变。

（5）单击 OK（确定）按钮保存设计退出，若按下 Esc 键或单击 Cancle 按钮均视作放弃设置操作并退出。

3.5　典型实例

实例 3-1　共发射极放大电路的绘制

实例 3-1 通过绘制典型的共发射极放大电路，熟悉元器件的选取、元器件的放置、导线的连接、标号的使用、编辑属性等基本命令。

结果文件 ——附带光盘"Ch3\实例 3-1"文件夹

动画演示 ——附带光盘"AVI\3-1.avi"文件

首先，元器件表 3-1 列出了本例需要用到的元器件。

元器件表 3-1　典型共发射极放大电路

Reference	Type	Value	Package
BAT1	BATTERY	15V	**missing**
C1	CAP	10uF	CAP10
C2	CAP	10uF	CAP10
C3	CAP	0.1uF	CAP10
C4	CAP	10uF	CAP10
Q1	NPN	NPN	**missing**
R1	RES	100k	RES40
R2	RES	22k	RES40
R3	RES	10k	RES40
R4	RES	2k	RES40

这是一个典型的共发射极放大电路，可以将输入电压放大 5 倍输出，R4 是集电极负载

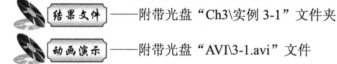

视频教学

电阻，R1 是发射极负载电阻，C1 是输入信号交流耦合电容，C3 和 C4 消除电源干扰，如图 3-20 所示。

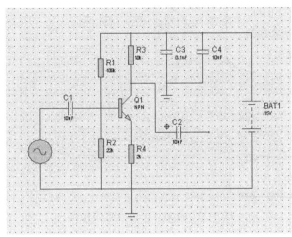

图 3-20　典型共射极放大电路原理图

（1）启动 Proteus ISIS，详见实例 2-1 的操作，在对象选择器中单击 P 按钮，选择元器件。如图 3-21 所示为选择器件操作。

图 3-21　选择器件操作

（2）选取元器件表 3-1 所示所有元器件后，按照图 3-22 所示摆放好位置，然后用鼠标单击欲连线的元器件，再调整线路的走线，在另一元器件的接线口用鼠标左键单击完成连线。如图 3-22 所示为摆放元器件及连线操作。

（3）在工具箱中单击端口模式 按钮进入端口选择，选取 GROUND（地端口），摆放后，进行连接，使得电路连接完整。如图 3-23 所示为端口选择及连线操作。

（4）双击需要编辑的器件，其编辑框打开，对其数值进行修改。典型共发射极放大电路元器件数值如元器件表 3-1 所示，如图 3-24 所示为编辑元器件属性。

（5）改变对象的属性后，这个电路图就完成了。关于这个电路，在下一章的虚拟仪器使用中还会有使用及讲解。

视频教学

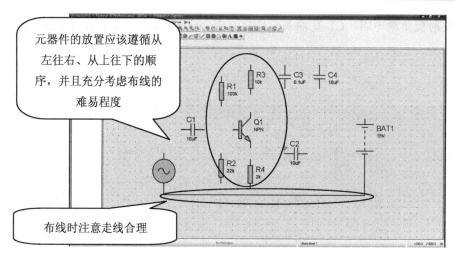

图 3-22　摆放元器件及连线操作

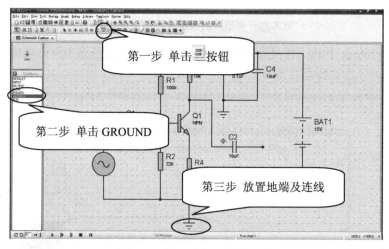

图 3-23　端口选择及连线操作

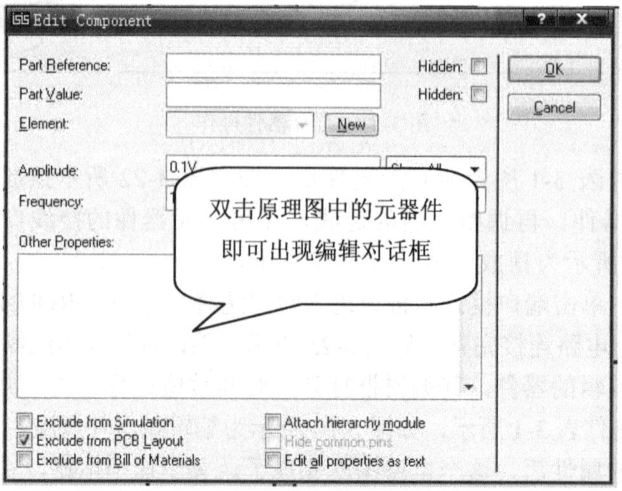

图 3-24　编辑元器件属性

视频教学

实例 3-2　JK 触发器组成的三位二进制同步计数器的绘制与测试

实例 3-2 通过绘制 JK 触发器组成的三位二进制同步计数器，熟悉子电路的绘制、激励源的放置、导线的连接、分层电路设计、编辑属性等基本命令。

结果文件——附带光盘"Ch3\实例 3-2"文件夹

动画演示——附带光盘"AVI\3-2.avi"文件

本例所用到的器件比较简单，参见元器件表 3-2 和元器件表 3-3。

元器件表 3-2　Count 子电路

Reference	Type	Value	Package
U1:A	74LS113	74LS113	DIL14
U1:B	74LS113	74LS113	DIL14
U2:A	74LS113	74LS113	DIL14
U3	NAND	NAND	missing
U4	NAND	NAND	missing

（1）启动 Proteus ISIS 新建默认型的文档后，单击工具栏中的子电路模式█按钮，进入子电路模式。本例电路比较简单，实际上可以不用到子电路，然而子电路的含义是其在父电路框图里代表的一个黑盒子或模块，在日后的学习中，可以慢慢体会到子电路带来的方便，特别是在数字电路大量的门电路编辑中，子电路可以提供直观模块化的功能。拖动鼠标描绘子电路方框后，双击其属性，编辑其名字为 COUNT，电路为 CCT001，在子电路中分别插入一个名为 CLK 的输入端口，三个分别名为 Q1、Q2、Q3 的输出端。如图 3-25 所示为 JK 触发器组成的三位二进制同步计数器的子电路绘制。

图 3-25　JK 触发器组成的三位二进制同步计数器的子电路绘制

（2）按下快捷键 Ctrl+C（Zoom to Child），ISIS 将加载子页面，在空白的页面下绘制图 3-26 和图 3-27 所示的电路图。需要注意的是，选择端口模式添加输入终端和输出终端，编辑端口属性，输入为 CLK，三个输出分别为 Q1、Q2、Q3，必须要与父页面对应（可以先在名称的浏览下拉框中观察已定义的端口，防止加入不对应的端口），如图 3-28 与如图 3-29 所示。

视频教学

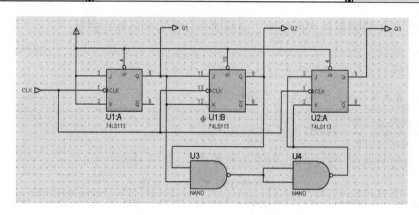

图 3-26　Count 子电路原理图

元器件表 3-3　JK 触发器组成的三位二进制同步计数器

Reference	Type	Value	Package
COUNT	Child Module		
D1	LED-RED	LED-RED	missing
D2	LED-RED	LED-RED	missing
D3	LED-RED	LED-RED	missing

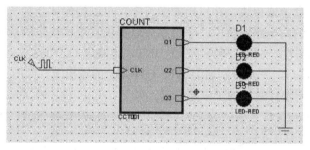

图 3-27　JK 触发器组成的三位二进制同步计数器原理图

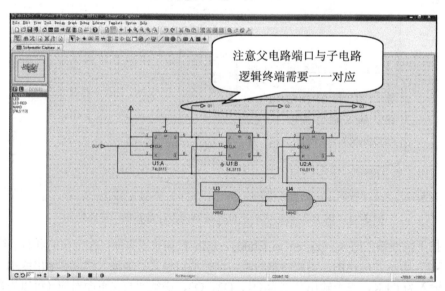

图 3-28　子页面绘制

图 3-29　子页面端口编辑框

（3）完成子页面的绘制后，按下组合键 **Ctrl+X** 或者按下工具栏中的返回父页面 按钮以退出到父页面，按下工具栏中的激励源模式 按钮进入激励源模式，在 CLK 输入端口放置激励源，然后编辑激励源，类型选择为数字模式的时钟类型（CLOCK），周期为 1Hz。然后按下器件模式 按钮选择 LED-RED 元器件，放置在三个输出端，如图 3-30 所示。

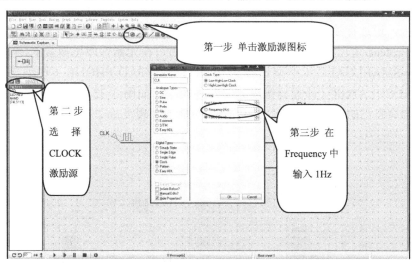

图 3-30　激励源摆放

（4）完成以上操作后，可以按下仿真开始按钮，此时可以直观地看到三个 LED 以二进制的方式以 1s 为周期开始计数，具体的效果如图 3-31 所示。在数字电路的设计中一般都需要直观地观察波形，此例中周期比较大，所以可以选择直观性强的 LED 显示作为观察对象，进一步的波形观察可阅读第 4 章。

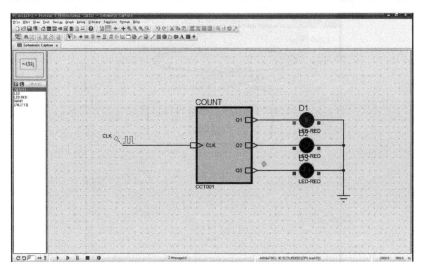

图 3-31　JK 触发器组成的三位二进制同步计数器效果

实例 3-3　KEYPAD 的绘制及仿真

实例 3-3 通过绘制自制 KEYPAD，熟悉 2D 图形绘制命令、创建器件等操作并了解元器件脚本的编写。

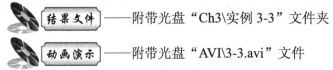

结果文件——附带光盘"Ch3\实例 3-3"文件夹

动画演示——附带光盘"AVI\3-3.avi"文件

KEYPAD 实际上是许多按键的集成阵扫描键盘，其中含有列线与行线，按键位于行列线的交叉点上，通过行线与列线的电平状态以判断按键是否按下。KEYPAD 可以节省 I/O 口资源，在 Proteus 里已经自带了几种 KEYPAD，用户在元器件库里搜索 KEYPAD 可以见到 KEYPAD-SMALLCALC（小型计算器键盘）、KEYPAD-PHONE（移动电话键盘）、KEYPAD-CALCULATOR（计算器键盘）等几种类型，如图 3-32 所示。但是在实际应用中每个用户都会有自己的需求，因此，自制 KEYPAD 的实现变成了需要，如图 3-33 所示。

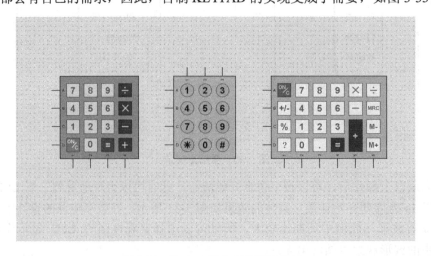

图 3-32　Proteus ISIS 自带 KEYPAD

视频教学

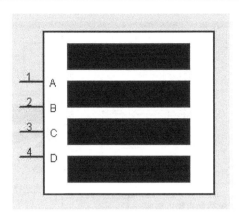

图 3-33　自制的 KEYPAD

（1）启动 Proteus ISIS 后，单击 2D 图形框体模式▦按钮进入 2D 图形框体模式。在对象选择器中选择 COMPONENT，在原理编辑图中用鼠标左键单击定下框体的左上角，然后移动鼠标至另一个地方定下框体的右下角，然后选中此框体，单击鼠标右键，在弹出的快捷菜单中选择 Edit Properties（编辑属性）命令，对其外形属性作修改，此处的框体是 KEYPAD 的底座（长 1400，宽 1300）。如图 3-34 所示。

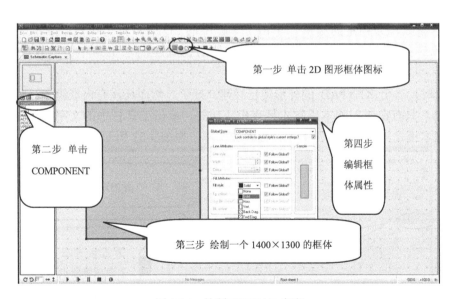

图 3-34　绘制 KEYPAD 底座

（2）同理，绘制另外四个 1000×200 的框体作为按键，线类型默认，填充类型为 Solid，颜色为黑色。平均地摆放在底座上，然后单击器件切换模式▨按钮进入器件切换模式。在对象选择器中单击 DEFAULT，然后在底座旁放置引脚，双击进入其编辑框。在 Pin Name（引脚名）中输入 A，在 Default Pin Number（引脚编号）中输入编号 1，Electrical Type（引脚电气类型）选取 Passive（无源），代表的是加入一个引脚名为 A，在 KEYPAD 中为编号 1 的无源引脚，如图 3-35 所示。

视频教学

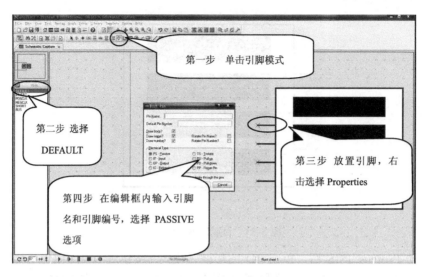

图 3-35　绘制 KEYPAD 引脚

（3）同理放置其余三个引脚，引脚名为 B、C、D，引脚编号为 2、3、4（注意：引脚名的数字与引脚编号的数字是不同的概念，引脚名是代表引脚，引脚编号是引脚在元器件中的位置），类型均为 Passive。处理好引脚后，需要添加图形的原点，这个原点是脚本参数作为判定的标准。单击工具栏中的 2D 图形标记模式▬按钮进入标记模式，在对象选择框中选择原点（ORIGIN），然后在底座的左上角单击放置原点，如图3-36 所示。

（4）此时，一个 KEYPAD 的外形便已经建立好了，然而还没有内嵌脚本，其仅仅是一个图形而已，只有在嵌入脚本后它才具有相应功能。单击工具栏中的文字脚本模式▬按钮进入文字脚本模式，单击底座下的空白处添加脚本，如图 3-37 所示。

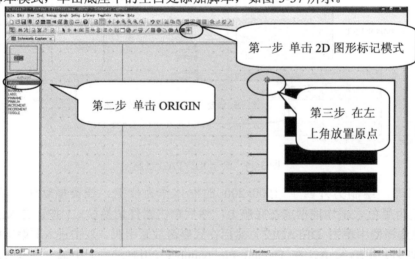

图 3-36　原点放置

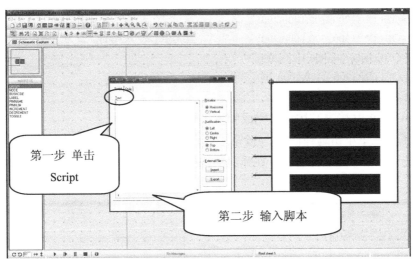

图 3-37　KEYPAD 脚本编辑

（5）在此说明一下 KEYPAD 脚本的原理：引脚名为 A 和 B 的代表行线，引脚名为 1 和 2 的代表列线，A1 代表第一个按键，A2 代表第二个按键，B1 代表第三个按键，B2 代表第四个按键。由于使用的是长方形按钮，因此，本编写中需要用到{Oblong Buttons: OBLONG, x-co-ordinate, y-co-ordinate, length, width}的编写，意思是对于 Oblong 长方形按钮的声明，x-co-ordinate 是长方形中心的 x 坐标，y-co-ordinate 是长方形中心的 y 坐标，length 是长方形按钮的长，width 是长方形按钮的宽，坐标是相对于图形原点而言的。类似的还有正方形按钮与圆形按钮的声明。载入 KEYPAD 的 MODDLL，联立 OBLONG 属性的声明，此时的 KEYPAD 便具有相应的功能了。在脚本输入框中输入以下脚本：

```
{*DEVICE}
NAME=KEYPAD_TEST                        //命名为 KEYPAD_TEST
{ACTIVE=KEYPAD,0,DLL}
{HELP=KEYPAD>MODEL,1}                   //装载关于 KEYPAD 帮助文档，也可不写此句
{*PROPDEFS}
{PRIMITIVE="PRIMITIVE",HIDDEN STRING}
{MODDLL="VSM Model",READONLY STRING}
{A1="A1",HIDDEN STRING}                 //引脚组合的说明
{A2="A2",HIDDEN STRING}
{B1="B1",HIDDEN STRING}
{B2="B2",HIDDEN STRING}
{PACKAGE=PCB Package,HIDDEN PACKAGE} //PCB 封装
{*INDEX}
{MFR=}
{*COMPONENT}
{PRIMITIVE=DIGITAL}
{MODDLL=KEYPAD}                         //装载 KEYPAD
```

```
{A1=OBLONG,700,-200,1000,200}        //组合 A1 代表的是距原点（700，-200）位移的
{A2=OBLONG,700,-500,1000,200}        //中心长为 1000，宽为 200 的长方形的按钮
{B1=OBLONG,700,-800,1000,200}
{B2=OBLONG,700,-1100,1000,200}
{PACKAGE=NULL}
```

输入后单击 OK（确定）按钮，完成脚本编辑。

（6）在工具栏中单击选择模式 ▶ 按钮进入选择模式，使用鼠标括出括选框将图形、引脚、脚本全选，然后单击鼠标右键，在弹出的快捷菜单里单击 ⚡Make Device 创建元器件，如图 3-38 所示。

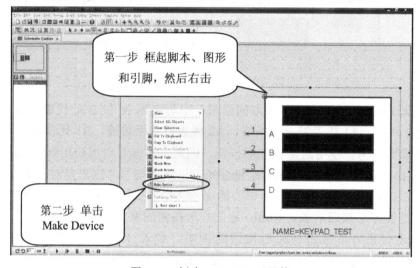

图 3-38　创建 KEYPAD 元器件

（7）单击 Make Device 后将进入制作器件的对话框，第一个对话框的内容如图 3-39所示，此处不需要改变任何参数。

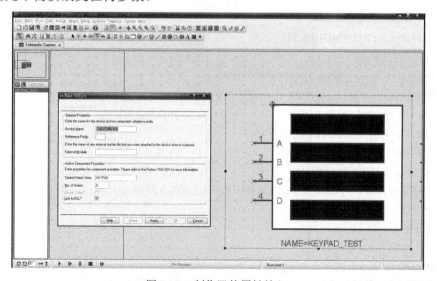

图 3-39　制作器件属性输入

视频教学

① General Properties（常规属性）：Device Name（器件名称输入框）用于输入器件名称；Reference Prefix（参考前缀输入框）；External Module（外部模块）用于输入防止器件绑定的外部模块文件名称。

② Active Component Properties（动态元器件属性）：Symbol Name States（符号名称）用于输入动态器件属性，可以参考 Proteus VSM SDK 获取帮助，No.of States（状态的数目）、Bitwise States（位状态选取框）、Link to DLL（链接到 DLL 选取框）。

（8）单击 Next（下一步）按钮进入 PCB 封装对话框，如图 3-40 所示。可以通过 Add（添加）/Edit（编辑）按钮为对象设定一个或多个封装。此处的 KEYPAD 不需要封装，故可以不设置。

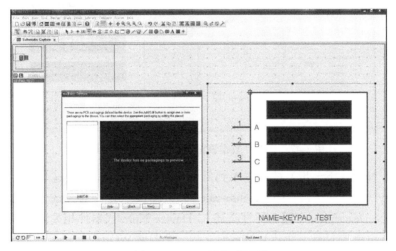

图 3-40　PCB 封装对话框

（9）单击 Next（下一步）按钮进入到元器件属性及定义编辑对话框，如图 3-41 所示。可以在该对话框内使用 New（新建）或 Delete（删除）命令添加/移除器件属性，属性是用来指定 PCB 封装、仿真模型参数及一些其他信息，如库存代码、器件成本等。由于在脚本里已有相应的输入，因而可以忽略。

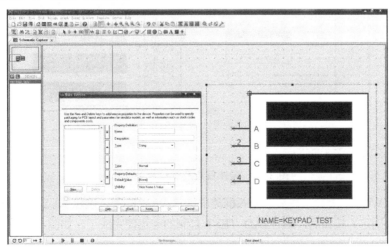

图 3-41　元器件属性及定义编辑对话框

视频教学

（10）单击 Next（下一步）按钮进入到元器件数据表格及帮助文档设置对话框，如图 3-42 所示。由于在脚本中已经添加了对应 KEYPAD 的帮助文档，故可以忽略操作。

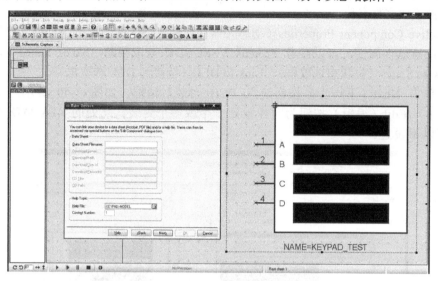

图 3-42 元器件数据表格及帮助文档设置对话框

（11）单击 Next（下一步）按钮进入到目录及类设置对话框，在这个对话框内可以选择 Device Category（器件的类）、Device Sub-category（器件子类）、Device Manufacturer（器件制造商）、Device Description（输入器件描述）、Device Notes（器件相关记录）等。笔者为了区别其他类，通过单击 New（新建）按钮建立起一个叫做 WORK 的新类，如图 3-43 所示。

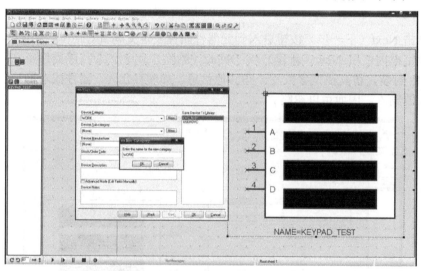

图 3-43 器件目录及类设置对话框

（12）创建 WORK 类后，在类别输入框类中选择 WORK 类，确保 KEYPAD 加入至 WORK 类。单击 OK（确定）按钮后，KEYPAD_TEST 自制的键盘便完成了，如图 3-44 所示。

视频教学

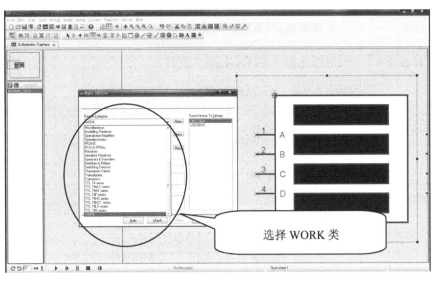

图 3-44　创建器件类归属

（13）保存文件后退出 ISIS，再进入 ISIS 后，此时单击器件模式按钮进入器件模式，在对象选择器中选择器件，输入 KEYPAD_TEST，会发现自制的 KEYPAD_TEST，如图 3-45 所示。

图 3-45　自制 KEYPAD_TEST

实例 3-4　单片机控串行输入并行输出移位寄存器的绘制

本例通过绘制单片机控串行输入并行输出移位寄存器，进一步综合地运用原理图编辑的常用命令与技巧。本例所用到的元器件参见元器件表 3-4 和元器件表 3-5。

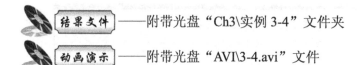

结果文件——附带光盘"Ch3\实例 3-4"文件夹

动画演示——附带光盘"AVI\3-4.avi"文件

元器件表 3-4　单片机控串行输入并行输出移位寄存器

Reference	Type	Value	Package
STATIC DISPLAY	Child Module		
U1	ATMEGA16	ATMEGA16	DIL40

元器件表 3-5　Static Display 子电路

Reference	Type	Value	Package
U2	74LS164	74LS164	DIL14
U3	74LS164	74LS164	DIL14
U4	74LS164	74LS164	DIL14
U5	74LS164	74LS164	DIL14

（1）启动 Proteus ISIS 后，单击器件选择模式按钮进入器件选择模式，按照元器件表 3-4 所示添加元器件到编辑环境，按照如图 3-46 所示将元器件排列好。

（2）摆放好元器件后，绘制一个名为 STATIC DISPLAY，电路名为 CCT001 的子电路，这个子电路包含两个输入端口四个总线端口。然后单击总线模式 ╫ 按钮进入总线模式，单击电路图空白处绘图，在拐点处单击可以形成拐点，在期望结束处双击即可结束绘制总线。绘制总线后，单击标号模式 ▤ 按钮进入标号模式，在总线旁单击编辑总线标号，在总线分支旁单击编辑总线分支标号，如图 3-47 所示。此处有个标号技巧：可以先单击 Tools（工具）下拉菜单然后单击 Property Assignment Tool（属性设置工具），在弹出的编辑对话框内首行输入"NET=**#"（**代表前缀，如 NET=PC#，则标号将会是 PC1、PC2、PC3 等），如图 3-48 所示，单击 OK（确定）按钮后鼠标变成小手形，在欲标注的元器件上单击即可实现标注，每单击一次后自动编号加 1。

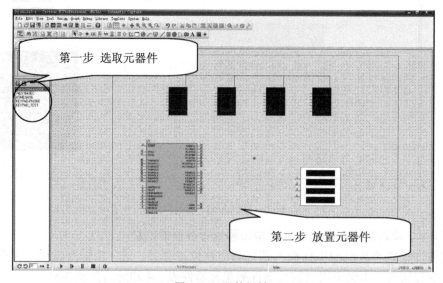

图 3-46　器件摆放

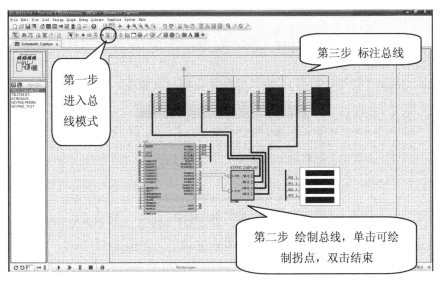

图 3-47 绘制总线

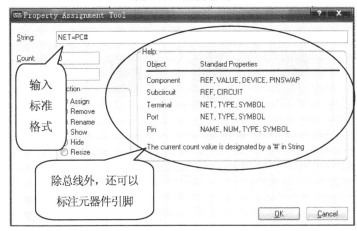

图 3-48 标号技巧

（3）单击子电路，按下组合键 Ctrl+C 编辑子电路，如图 3-49 所示，绘制完后按下快捷组合键 Ctrl+X 退出子电路。

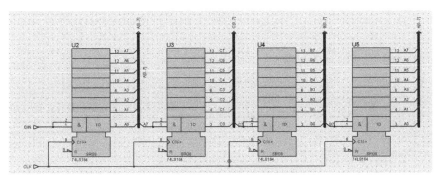

图 3-49 Static Display 子电路原理图

（4）在父页面单击工具下拉菜单，再单击 Global Annotator（全局标注），如图 3-50 所示。此对话框中的设置选项如下：

① Scope（范围）：Whole Design（整个设计）、Current Sheet（当前页），选取其中一项表明全局标注针对的范围。

② Initial Count（初始计数值）：输入已初始化标号计数值。

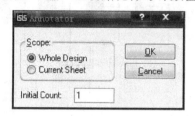

图 3-50　全局标注

（5）标注完后，整个电路原理编辑图就算是完成了，如图 3-51 所示。此电路可以给单片机编程实现串行输入并行输出的功能。建议熟练使用子电路的绘制，有兴趣的可以再次自制元器件进行电路编辑。

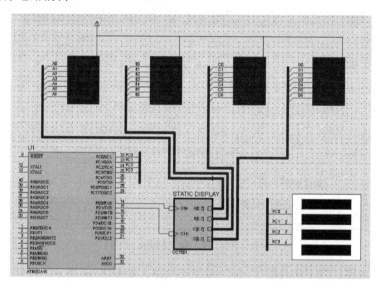

图 3-51　单片机控串行输入并行输出移位寄存器原理图

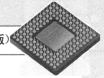

第4章 Proteus ISIS 分析及仿真工具

　　第2章和第3章通过介绍 Proteus ISIS 的基本操作与原理图编辑，读者对 Proteus VSM 应有初步的了解。本章将介绍 Proteus VSM 中的电路分析与仿真。用户可以通过在原理图中添加各种电路激励、虚拟仪器、曲线图表及探针，任何时候只要单击"运行"按钮或按空格键便可对电路进行仿真分析。

　　仿真方式有两种：第一种是检验用户所设计的电路是否能够正常工作的交互式仿真；第二种是用来研究电路的工作状态及进行细节测量的基于图表的仿真。

 本章内容

- ↘ 虚拟仪器
- ↘ 探针
- ↘ 图表
- ↘ 激励源
- ↘ 基于图表的仿真
- ↘ 交互式仿真

 本章案例

- ↘ 共发射极放大电路分析
- ↘ ADC0832 电路时序分析
- ↘ 共发射极应用低通滤波电路分析

4.1　虚拟仪器

　　Proteus VSM 包含大量的虚拟仪器，如示波器、逻辑分析仪、函数发生器、数字信号图案发生器、时钟计数器、虚拟终端及简单的电压计、电流计。此外，还发布了主/从/监视模式的 SPI 和 I^2C 规程分析仪，仿真器可以通过色点显示每个引脚的状态，在单步调试代码时非常有用。

视频教学

虚拟仪器的名称、作用如表 4-1 所示。

表 4-1　虚拟仪器的名称、作用

名　称	图　形	作　用
OSC ILLOS COPE （虚拟示波器）		显示模拟波形
LOGIC ANALYSER （逻辑分析仪）		逻辑分析仪通过将连续记录的输入数字信号存入到大的捕捉缓存器进行工作，具有可调的分辨率，在触发期间，驱动数据捕捉处理暂停，并监测输入数据；仪器的 Arming 信号启动仪器的捕捉动作；触发前后的数据均可显示；支持放大/缩小显示和全局显示
COUNTER TIMER （定时器/计数器）		定时器/计数器是一个通用的数字仪器，可用于测量时间间隔、信号频率和脉冲数
VIRTUAL TERMINAL （虚拟终端）		虚拟终端允许用户通过 PC 的键盘、经由 RS232V 异步发送数据到仿真的微处理系统，同时也可通过 PC 的屏幕、经由 RS232V 异步接收来自仿真的微处理系统的数据。此功能可以使得用户在调试中观察程序中发出的调试信息/曲线信息
SPI DEBUGGER （SPI 调试器）		SPI（Serial Peripheral Interface，串行设备接口）总线系统是由摩托罗拉（Motorola）公司提出的一种高速的全双工同步串行外设接口，允许 MCU 与各种外围设备以同步串行通信方式交换信息。其外围设备种类繁多，从简单的 TTL 移位寄存器到复杂的 LCD 显示驱动器、网络控制器等，SPI 总线可直接与厂家生产的多种标准外围器件直接接口。SPI 调试器监测 SPI 接口，也同时允许用户与 SPI 接口交互信息，即允许用户查看沿 SPI 总线发送的数据或向总线发送数据
I2C DEBUGGER （I^{2}C 调试器）		I^{2}C（Intel C）总线是飞利浦（Philips）公司推出的芯片间串行传输总线。I^{2}C 总线是由数据线 SDA 和时钟 SCL 构成的串行总线，可全双工同步发送和接收数据。在 CPU 与被控 IC 之间、IC 与 IC 之间进行双向传送，最高传送速率 100kb/s。I^{2}C 总线可以极为方便地构成系统与外围器件扩展系统。

续表

名　　称	图　　形	作　　用
I2C DEBUGGER （I²C 调试器）		I²C 总线采用器件地址的硬件设置方法，避免软件寻址器件片选线，使得硬件系统扩展更为简单、灵活。按照 I²C 总线的规范，总线传输中的所有状态都生成相应的状态码，系统的主机依照状态码自动地进行总线管理，用户只需要在程序中装入标准处理模块，根据数据操作要求完成 I²C 总线的初始化，启动 I²C 即可自动完成规定的数据传送操作。由于 I²C 总线接口已集成在片内，用户无须设计接口，使得设计时间大为缩短，且从系统中直接移去芯片不会影响到总线上的其他芯片，为产品的改进或升级带来了方便。I²C 调试器模型允许用户监测 I²C 接口，同时允许用户与 I²C 接口交互，即允许用户查看沿 I²C 总线发送的数据或向总线发送数据
SIGNAL GENERATOR （信号发生器）		信号发生器模拟了一个简单的音频函数发生器，可以输出方波、三角波、锯齿波和正弦波；分为 8 个波段，提供频率范围为 0~12MHz 的信号；分 4 个波段，提供幅度范围为 0~12V 的信号，具备调幅输入和调频输入功能
PATTERN GENERATOR （模式发生器）		模式发生器是模拟信号发生器的数字等价物，支持 8 位 1KB 的模式信号；支持内部或外部时钟模式或触发模式；使用游标调整时钟刻度盘或触发器刻度盘；十六进制或十进制栅格显示模式；在需要高精度设计时可以直接输入指定值；可加载或保存模式脚本文件
DC VOLTMETER （直流电压表） AC VOLTMETER （交流电压表）		电压表包含 DC 电压表、AC 电压表，电压表可以直接连接到电路进行实时测量。仿真时，它们以易读的数字格式显示电压值
DC AMMETER（直流电流表） AC AMMETER（交流电流表）		电流表包含 DC 电流表、AC 电流表。电流表可以直接连接到电路进行实时测量。仿真时，它们以易读的数字格式显示电流值

4.2 探针

探针用于记录所连接网络的状态。单击工具栏中的模式按钮便可以进入探针模式。Proteus ISIS 提供了三种探针：Voltage（电压探针） 、Current（电流探针） 和 Tape（录音机探针） 。

电压探针：电压探针既可以在模拟仿真中使用，也可以在数字仿真中使用。在模拟电路中记录真实的电压值，而在数字电路中，记录逻辑电平及其强度。

电流探针：既可以在模拟电路中使用，也可以显示电流方向。

录音机探针：用于声音波形的仿真。

探针既可以用于交互式仿真，也可以用于基于图表的仿真。

4.3 图表

图表分析可以得到整个分析结果，且可以对仿真结果进行直观的分析。更为重要的是，图表分析能够在仿真过程放大一些需要特别观察的部分，进行一些细节上的分析。此外，图表分析也是唯一能够显示在实时中难以做出分析的方法，例如，交流小信号分析、噪声分析及参数扫描等。

图表在仿真中是最为重要的部分。其不仅是结果的显示媒介，而且定义了仿真类型、通过放置一个或若干个图表就可以观察到各种数据（如数字逻辑输出、电压、阻抗等），即可以通过放置不同的图表来显示电路在各方面的特性。

对于瞬态仿真，需要放置一个模拟图表。另外一种是从数字的角度进行分析的数字仿真。此外，这两种分析结果可以在混合图表中显示。

1）ANALOGUE（模拟分析图表）

模拟分析图表在瞬态仿真中用于绘制一条或多条电压或电流随时间变化的曲线。

2）DIGITAL（数字分析图表）

数字分析图表在瞬态仿真中用于绘制逻辑电平随时间变化的曲线，图表中的波形代表单一数据位或总线的二进制电平值。

3）MIXED（混合分析图表）

混合分析图表可以在同一图表中同时显示模拟信号与数字信号的波形。

4）FREQUENCY（频率分析图表）

频率分析是分析电路在不同频率工作状态下的运行情况。不同于频谱分析仪可以考虑所有频率，每次只可以分析一个频率。故频率特性分析相当于在输入端接一个可改变频率的测试信号，在输出端接交流电表测量不同频率所对应的输出，同时得到输出信号的相位变化情况。频率特性分析还可以用来分析不同频率下的输入/输出阻抗。

另外，此功能在非线性电路中使用时是没有实际意义的。因为频率特性分析的前提是假设电路是线性的，即在输入端加一组标准的正弦波，在输出端也相应地得到一组标准的正弦波。实际中完全线性的电路是不存在的，但是大多数情况下，认为线性的电路都是在此分析允许范围内。而且，由于系统是在线性情况下引入负数算法（矩阵算法）进行的运算，其分析速度要比瞬态分析快得多。对于非线性电路，需要使用傅里叶分析。

频率分析用于绘制小信号电压增益或电流增益随频率变化的曲线，即绘制波特图。可绘制电路的幅频特性和相频特性。但是都是以指定的输入发生器为参考。在进行频率分析时，图表的 x 轴表示频率，两个纵轴显示幅值和相位。

5）TRANSFER（转移特性分析图表）

转移特性分析图表用于测量电路的转移特性。

6）NOISE（噪声分析图表）

噪声分析是针对电阻或半导体元件在电路中产生的噪声对输出信号的影响数字化，以供设计师评估电路性能。

SPICE 模拟装置可以模拟电阻器及半导体元件产生热噪声，各元件在设置电压探针（该分析不支持噪声电流，PROSPICE 将对电流探针不进行考虑）处产生的噪声将会在该点汇合，即为该点的总噪声。分析曲线的横坐标表示的是该分析的频率范围，纵坐标表示的是噪声值（分为左右两轴，左边的 y 轴表示的是输出噪声值，右边的 y 轴表示的是输入噪声值。以 $V/\sqrt{Hz}$ 为单位，也可以通过编辑图标对话框设置为 dB，0dB 对应着 $1V/\sqrt{Hz}$）。电路工作点将按照一般处理方法计算，在计算工作点之外的各个时间，除了参考输入信号外，系统不考虑其他信号发生装置，因此，在分析前不必移除各信号发生装置。PROSPICE 在分析过程中将计算所有电压探针噪声，同时，加以考虑它们相互间的影响，所以无法知道某个探针的噪声分析结果。分析过程将对每个探针逐一进行处理，故仿真时间大概会与电压探针成正比。需要注意的是，噪声分析是不考虑外部电磁的影响的，而且一个电路如果使用了录音机探针 ▣ ，则分析时只对当前部分进行处理。

Proteus ISIS 的噪声分析功能可显示随时间变化的输入和输出噪声电压，且同时可产生单个元件的噪声电压清单。

7）DISTORTION（失真分析图表）

失真是由电路传输函数中的非线性部分产生的，仅由线性元件（如电阻、电感、线性可控源）组成的电路不会产生任何的失真。SPICE 失真分析（distortion analysis）可仿真二极管、双极性晶体管、场效应管、JFETs 和 MOSFETs 等。

Proteus ISIS 的失真分析用于确定由测试电路所引起的电平失真的程度，失真分析图表用于显示随频率变化的二次和三次谐波失真电平。

8）FOURIER（傅里叶分析图表）

傅里叶分析方法用于分析一个时域信号的直流分量、基波分量和谐波分量。也就是把被测节点处的时域变化信号进行离散傅里叶变换，求出它的频域变换规律，将被测节点的频谱显示在分析图窗口中。进行傅里叶分析时，必须要首先选择被分析的节点，一般将电路中的交流激励源频率设为基频。若在电路中有几个交流电源，可将基频设在这些电源频率的最小公因数上。

Proteus ISIS 系统为模拟电路频域分析提供的傅里叶分析图表可以显示电路的频域分析。

9）AUDIO（音频分析图表）

音频分析图表可以让设计者从设计的电路中听到电路的输出，前提是要求系统具有声卡。音频分析图表与模拟分析图表在本质上是一样的，只是在仿真结束后会生成一个时域的 WAV 文件窗口，且可以通过声卡输出声音。

10）INTERACTIVE（交互分析图表）

交互式分析结合交互式仿真与图表仿真的特点。在仿真过程中，系统会建立起交互式模型，但是分析结果是用一个瞬态分析图表记录和显示的。交互分析特别适用于观察电路仿真中某一个单独操作对电路产生的影响。例如，变阻器阻值变化对电路的影响状况，相当于将示波器和逻辑分析仪结合在一个装置上。

分析过程中，系统按照混合模型瞬态分析的方法进行运算，不过仿真是在交互式模型下进行的。导致开关、键盘等各种激励的操作将对结果产生影响。同时仿真速度决定于交互式仿真设置中的时间步长（详细请查阅 2.3.5 节）。需要注意的是，在分析过程中，系统将获得大量的数据，处理器每秒将会产生数百万个事件，产生的各种事件将占用很多内存空间，很容易让系统崩溃。所以不宜进行长时间的仿真。短时间仿真不可以实现目的时，可以使用逻辑分析仪。另外，与普通的交互式仿真不同的是，许多分电路不可以被分析支持。

借助交互式仿真中的虚拟仪器可以实现观察电路中的某一个单独操作对电路所产生的影响，但是交互分析图表能够使得可以用图表的方式显示结果以进行更为详细的分析。

11）CONFORMANCE（一致性分析图表）

一致性分析用于比较两组数字仿真结果。一致性分析图表可以快速测试改进后的设计是否会带来不期望的副作用。一致性分析作为测试策略的一部分，通常应用于嵌入式系统的分析。

12）DC SWEEP（直流扫描分析图表）

直流扫描分析图表可以让用户观察电路元件参数在定义范围内发生变化时对电路工作状态所造成的影响。例如，观察电阻值、晶体管放大倍数、电路工作温度等参数变化对电路状态的影响，也可以通过扫描激励元件参数值实现直流传输特性的测量。

Proteus ISIS 系统为模拟电路分析提供了直流扫描图表，使用该图表可以显示随扫描变化的定态电压或电流值。

13）AC SWEEP（交流扫描分析图表）

交流扫描分析可以建立一组曲线，用于反映元件在参数值发生线性变化时的频率特性，以此可以观察到相关元件参数值发生变化时对电路频率特性的影响。扫描分析时，系统内部完全按照普通的频率特性分析计算相关值，由于元件参数不固定增加了运算次数，因此，每次相应地计算一个元件参数值对应的结果。

类似于频率特性分析，左右 y 轴分别表示幅度、相位值（可以在编辑图表对话框中设

视频教学

置或直接拖动图线名到相应的位置），并且必须为系统计算幅度值而设置参考点。

Proteus ISIS 系统为模拟电路分析提供了交流扫描图表，使用该图表可以显示随扫描变化的每一个值所对应的频率曲线而组成的一组曲线，同时显示幅值与相位。

4.4　激励源

激励源模式下，提供各种各样的激励，用户可以在对象选择器中选择并且进行设置。此类元件属于有源器件，可以在 Active 库中找到。Proteus ISIS 提供的激励源种类及作用如表 4-2 所示。

表 4-2　激励源种类及作用

图　标	名　称	说　明	作　用
	DC（直流信号发生器）	直流激励源	产生单一的电流或电压源
	SINE（幅度、频率、相位可控的正弦波发生器）	正弦波激励源	产生固定频率的连续正弦波
	PULSE（幅度、周期和上升/下降沿时间可控的模拟脉冲发生器）	模拟脉冲激励源	产生周期输入信号，包括方波、锯齿波、三角波及单周期短脉冲
	EXP（指数脉冲发生器）	指数脉冲激励源	产生与 RC 充电/放电电路相同的脉冲波
	SFFM（单频率调频波信号发生器）	单频率调频波激励源	产生单频率调频波
	PWLIN（PWLIN 分段线性脉冲信号发生器）	分段线性激励源	产生任意分段线性信号
	FILE（FILE 信号发生器）	FILE 信号激励源	产生来源于 ASCII 文件数据的信号
	AUDIO（音频信号发生器）	音频信号激励源	使用 Windows WAV 文件作为输入文件，结合音频分析图表可以听到电路对音频信号处理后的声音
	DSTATE（数字单稳态逻辑电平发生器）	数字单稳态逻辑电平激励源	产生数字单稳态逻辑电平
	DEDGE（数字单边沿信号发生器）	数字单边沿信号激励源	产生从高电平跳变到低电平的信号或从低电平跳变到高电平的信号
	DPULSE（单周期数字脉冲发生器）	单周期数字脉冲激励源	产生单周期数字脉冲
	DCLOCK（数字时钟信号发生器）	数字时钟信号激励源	产生数字时钟信号
	DPATTERN（数字模式信号发生器）	数字模式信号激励源	产生任意频率逻辑电平，所具有的功能最灵活、最强大，可产生上述所有数字脉冲
	SCRIPTABLE（脚本化信号发生器）	脚本化信号激励源	产生由脚本定义的信号

视频教学

4.4.1 直流信号发生器 DC 设置

如图 4-1 所示为直流信号发生器 DC 设置及效果。

直流信号发生器设置框内只有一个输入框，输入数值代表信号源的幅度值（Voltage），图中设置的为 5V，可以从图表中查看到 5V 直流信号的输出。

4.4.2 幅度、频率、相位可控的正弦波发生器 SINE 设置

如图 4-2 所示为幅度、频率、相位可控的正弦波发生器 SINE 设置及效果。

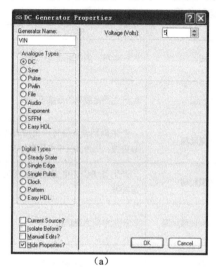
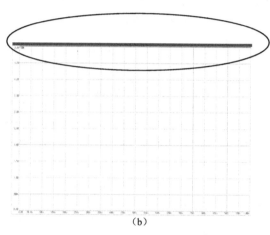

（a）　　　　　　　　　　　　（b）

图 4-1　直流信号发生器 DC 设置及效果

幅度、频率、相位可控的正弦波发生器 SINE 设置对话框内有以下输入选项：

Offset（初始偏移值）：以伏特为单位，输入数值表示正弦波的偏移量。本图中输入 1，所以看到本图正弦波是以 1V 上下波动。

Amplitude（幅值）：以伏特为单位，输入数值表示正弦波的振动幅度。本图中输入 1，所以看到本图正弦波振幅为 1V。

Peak（峰—峰值）：以伏特为单位，勾选此选项，输入数值表示正弦波的峰—峰值。本图的峰—峰值应为 2V。

RMS（有效值）：以伏特为单位，勾选此选项，输入数值表示正弦波的有效值。本图的有效值为 707、107mV。

Frequency（频率）：以赫兹为单位，输入数值表示正弦波的频率。本图中为 1Hz。

Periods（周期）：以秒为单位，输入数值表示正弦波的周期。本图中为 1s。

Cycles/Graph（周期数/图表）：输入数值表示欲在图表中显示的周期数。

Time Delay（延时）：以秒为单位，输入数值表示正弦波开始前的延时。本图中为 0。

Phase（相位）：以度为单位，输入数值表示正弦波的初始相位。本图中为 45°。

Damping Factor（阻尼因数）：以（1/秒）为单位，输入数值表示正弦波的衰减量。本图未选。

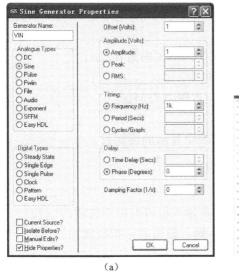
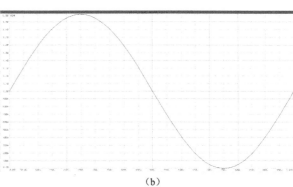

（a）　　　　　　　　　　　　　　　　　　　　（b）

图 4-2　幅度、频率、相位可控的正弦波发生器 SINE 设置及效果

4.4.3　模拟脉冲发生器 PULSE 设置

如图 4-3 所示为模拟脉冲发生器 PULSE 设置及效果。

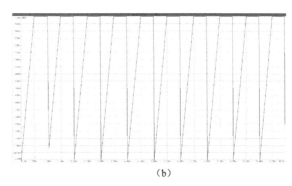

（a）　　　　　　　　　　　　　　　　　　　　（b）

图 4-3　模拟脉冲发生器 PULSE 设置及效果

模拟脉冲发生器 PULSE 设置输入框内有以下选项：

Initial(Low)Voltage（初始电平）：以伏特为单位，脉冲的初始默认电平。本图中为 0V。

Pulsed(High)Voltage（脉冲高电）：以伏特为单位，脉冲的跳跃高电平。本图中为 1V。

Start（脉冲开始时间）：以秒为单位，脉冲开始产生的时间。本图中为 0s。

Rise Time（上升时间）：以秒为单位，脉冲由低电平上升到高电平的时间。本图中为 0.4ms。

Fall Time（下降时间）：以秒为单位，脉冲由高电平下降到低电平的时间。本图中为 0.4ms。

Pulse Width（脉冲宽度）：以秒为单位，脉冲持续时间。本图中为 0.2ms。

Pulse Width(%)（脉冲宽度）：以%为单位，表示脉冲占空比。

Frequency（频率）：以赫兹为单位，脉冲出现频率。本图中为 1Hz。

Periods（周期）：以秒为单位，脉冲出现周期。

Cycles/Graph（周期数/图表）：输入数值表示欲在图表中显示的周期数。

4.4.4　指数脉冲发生器 EXP 设置

如图 4-4 所示为指数脉冲发生器 EXP 设置及效果。其输入框内有以下选项：

Initial(Low)Voltage（初始低电平）：以伏特为单位，输入数值表示指数脉冲的初始低电平。本图中为 0V。

Pulsed(High)Voltage（脉冲高电平）：以伏特为单位，输入数值表示指数脉冲到达的幅值。本图中为 1V。

Rise start time（上升开始时间）：以秒为单位，输入数值表示指数脉冲上升开始时间。本图为第 0 秒。注意：指数脉冲是类似于 RC 充放电电路的脉冲波。

Rise time constant（上升持续时间）：以秒为单位，输入数值表示指数脉冲上升时间。本图中为 1s。

Fall start time（下降开始时间）：以秒为单位，输入数值表示指数脉冲下降开始时间。本图中为 1s。

Fall time constant（下降持续时间）：以秒为单位，输入数值表示指数脉冲下降时间。本图中为 1s。

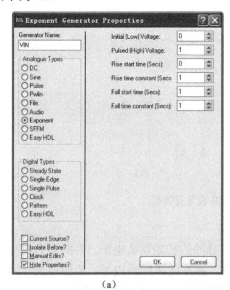

（a）

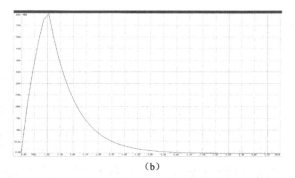

（b）

图 4-4　指数脉冲发生器 EXP 设置及效果

4.4.5 单频率调频波信号发生器 SFFM 设置

如图 4-5 所示为单频率调频波信号发生器 SFFM 设置及效果。

单频率调频波信号发生器 SFFM 设置及效果输入框有以下选项：

Offset（偏移电压）：以伏特为单位，输入数值表示调频波信号的偏移电压值。本图中为 0V。

Amplitude（幅值）：以伏特为单位，输入数值表示调频波信号的幅值。本图中为 1V。

Carrier Freq（载波频率）：以赫兹为单位，输入数值表示调频波的载波频率。本图中为 1Hz。

Modulation Index（调制系数）：输入数值表示调频波的调制系数。本图中为 0.5。

Signal Freq（信号频率）：以赫兹为单位，输入数值表示调频波的信号频率。本图中为 1Hz。

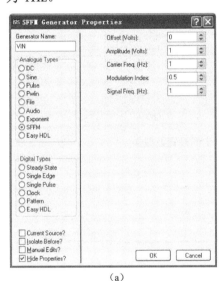
（a）

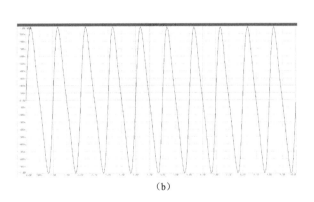
（b）

图 4-5　单频率调频波信号发生器 SFFM 设置及效果

4.4.6 PWLIN 分段线性脉冲信号发生器设置

如图 4-6 所示为 PWLIN 分段线性脉冲信号发生器设置及效果。

PWLIN 分段线性脉冲信号发生器设置输入框内有以下选项：

时间/幅值输入对话框：在此图像内可以直接描绘需要输入的分段线性脉冲信号，纵坐标为电压值，横坐标为时间，通过输入 X 最小值/最大值、Y 最小值/最大值进行调节，按鼠标左键放置点，按右键删除点，按 Ctrl+右键删除所有点。

4.4.7 FILE 信号发生器设置

如图 4-7 所示为 FILE 信号发生器设置及效果。

视频教学

FILE 信号发生器设置框内有个 Browse 按钮，单击已存在的 ASCII 文件输入。本图中的 ASCII 文件采用以下形式：

0 1　　　1 1　　　2 0　　　3 1　　　4 0　　　5 1　　　…

表示的是 0s 时电压值为 0V，1s 时电压值为 1V，以此类推，产生了如图 4-7 所示的效果图。

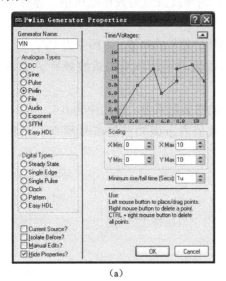
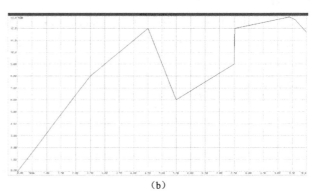

（a）　　　　　　　　　　　　　　　　　（b）

图 4-6　PWLIN 分段线性脉冲信号发生器设置及效果

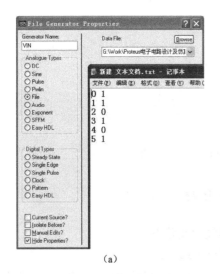
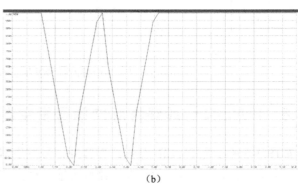

（a）　　　　　　　　　　　　　　　　　（b）

图 4-7　FILE 信号发生器设置及效果

4.4.8　音频信号发生器 AUDIO 设置

如图 4-8 所示为音频信号发生器 AUDIO 设置及效果。

在音频信号发生器 AUDIO 输入框内单击 Browse 按钮选择存在的 WAV 音频文件加载，在 Amplitude（幅度）与 Peak（峰值）输入框可以输入数值改变信号的幅度，Offset

视频教学

（偏移电压）内输入数值表示信号的偏移值，在 Channel（声道）列表框中可以选择 Mono（双声道）、Left（左声道）或 Right（右声道）。

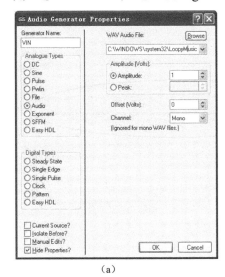
（a）

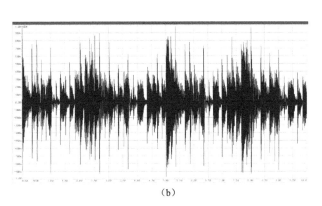
（b）

图 4-8　音频信号发生器 AUDIO 设置及效果

4.4.9　单周期数字脉冲发生器 DPULSE 设置

如图 4-9 所示为单周期数字脉冲发生器 DPULSE 设置及效果。

单周期数字脉冲发生器 DPULSE 设置输入框内有以下选项：

Pulse Polarity（脉冲极性）：在脉冲极性中有两个选项，即 Positive（正脉冲）（低—高—低）和 Negative（负脉冲）（高—低—高），勾选其中一项可以激活相应模式。

Pulse Timing（脉冲时间）：在脉冲时间输入框内可以输入 Start Time（开始时间）、Pulse Width（脉冲宽度）和 Stop Time（停止时间），以上三项单位均为秒。

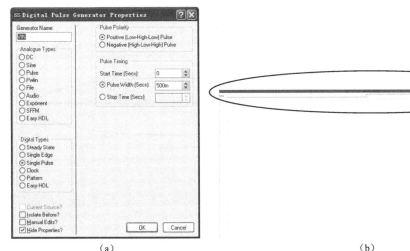
（a）　　　　　　　　　　　　　　　　　　　　（b）

图 4-9　单周期数字脉冲发生器 DPULSE 设置及效果

4.4.10　数字单边沿信号发生器 DEDGE 设置

如图 4-10 所示为数字单边沿信号发生器 DEDGE 设置及效果。

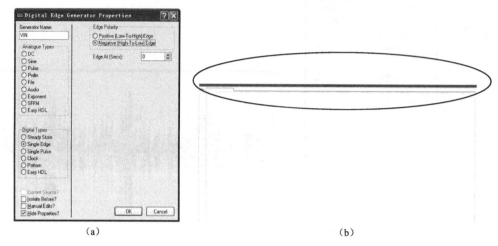

（a）　　　　　　　　　　　　　　　　（b）

图 4-10　数字单边沿信号发生器 DEDGE 设置及效果

数字单边沿信号发生器 DEDGE 设置输入框内有以下选项：

Edge Polarity（边沿极性）：在边沿极性里面可以通过勾选 Positive（正边沿）（低—高）或 Negative（负边沿）（高—低）选择边沿的模式。

Edge At（第一个边沿出现时间）：以秒为单位，通过输入数值设定第一个边沿出现的时间。

4.4.11　数字单稳态逻辑电平发生器 DSTATE 设置

如图 4-11 所示为数字单稳态逻辑电平发生器 DSTATE 设置及效果。

在数字单稳态逻辑电平发生器 DSTATE 设置对话框内通过 State（勾选状态）栏中的 Power Rail High（电源正摆幅）、Strong High（强高）、Weak High（弱高）、Floating（浮空）、Weak Low（弱低）、Strong Low（强低）、Power Rail Low（电源负摆幅）选择数字单稳态的状态。

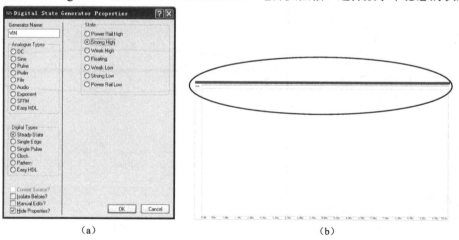

（a）　　　　　　　　　　　　　　　　（b）

图 4-11　数字单稳态逻辑电平发生器 DSTATE 设置及效果

4.4.12 数字时钟信号发生器 DCLOCK 设置

如图 4-12 所示为数字时钟信号发生器 DCLOCK 设置及效果。

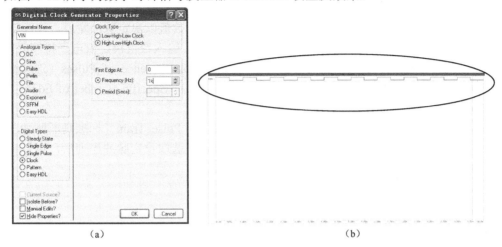

(a)   (b)

图 4-12 数字时钟信号发生器 DCLOCK 设置及效果

数字时钟信号发生器 DCLOCK 设置输入框内有以下选项：

Clock Type（时钟类型）：在时钟类型内通过勾选 Low-High-Low Clock（低—高—低时钟）或 High-Low-High Clock（高—低—高时钟）决定时钟类型。

Timing（时间）：在时间输入框内可以设置 First Edge At（第一个边沿出现的时间）、Frequency（频率）和 Periods（周期）。

4.4.13 数字模式信号发生器 DPATTERN 设置

如图 4-13 所示为数字模式信号发生器 DPATTERN 设置及效果。

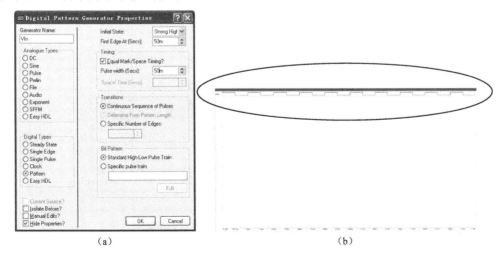

(a)   (b)

图 4-13 数字模式信号发生器 DPATTERN 设置及效果

数字模式信号发生器 DPATTERN 设置输入框内有以下内容：

视频教学

Initial State（初始状态）：在初始状态列表框中可以选择 Low、Power Low、Strong Low、High、Power High、Strong High、Float 共 7 种状态。

First Edge At（第一个边沿出现时间）：输入数值以决定第一个边沿的出现时间。

Timing（时间）：Equal Mark/Space Timing（选取占空比为 50%）选项可以决定波形的占空比，在 Pulse width（脉冲宽度）输入框内可以输入数值以决定脉冲宽度，没有选取占空比为 50%的情况下，可以在 Space Time（低电平期间）输入数值决定低电平持续时间。

Transitions（转换）：在转换里面可以勾选 Continuous Sequence of Pulses（连续脉冲序列）、Determine From Pattern Length（根据图案长度决定）、Specific Number of Edges（指定边沿数）进行设定转换。

Bit Pattern（位模式）：可以选取 Standard High-Low Pulse Train（标准高低脉冲序列）或 Specific pulse train（设定脉冲序列）以决定位模式，选取设定脉冲序列后，可以自己编辑位模式。

4.5　典型实例

实例 4-1　共发射极放大电路分析

实例 4-1 典型的共发射极放大电路分析是基于图表的仿真，该共发射极放大电路的交流放大倍数（交流增益）A_V 由集电极负载电阻 R_C 与发射极负载电阻 R_E 之比决定，本例中为 $R_C/R_E=5$，下面就使用模拟分析图表进行验证。

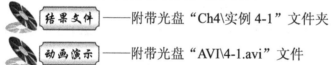

结果文件——附带光盘"Ch4\实例 4-1"文件夹

动画演示——附带光盘"AVI\4-1.avi"文件

（1）启动 Proteus ISIS。加载"Start\Ch4\实例 4-1"文件夹中的电路图，如图 4-14 所示。

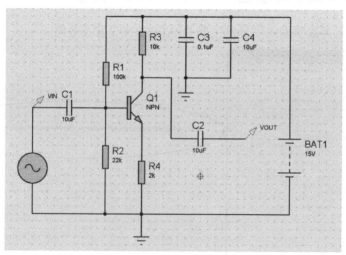

图 4-14　典型的共发射极放大电路分析电路图

（2）单击工具箱中的图表仿真模式按钮 进入图表模式。在对象选择器出现的图表列表中选择模拟分析图表（ANALOGUE），鼠标指向编辑窗口，按下左键拖出一个方框，松开左键确定方框大小，将模拟分析图表加载在原理编辑图中，如图 4-15 所示。

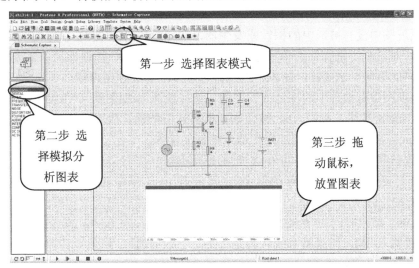

图 4-15 加载模拟分析图表

（3）放置探针。由于是需要分析交流增益，所以放置电压探针在输入端和输出端即可。单击电压探针 📍，在输入和输出端放置两个电压探针。为了分析方便，右击探针打开编辑对话框，为探针取一个方便辨识的名字，在此输入端取 VIN，输出端取 VOUT，如图 4-16 所示。

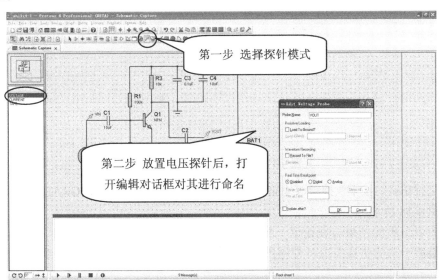

图 4-16 放置探针

（4）添加探针到图表。本例中的信号源可以采用激励源作为信号发生器，然而由于之前添加了交流源作为信号源，在此例足够，所以不需要添加其他的发生器。然而一般情况下会遇到添加发生器（激励源）与探针进入图表的情况，每个发生器会自带一个探针，不需额外添加探针。有三种方法可以添加探针进入图表。

① 依次选中探针或发生器，按住左键将其拖动到图表中，松开左键即可放置。图表中

会有两条竖轴，探针/发生器靠近哪边被拖入的，它们的名字就被放置在哪条轴上，图表中的探针/发生器名与原理图中的名字相同。

② 若原理图中没有被选中的探针或发生器，选择绘图/添加图线（GRAPH/Add Trace）出现增加探针对话框，从探针清单中选择一个探针，单击 OK 按钮即可。需要注意的是，此方法每次只能添加一个探针，图表中的探针以加入的先后顺序排序。

③ 若原理图中有被选中的探针或发生器，选择绘图/添加图线（GRAPH/Add Trace）出现 OK 和 Cancle 按钮，单击 OK 按钮则把所有选中的探针放置到图表中，按英文字母排序；单击 Cancle 按钮将会取消添加发生器或探针的操作。

（5）设置仿真图表。运行时间由 X 轴的范围确定。先右击选中图表，然后单击图表出现编辑图表对话框，设置相应的开始时间和停止时间即可。由于本例中信号源为 0.1V/1000Hz 的正弦信号，默认的 1s 终止时间在有限的图表中无法观察清楚，因此，设置起始时间为 0s，结束时间为 0.002s。需要注意的是，输入为 0.002 或 2m（千万注意大小写，曾经试过输入 2M，结果被系统认为是 2Ms，导致崩溃），如图 4-17 所示。

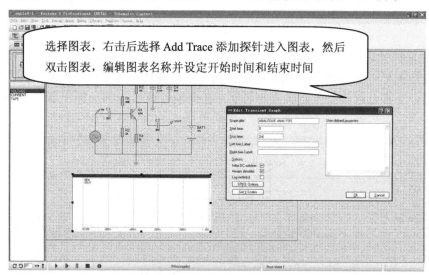

图 4-17　添加探针与设置图表

（6）进行仿真。按下快捷键（空格键），或者单击图表/仿真图表（GRAPH/SIMULATE）即可，如图 4-18 所示。

可见图表分析的结果与理论值一样。除此之外，还可以选择查看仿真日志记录。仿真日志记录最后一次的仿真情况，使用图表/查看日志（GRAPH/View Log）或快捷键 Ctrl+V即可查看。

图表仿真查看的技巧如下：

① 再一次执行仿真时图表可能看不到明显变化，在编辑瞬时图表对话框中选择 Always Simulate（总是仿真），此时便可以看到图表在动态刷新。

② 看不清楚细节时，单击图表标题栏可以最大化图表，即全屏显示；分析完成后再次单击图表标题栏可恢复原编辑窗口。

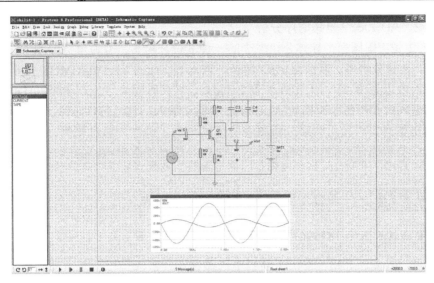

图 4-18 图表仿真

③ 当显示窗口中两条曲线幅值相差太大时，可以选择分离图线以方便观察，选中
VOUT 信号，按下左键拖动到右边的竖轴，可以看到如图 4-19 所示的变化。注意：两边竖
轴的单位是不同的。

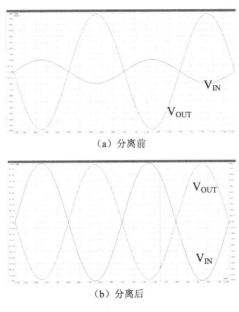

图 4-19 图表分离曲线

④ 测量时需要放置测量指针。在图表中单击出现基本指针（以一条平行于竖轴的绿线
表示），按下 Ctrl 键，在图表中单击，出现参考指针（以一条平行于竖轴的红线表示）。移动
测量指针时，先单击移动基本指针线，按下 Ctrl 键再单击则移动参考指针线。删除测量指针
时，光标指向任一竖轴的标值单击删除基本指针线，光标指向任一竖轴的标值，按下 Ctrl 键
再单击即删除参考指针线。每个图表只能出现两条测量线，对两个量进行测量。图表底部为
状态栏，显示的数据为绝对值。其中，DX 显示时间相对量，DY 显示幅值相对量。

实例 4-2 ADC0832 电路时序分析

ADC0832 是美国国家半导体公司生产的一种 8 位分辨率、双通道 A/D 转换芯片，它具有以下特点：8 位分辨率、双通道 A/D 转换、输入/输出电平与 TTL/CMOS 相兼容、5V 电源供电时输入电压为 0~5V，工作频率为 250kHz，转换时间为 32μs。根据 ADC0832 的特点，本例就是同时使用激励源模仿 ADC0832 的驱动输入，包括芯片时钟、选通端等，用探针获取其输出信息，再使用数字分析图表验证结果的正确性。通过此例，熟悉数字图表分析的操作，学会根据芯片资料查看验证芯片时序，这对于数字电路的学习和工作是相当有帮助的。

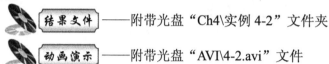

结果文件——附带光盘"Ch4\实例 4-2"文件夹

动画演示——附带光盘"AVI\4-2.avi"文件

（1）启动 Proteus ISIS，单击工具栏中的器件选择模式按钮 进入器件模式，在对象选择器中按下 P 按钮，选择 ADC0832 及 POT-LIN 可调电阻（可调电阻的阻值大小可以通过属性编辑框编辑，本例中采用默认值），单击端口模式按钮 进入端口模式，在原理编辑图上摆放好地端及电源端（5V），按照图 4-20 所示连接电路图。其用到的元器件如元器件表 4-1 所示。

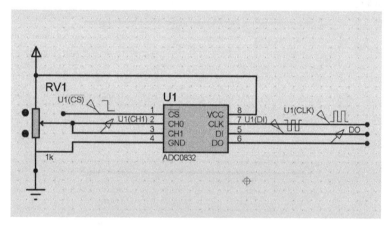

图 4-20 ADC0832 电路电路原理图

元器件表 4-1 ACD0832 电路

Reference	Type	Value	Package
RV1	POT-LIN	1k	missing
U1	ADC0832	ADC0832	DIL08

（2）单击激励源模式按钮进入激励源模式，在 $\overline{\text{CS}}$ 端接 DEDGE 激励源，在 CLK 端及 DI 端接 DCLOCK。ADC0832 的 8 个引脚定义及功用如下：

① $\overline{\text{CS}}$ 片选使能，低电平芯片使能。

② CH0 模拟输入通道 0，或作为 IN+/−使用。

③ CH1 模拟输入通道 1，或作为 IN+/−使用。

④ GND 芯片参考 0 电位（地）。

⑤ DI 数据信号输入，选择通道控制。

⑥ DO 数据信号输出，转换数据输出。

⑦ CLK 芯片时钟输入。

⑧ VCC/REF 电源输入及参考电压输入（复用）。

本例中因为只需要验证时序电路的正确性，所以将 CH1 与 CH0 复接于可变电阻的输出端。ADC0832 未工作时 $\overline{CS}$ 端应为高电平，此时芯片禁用，CLK 和 DO/DI 电平可任意。当要进行 A/D 转换时，须要先将 $\overline{CS}$ 端置于低电平并且保持低电平直到转换完全结束。此时芯片开始转换工作，同时向芯片时钟输入端 CLK 输入时钟脉冲，DI 端输入通道功能选择的数据信号。在第一个时钟脉冲的下沉之前 DI 端必须是高电平，表示起始信号，在第 2、3 个脉冲下沉之前 DI 端应输入 2 位数据用于选择通道功能（当此两位数据为 "1"、"0" 时，只对 CH0 单通道转换；当此两位数据为 "1"、"1" 时，只对 CH1 进行单通道转换；当此两位数据为 "0"、"0" 时，将 CH0 作为正输入端 IN+，CH1 作为负输入端 IN−进行输入；当此两位数据为 "0"、"1" 时，将 CH1 作为正输入端 IN+，CH0 作为负输入端 IN−进行输入）。

在第 3 个脉冲下沉之后，DI 端输入电平就失去输入作用，此后芯片开始进行转换数据的读取并且将数据传送至 DO 端。从第 4 个脉冲下沉开始由 DO 端输出转换数据最高位 DATA7，随后每一个脉冲下沉 DO 端输出下一位数据。直到第 11 个脉冲发出最低数据 DATA0，一个字节的数据便输送完成。也正是从此位开始输出下一个相反字节的数据，即从第 11 个字节的下沉输出 DATA0，随后输出 8 位数据，直到第 19 个脉冲时数据输出完成，也标志着一次 A/D 转换的结束。最后将 $\overline{CS}$ 置高电平禁用芯片。具体的时序如图 4-21 所示。

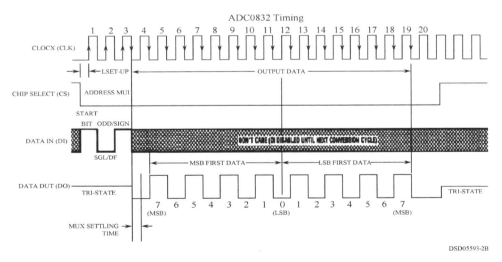

图 4-21 ADC0832 时序

据此，开始对激励源进行相应的编辑，如表 4-3 所示。

表 4-3　激励源编辑表

名　　称	激 励 源	所接端口	更改项目	说　　明
U1（$\overline{CS}$）	DEDGE	$\overline{CS}$	负边沿（HL） 边沿出现时间：1μs	$\overline{CS}$ 端低电平时芯片才开始启动工作， 1μs 的时间是根据 CLK 与 DI 决定的
U1（CLK）	DCLOCK	CLK	LHL 时钟类型 频率 250kHz	250kHz 是 ADC0832 的工作频率
U1（DI）	DCLOCK	DI	HLH 时钟类型 边沿出现时间：31μs 频率 250kHz	参考了 ADC0832 的工作特性，这样编辑 刚好符合 DI 启动芯片工作的要求

然后选择电压探针，在 CH0 端和 DO 端各放置一个，如图 4-22 所示。

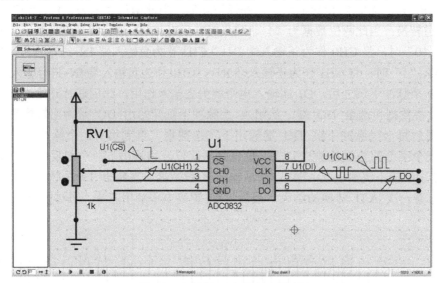

图 4-22　激励源及探针放置编辑

（3）单击图表模式按钮，在原理图上放置数字分析图表，将激励源与探针放置进图表中，图表的开始时间定为 0s，结束时间定为 100μs，然后按下空格键进行图表仿真，此时数字分析图表显示结果，如图 4-23 所示。

从图 4-23 中可以观察到 DO 口输出的数据，根据 ADC0832 的数据格式说明，此时可知输出为 101100111001101，即 DATA8~DATA0 为 10110011，十进制为 179，除以 255（11111111）再乘以 5V 得出 3.50，与图中电压探针测量值相同。

本例借助激励源及图表，仿真了 ADC0832 的正常工作并且对其进行了分析，是基于图表的分析在数字电路方面的一个实际应用仿真例子。

视频教学

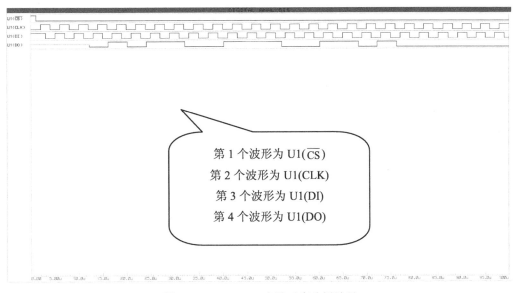

图 4-23　ADC0832 电路时序分析结果

实例 4-3　共发射极应用低通滤波电路分析

共发射极应用低通滤波电路分析是综合基于图表的分析和交互式电路仿真两者的实例。本例中的电路类似于实例 4-1 的电路，只是在集电极负载电阻上并联接上电容器，使得该电路具有频率特性。并联电容 C 后，频率越高，集电极的负载电阻就越小，电路的电压增益就下降，成为一个低通滤波器。本实例就是要观察此电路的工作状态，并分析频率特性。

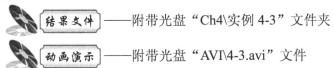

结果文件——附带光盘"Ch4\实例 4-3"文件夹

动画演示——附带光盘"AVI\4-3.avi"文件

（1）启动 Proteus ISIS，选取元件（元件与实例 3-1 一样）和电压探针后，按照元器件表 4-2 所示设置好相应的属性，然后按图 4-24 所示将元件摆放好并连接在一起。

元器件表 4-2　共发射极应用低通滤波电路

Reference	Type	Value	Package
C1	CAP	10uF	CAP10
C2	CAP	0.015uF	CAP10
C3	CAP	0.1uF	CAP10
C4	CAP	47uF	CAP10
C5	CAP	10uF	CAP10
Q1	2SC2547	2SC2547	TO92
R1	RES	130k	RES40
R2	RES	27k	RES40
R3	RES	10k	RES40
R4	RES	2k	RES40

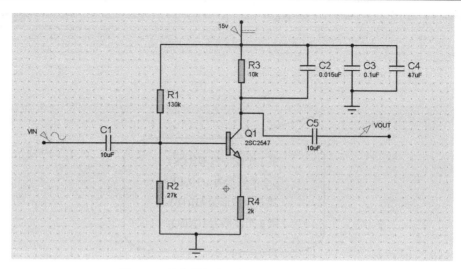

图4-24　共发射极应用低通滤波电路原理图

　　下面介绍关于交互式电路仿真的知识。交互式仿真是由一个类似播放机控制按钮进行控制的，也就是仿真按钮。各按钮功能如下：

　　① 工作按钮 ▶：开始进行仿真。

　　② 步进按钮 ▮▶：按照预设时间步长（单步执行时间增量）进行仿真。单击一下，仿真进行一个步长时间后停止。若按键后不放开，仿真将连续进行，直到按下停止键为止。步长的设置详见 2.3.5 节。

　　③ 暂停按钮 ▮▮：暂停按钮可延缓仿真的进行，再次按下可继续暂停的仿真，也可在暂停后进行单步仿真。暂停操作可以通过键盘中的 Pause 键完成，但需要控制面板按钮操作恢复仿真。

　　④ 停止按钮 ▮：可使得 Proteus ISIS 停止实时仿真，所有可动的状态停止，模拟器不会占用内存，除激励元件（开关等）外，所有指示器重置为停止时状态。停止操作也可以通过组合键 Shift+Break 完成。

　　人性化测量是利用颜色和箭头形象直观地显示当前的电路状态：

　　① 利用不同的颜色电路连线显示相应电压。默认蓝色表示–6V，绿色表示 0V，红色表示+6V。连线颜色按照从蓝到红的颜色深浅依照电压的从小到大的规律渐变。可以通过设置模板进行，详情参阅 2.2.1 节。

　　② 利用箭头可以显示电流的具体流向，但是当线路电流强度小于设置的起始电流强度（默认值为 1μA）时，箭头不显示。以上两项通过设置动画选项选取使用颜色显示电压高低（Show Wire Voltage by Colour）和使用箭头表示电流方向（Show Wire Current with Arrows）激活。

　　③ 使用控制按钮使得电路在需要观察时暂停，若想要观察起始状态的参数信息直接单击暂停按钮，然后单击工具栏中的虚拟仪器模式按钮一次，再次在欲观察的元件上单击即可以出现参数信息。一般情况下显示节点电压或（和）引脚逻辑状态，有些元件可以显示相对电压和耗散功率。

　　现在回到本例中，本例需要交互式仿真与图表分析相结合，因此按照以上的说明进行相应的设置，在动画选项设置内勾选相应选项，如图 4-25 所示。

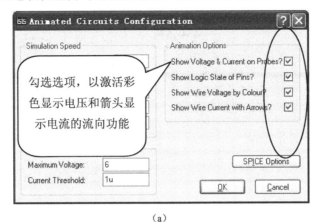

（a）

（b）

图 4-25　交互式仿真设置

（2）单击工具栏中的图表按钮，摆放一个频率分析图表在原理编辑图中，加入探针 VIN，然后单击其编辑对话框，在弹出的对话框内，在参考源中选择 VIN，起始频率和结束频率根据实际应用需求设置，此处用默认值即可，如图 4-26 所示。

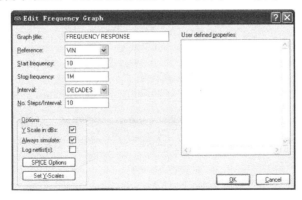

图 4-26　频率分析图表设置

（3）按下空格键，可以看到频率曲线如图 4-27 所示，这证明此电路是一个截止频率为 1kHz 的低通滤波电路，截止频率 $f_c = \dfrac{1}{2\pi C \times R_c}$ =1/（2×π×0.015μF×10kΩ）=1061Hz，与理论值差不多。

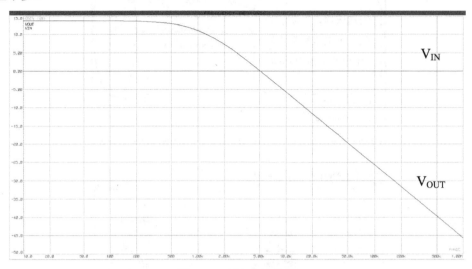

图 4-27　频率分析结果

（4）按下仿真开始按钮，此时会看见电压颜色与电流流向，按下暂停按钮，然后再按下虚拟仪器模式按钮，单击欲观察元件，此时出现信息列表，如图 4-28 所示。

（5）交互式仿真与图表仿真的整个流程如本例所示，虚拟仪器的使用也是交互式仿真的一个重要部分，在单片机应用时还会看见引脚颜色表示的逻辑电平（蓝色表示逻辑 0，红色表示逻辑 1，灰色表示不固定），这个也属于交互式仿真的范畴。在下面几章的学习中，将会更进一步地使用这两者的结合。

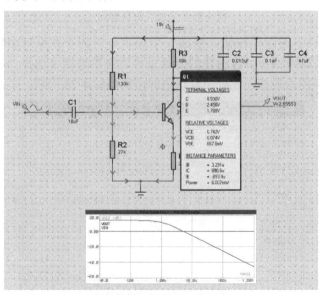

图 4-28　交互式仿真观察

视频教学

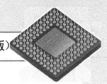
第 5 章　模拟电路设计及仿真

本章主要是介绍模拟电路设计配合 Proteus VSM 所作的仿真，包括常用模拟集成电路介绍及典型模拟电路的应用、测量放大电路与隔离放大电路、信号转换电路、移相电路与相敏检波电路、信号细分电路、有源滤波电路、信号调制/解调电路、函数发生电路等的设计与仿真。

本章内容

- ❧ 常用模拟集成电路
- ❧ 信号转换电路
- ❧ 信号细分电路
- ❧ 信号调制/解调电路

- ❧ 测量放大电路与隔离放大电路
- ❧ 移相电路与相敏检波电路
- ❧ 有源滤波电路
- ❧ 函数发生电路

本章案例

- ❧ PID 控制电路分析
- ❧ 模拟信号隔离放大电路分析
- ❧ 电阻链二倍频细分电路分析
- ❧ 集成函数发生器 ICL8038 电路分析

- ❧ 测量放大器测温电路分析
- ❧ 相敏检波器鉴相特性分析
- ❧ 电容三点式振荡电路分析

5.1　运算放大器基本应用电路

运算放大器是一种高增益、高输入电阻、低输出电阻的多级直接耦合放大电路。其应用范围广泛。在线性应用方面，有各种基本运算电路及有源滤波电路等；在非线性应用方面，有比较电路、函数信号发生器、频率/电压变换电路等；在测量系统中，运算放大器被用来放大传感器输出的微弱电压、电流或电荷信号；在控制系统中，运算放大器用来比较、放大、运算等。

5.1.1 反相放大电路

反相放大电路是一种比例运算电路，其输出电压和输入电压之间有着比例对应关系。比例运算电路包括三种基本形式：反相输入、同相输入和差分输入。

反相放大电路如图 5-1 所示，输入电压 VIN 经过电阻 R_1 加到运放的反相输入端，其同相输入端经电阻 R_2 接地。输出电压经电阻 R_3 接回到反相输入端。

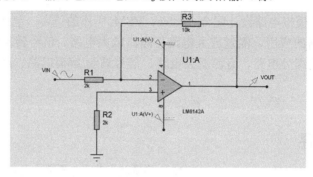

图 5-1　反相放大电路

反相比例运算电路是电压并联负反馈，由于运放的开环差模增益很高，容易满足深负反馈的条件，故可以认为运放工作在线性区。可以利用理想运算放大器工作在线性区时的"虚短"和"虚断"特点分析电路。

根据电路可以得出

$$\frac{U_i - U_-}{R_1} = \frac{U_- - U_o}{R_3} \tag{5-1}$$

而因为"虚短"，$U_- = 0$，故得反相比例运算电路的闭环放大增益为

$$A_{vf} = -\frac{R_3}{R_1} \tag{5-2}$$

故反相比例运算电路输出电压与输入电压的幅值成正比，但相位相反。当闭环放大增益为−1 时，称为单位增益反相器。运算放大器的反相输入端和同相输入端实际上是运算放大器内部输入级中两个差分对管的基极。为了使得差动放大电路的参数保持对称，应使得两个差分对管对地电阻尽量保持一致，以免静态基流流过这两个电阻时，在运放输入端产生附加的偏差电压。

在设计反相放大电路时，要根据实际情况选取对应的电阻阻值。当对放大器输入阻抗有要求时，应先确定 R_1 再确定 R_3；当对放大器输入阻抗无要求时，则先确定 R_3 再确定 R_1，选取原则是流过 R_3 的电流要小于运放的最大输出电流，以保证运放电路处于正常工作状态。通常 R_3 的阻值在几千欧至几百千欧。R_2 的选取则应先考虑运放在应用中两个输入端对地的等效阻抗相等。

图 5-1 中，在 Proteus 里面选择的是 LM6142A 运算放大器，$R_1 = R_2 = 2k\Omega$，$R_3 = 10k\Omega$，VIN 是 SINE 型的激励源，幅值为 1V，频率为 1kHz，运放的电源电压为+12V 和−12V，得出的 VIN 与 VOUT 关系如图 5-2 所示，与理论值−(R_3/R_1) = −5 一样。

视频教学

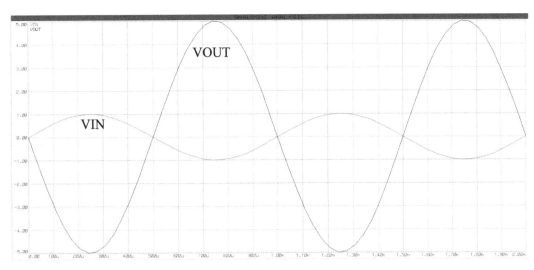

图 5-2　反相放大电路仿真结果

5.1.2　同相放大电路

同相放大电路如图 5-3 所示,输入电压 VIN 经过电阻 R_2 接到同相输入端,为保证引入的是负反馈,输出电压 VOUT 通过电阻 R_3 接到反相输入端,同时反相输入端通过电阻 R_1 接地。

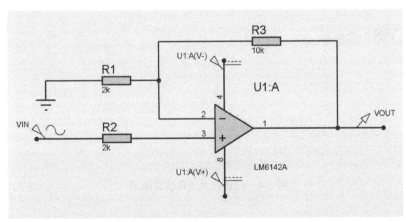

图 5-3　同相放大电路

在同相比例运算电路中,反馈电路构成电压串联负反馈,利用理想运放工作在线性区时"虚短"和"虚断"特性分析电压放大倍数,根据电路有

$$\frac{R_1}{R_2 + R_3}U_o = U_i \tag{5-3}$$

故得出同相比例运算放大电路的闭环放大增益为

$$A_{vf} = 1 + \frac{R_3}{R_1} \tag{5-4}$$

视频教学

同相比例运算电路的输出电压与输入电压的幅值成正比，且相位相同，而且由式（5-4）可知，同相比例运算电路的电压放大倍数总是大于或等于 1。A_{vf} 只取决于电阻 R_3 与电阻 R_1 之比，与运算放大器内部参数无关，故比例运算的精度和稳定性主要取决于电阻 R_3 和电阻 R_1 的精确度和稳定度。

当 $R_3=0$ 或 $R_1=\infty$ 时，电压放大倍数等于 1，此时电路的输出电压与输入电压不仅幅值相等，而且相位相同，称为电压跟随器。电压跟随器的输入阻抗高，几乎不从信号源吸取电流，而且输出阻抗低，可视为电压源，是理想的阻抗变换器。在测量系统中，一般可以设计电压跟随电路提高测量系统的输入阻抗。

由于电路的共模输入信号高，故同相比例运算放大电路要求运算放大器具有很高的共模抑制比。此外，由于引入了电压串联负反馈，故可以提高输入电阻，提高的程度与反馈深度有关，因此，同相比例运算放大电路的输入电阻很高，输出电阻很低。根据其特点，同相比例运算放大电路广泛应用于前置放大。

图 5-3 中，在 Proteus 里选择的运放是 LM6142A 运算放大器，$R_1=R_2=2\text{k}\Omega$，$R_3=10\text{k}\Omega$，VIN 是 SINE 型的激励源，幅值为 1V，频率为 1kHz，运放的电源电压为+12V 和−12V，得出的 VIN 与 VOUT 关系如图 5-4 所示，与理论值 1+（R_3/R_1）=6 一样。

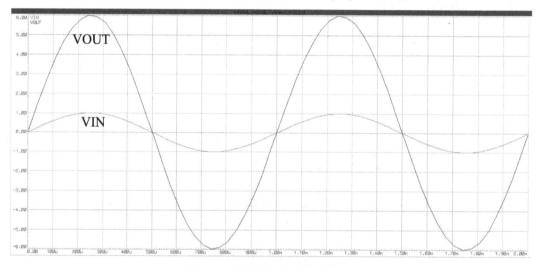

图 5-4　同相放大电路仿真结果

5.1.3　差动放大电路

差动放大电路如图 5-5 所示，是将两个输入信号分别输入到运算放大器的同相输入端和反相输入端，然后在输出端取出这两个信号的差模成分，并尽量抑制两个信号的共模部分。

输入电压 VIN1 和 VIN2 通过电阻 R_1 和 R_2 分别加载在运算放大器的反相输入端和同相输入端，从输出端通过反馈电阻 R_3 接回到反相输入端，同相端通过 R_4 接地。为了保证运算放大器两个输入端对地的电阻平衡，且避免降低共模抑制比，通常要求 $R_1=R_2$，$R_3=R_4$。

视频教学

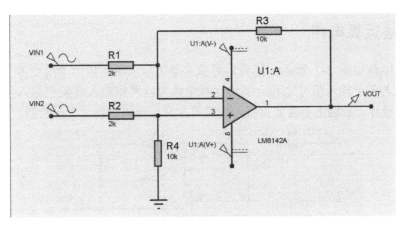

图 5-5　差动放大电路

当 $R_1=R_2$ 且 $R_3=R_4$ 时，可以得出差动比例运算电路的输出电压为

$$U_o = \frac{R_3}{R_1}(U_{VIN2} - U_{VIN1})$$

（5-5）

差动比例运算放大电路的电压放大倍数为

$$A_{vf} = \frac{R_3}{R_1} = \frac{R_4}{R_2}$$

（5-6）

电路元件参数对称的情况下，差动比例运算电路的差模输入电阻 $R_{id} = 2R_1$，电路的输出电压和两个输入电压之差成正比，实现了差动比例运算。其比值取决于电阻 R_3 与 R_1 之比，与运算放大器内部参数无关。输入电阻不够高是该电路的缺点。

图 5-5 中，在 Proteus 里选择的运放是 LM6142A 运算放大器，$R_1=R_2=2k\Omega$，$R_3=R_4$ $=10k\Omega$；VIN2 是 SINE 型的激励源，幅值为 1V，频率为 1kHz；VIN1 是 SINE 型的激励源，幅值为 2V，频率为 1kHz；运放的电源电压为+12V 和–12V，得出的 VIN 与 VOUT 关系如图 5-6 所示，与理论值 $\frac{R_3}{R_1}(U_{VIN2} - U_{VIN1}) = -5U_{VIN2}$ 一样。

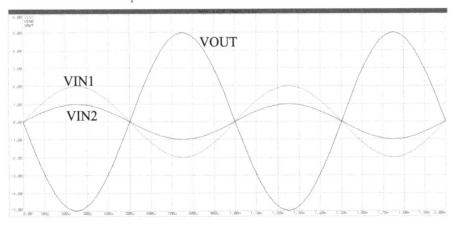

图 5-6　差动放大电路仿真结果

视频教学

5.1.4 加法运算电路

加法运算电路如图 5-7 所示，是将运算放大器的输入端连接两个或更多个输入信号，输出信号则是若干个输入信号之和。加法运算电路可以同相输入或反相输入，但是反相输入的比较容易设计。若输出不需要反相，则需要在反相输出后接一个反相器。

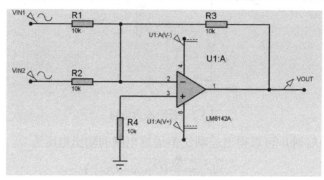

图 5-7　加法运算电路

在理想条件下，根据"虚断"，有

$$I_1 + I_2 = \frac{U_{\text{VIN1}}}{R_1} + \frac{U_{\text{VIN2}}}{R_2} = -\frac{U_o}{R_3} \tag{5-7}$$

整理后得出

$$U_o = -\left(\frac{R_3}{R_1} U_{\text{VIN1}} + \frac{R_3}{R_2} U_{\text{VIN2}} \right) \tag{5-8}$$

如果 $R_1 = R_2$，则有

$$U_o = -\frac{R_3}{R_1} (U_{\text{VIN1}} + U_{\text{VIN2}}) \tag{5-9}$$

按照上述的原则，输入端可以扩展到多个。

图 5-7 中，在 Proteus 里选择的运放是 LM6142A 运算放大器，$R_1 = R_2 = R_3 = R_4 = 10\text{k}\Omega$；VIN2 是 SINE 型的激励源，幅值为 1V，频率为 1kHz；VIN1 是 SINE 型的激励源，幅值为 2V，频率为 1kHz；运放的电源电压为+12V 和−12V，得出的 VIN 与 VOUT 关系如图 5-8 所示，与理论值 $-\dfrac{R_3}{R_1} (U_{\text{VIN1}} + U_{\text{VIN2}}) = -3U_{\text{VIN2}}$ 一样。

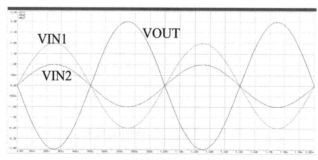

图 5-8　加法运算电路仿真结果

视频教学

5.1.5 减法运算电路

利用求和电路的原理可以实现减法运算电路，如图 5-9 所示。

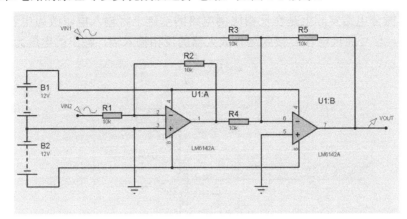

图 5-9　减法运算电路

减法运算电路的原理是利用代表被减数的信号求反，再与代表减数的信号相加，从而实现减法。则运放先将输入信号 VIN2 反相（$R_1=R_2$），则得到输出信号 VOUT 为

$$U_o = \frac{R_5}{R_4}U_{\text{VIN2}} - \frac{R_5}{R_3}U_{\text{VIN1}} \tag{5-10}$$

若 $R_3=R_4=R_5$，则 VOUT 为

$$U_o = U_{\text{VIN2}} - U_{\text{VIN1}} \tag{5-11}$$

对于反相输入的减法运算电路，由于"虚地"，故输入端无共模信号，故允许 V_{IN1}、VIN2 的共模范围较大，其缺点是输入阻抗低。

图 5-9 中，在 Proteus 里选择的运放是 LM6142A 运算放大器，$R_1=R_2=R_3=R_4=R_5=10\text{k}\Omega$；VIN2 是 SINE 型的激励源，幅值为 4V，频率为 1kHz；VIN1 是 SINE 型的激励源，幅值为 1V，频率为 1kHz；运放的电源电压均为+12V 和–12V，得出的 VIN 与 VOUT 关系如图 5-10 所示，与理论值 $U_o = U_{\text{VIN2}} - U_{\text{VIN1}}$ 一样。

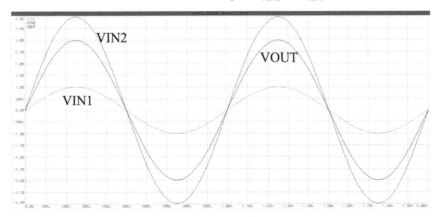

图 5-10　减法运算电路仿真结果

5.1.6　微分运算电路

典型的微分运算电路如图 5-11 所示。微分运算电路是控制和测量系统中常用的单元。反相输入基本微分电路实际上是在反相比例电路的基础上将输入电阻改为电容而得到的。在微分电路中，信号通过电容 C 接到运算放大器的反相输入端，输出的电压为

$$U_o = -R_2 C \frac{\partial U_i}{\partial t} \tag{5-12}$$

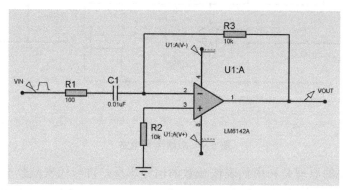

图 5-11　微分运算电路

在式（5-12）中，$R_2 C$ 为微分时间常数 τ。输出电压正比于输入电压对时间的导数，其比例常数取决于反馈电路中的时间常数 τ。为使得运算放大器两个输入端对地的电阻平衡，同相输入端接入与 R_2 电阻相同的 R_1。

基本微分电路的缺点是当输入信号频率增大时，电容的容抗减小，使得放大倍数增加和信噪比下降。此外，由于微分电路中的 RC 形成的移相环节，容易产生自激振荡，因而导致电路稳定性下降。为了克服基本微分电路的缺点，需要接入一个小电阻与电容 C 相连。

微分电路常应用于控制电路中，如加快调节控制过程等。微分电路也可以应用在信号的波形转换中，例如，对称的三角波转换为方波、方波转换为尖脉冲等。此外，微分电路也可以实现移相。

图 5-11 中，在 Proteus 里选择的运放是 LM6142A 运算放大器，$R_1=R_2=10\text{k}\Omega$；VIN 是 PULSE 型的激励源，初始电压为 0V，脉冲高电平电压为 2V，开始时间为 0s，上升时间为 500μs，下降时间为 500μs，脉冲宽度为 0s，频率为 1kHz（如此形成三角波）；运放的电源电压为+12V 和–12V，得出的 VIN 与 VOUT 关系如图 5-12 所示，与理论值 $U_o = -R_2 C \frac{\partial U_i}{\partial t}$ 一样。

5.1.7　积分运算电路

积分运算电路如图 5-13 所示，输入电压通过电阻 R_2 加在运算放大器的反相输入端，并且在输出端和反相输入端之间通过一个电容 C_1 引入深度负反馈。为使得运算放大器两个输入端对地的电阻平衡，接上一个 $R_1=R$ 的电阻在同相输入端。

视频教学

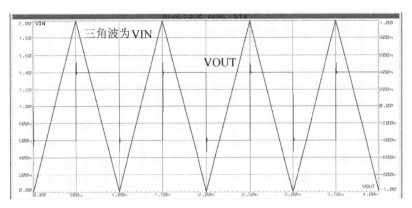

图 5-12　微分运算电路仿真结果

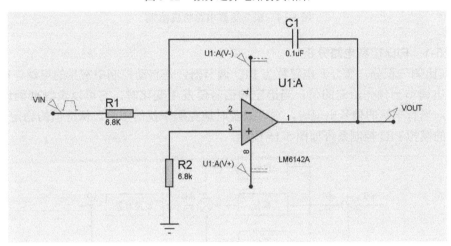

图 5-13　积分运算电路

此电路输出电压为

$$U_o = -\frac{1}{R_2 C_1}\int U_{VIN}dt \qquad (5\text{-}13)$$

式（5-13）中，R_2 和 C_1 之积为积分时间常数 τ。若在开始积分之前，电容端已经存在一个初始电压，则积分电路将会有一个初始输出电压 $U_o(0)$。此时会有

$$U_o = -\frac{1}{R_2 C_1}\int U_{VIN}dt + U_o(0) \qquad (5\text{-}14)$$

实际应用中，积分电路会产生误差，产生误差的原因主要有两个方面：①运算放大器不具有理想特性；②积分电容存在漏泄电阻，实际输出的幅值会逐渐下降。

图 5-13 中，在 Proteus 里选择的运放是 LM6142A 运算放大器，$R_1=R_2=10\text{k}\Omega$；VIN 是 PULSE 型的激励源，初始电压为－1V，脉冲高电平电压为 1V，开始时间为 0s，上升时间为 0s，下降时间为 0s，脉冲宽度为 50%，频率为 1kHz（如此形成峰值为 2V 的方波）；运放的电源电压为+12V 和－12V，得出的 VIN 与 VOUT 关系如图 5-14 所示，与理论值 $U_o = -\frac{1}{R_2 C_1}\int U_{VIN}dt + U_o(0)$ 一样。

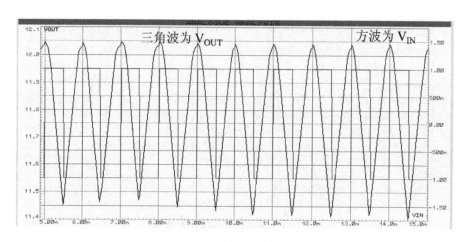

图 5-14　积分运算电路仿真结果

实例 5-1　PID 控制电路分析

PID（比例—积分—微分）电路称为 PID 调节器，是自动控制中常见的电路。PID 电路能够将输出调节到预先给定的值。当给定的信号值发生变化时，它可以及时准确地调整输出的变化，当有干扰的信号出现时，它可以及时地克服干扰的影响，保持值的稳定。

一般的模拟 PID 控制系统如图 5-15 所示。

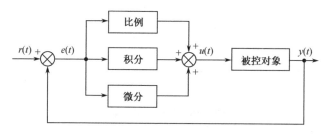

图 5-15　模拟 PID 控制系统

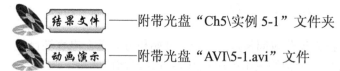

结果文件——附带光盘"Ch5\实例 5-1"文件夹

动画演示——附带光盘"AVI\5-1.avi"文件

（1）PID 调节器电路如图 5-16 所示。在一般电路中，比例电路中的 R_2、积分电路中的 R_4 和微分电路中 R_7 应该选用相应的变阻器，这样就可以独立调整参数，符合实际的应用。PID 电路实际的模式为

$$U_o = K_p \times U_i + K_d \times \frac{\partial U_i}{\partial t} + K_i \times \int U_i \mathrm{d}t \qquad (5\text{-}15)$$

故 PID 控制电路包括反相放大电路、微分运算电路和积分运算电路，然后再使用一个加法运算电路将其组合。由于积分电路输出含有较高的直流电位，所以应该加上电容，可与后面加法器的直流电位隔离。

启动 Proteus ISIS，选择元件、激励源和终端，按照图 5-16 组合，元件属性参见元器件表 5-1。

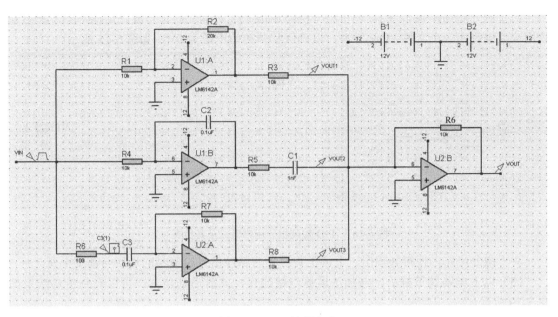

图 5-16　PID 控制电路

元器件表 5-1　PID 控制电路

名　称	属　性	名　称	属　性
C_1	1nF	C_2	0.1μF
C_3	0.1μF	R_1	10kΩ
R_2	20kΩ	R_3	10kΩ
R_4	10kΩ	R_5	10kΩ
R_6	10kΩ	R_7	10kΩ
R_8	10kΩ	BATTERY1	12V
BATTERY2	12V	U1、U2	LM6142A

（2）先将反相放大电路、微分运算电路、积分运算电路和加法运算电路断开，逐个进行调试，为避免积分电路饱和，调整时输入方波信号。对于反相放大电路，取输入信号的 1～2 倍，此处取 2 倍。电路及信号输出如图 5-17 所示。

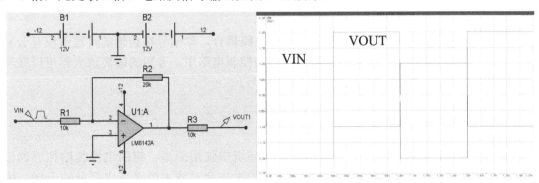

图 5-17　PID 控制反相放大电路及其仿真

视频教学

对于积分电路，调节 R_4，使得积分电路输出一个同幅度的三角波，周期不变，此处建议用户通过输入一个文件 FILE 脉冲，以确保积分初始电压为 0V，如图 5-18 所示。

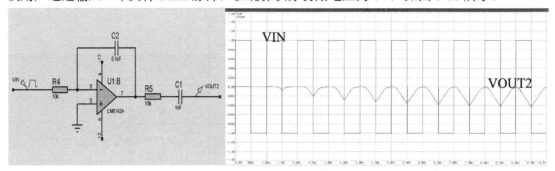

图 5-18　PID 控制积分运算电路及其仿真

对于微分电路，使得其输出一个带正负跳变的脉冲信号，信号的周期与幅度不变。

（3）以上电路调节好后，与加法运算电路连接，此时启动仿真，可以看到仿真结果如图 5-19 所示。

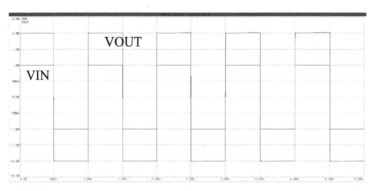

图 5-19　PID 控制电路仿真

5.2　测量放大电路与隔离放大电路

在测量控制系统中，用于放大传感器输出的微弱电压信号的放大电路称为测量放大电路。测量放大电路要求具有高输入阻抗、低输入阻抗、较强的共模抑制能力及较小的漂移电压。

隔离放大电路是指两部分电路没有直接的电路耦合，即信号在传输的过程中没有公共的接地端。隔离电路主要用于测量、传输和驱动控制电路中。专用的隔离放大器可以在噪声环境下以高阻抗、高共模抑制能力放大传送信号。

5.2.1　测量放大电路

传感器输出的信号一般较为微弱。在工业环境中使用距离一定的电缆传输传感器信号，因为电缆线和传感器均有内阻，因而环境的噪声会对放大电路造成严重的干扰。因此，对测量放大电路有较高的要求，主要有以下方面：

视频教学

① 输入阻抗与传感器输出阻抗相匹配。

② 稳定的增益和一定的放大倍数。

③ 低输入失调电压、低输入失调电流、低漂移。

④ 足够的带宽和转换速率。

⑤ 高共模输入范围与高共模抑制比。

⑥ 闭环增益可调、低噪声、线性好、精度高。

因为有些传感器的输出阻抗很高，要求测量放大电路要具有很高的输入阻抗。开环运算放大器的输入阻抗很高，但是反相运算放大电路的输入阻抗远低于同相放大电路。在输入端加入电压跟随器可以提高反相运算放大电路输入阻抗，但是同时带来了跟随器的共模误差。需要注意的是：测量放大电路的输入阻抗越高，输入端的噪声越大，故并非所有情况下都要求放大电路具有很高的输入阻抗，而是考虑与传感器的输出阻抗匹配，提高信噪比。

由于来自传感器的信号通常都伴随着很大的共模信号，包括了干扰电压信号。为了克服共模信号，需要采用差动输入运算放电器。故设计测量电路时，往往在前级使用同相放大电路，以获得很高的输入阻抗，后级采用差动电路，以获得较高的共模抑制比，增强电路的抗干扰能力。

一般的测量放大电路如图 5-20 所示。其中 U1：A、U2：A 为两个性能一致（主要是指输入阻抗、共模抑制比和开环增益）的通用运算放大器，工作于同相放大方式，构成平衡对称的差动放大输入级；U1：B 工作于差动放大方式，用于抑制 U1：A、U2：A 的共模信号，并接成单端输出方式以适应接地负载的需要。该电路具有输入阻抗高、共模抑制比高的优点，是目前广泛应用的高共模抑制比放大电路。

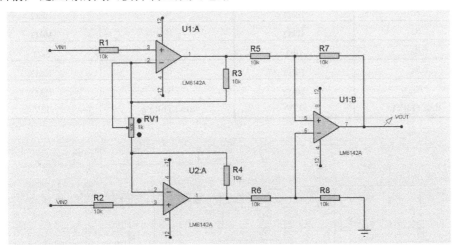

图 5-20 一般测量放大电路

测量放大电路的一个特点是对于元件的对称性要求比较高，如果元件失配，不仅在计算中带来附加误差，而且将产生共模电压输出，电路设计中，通常使得 $R_3=R_5,R_6=R_8$，$R_4=R_9,R_{11}=R_{10}$。则放大倍数为（利用虚短、虚断）

$$A_{vf} = -\frac{R_7}{R_5}\left(1+\frac{2R_3}{RV}\right) \tag{5-16}$$

RV 为可调电阻 RV 的阻值。测量放大器的共模抑制比主要取决于输入级运算放大器 U1:A、U2:A 的对称性、输出级运算放大器 U1:B 的共模抑制比及外接电阻的匹配精度控制在±0.1%内，一般其共模抑制比可以达到 120dB 以上。测量放大电路还具有增益调节功能，调节 RV 可以改变增益而不影响到电路的对称性，由于输入级采用对称的同相放大器，测量放大电路输入电阻可达到数百兆欧以上。

实例 5-2 测量放大器测温电路分析

工业用测温电路由于电信号是由电缆输出，其中包含工频、静电和磁耦合等共模干扰，故对这种电路进行放大就必须要用到具有很高的共模抑制比、低噪声和高输入阻抗的测量放大电路。测量放大电路对微小的差模电压很敏感，适用于远距离传输的信号，由于其高输入阻抗和共模抑制比，因而易于与微小信号输出的传感器配合使用。

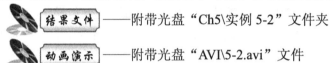

结果文件——附带光盘"Ch5\实例 5-2"文件夹

动画演示——附带光盘"AVI\5-2.avi"文件

（1）启动 Proteus ISIS，选择元件、激励源和终端，按照图 5-21 组合，元件等的属性参见元器件表 5-2。

元器件表 5-2 测温电路

名　　称	属　　性	名　　称	属　　性
RV1（POT-LIN）	20kΩ	RT1（NTSA0WB203）	20kΩ
U1、U2	LM6142A	R_1	10kΩ
R_2	10kΩ	R_3	10kΩ
R_4	10kΩ	R_5	10kΩ
R_6	10Ω	R_7	5kΩ
R_8	10kΩ	R_9	10kΩ
R_{10}	10kΩ	R_{11}	10kΩ
BATTERY1	12V	BATTERY2	12V

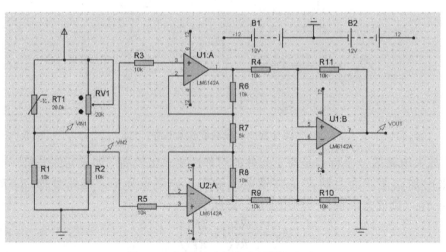

图 5-21 测量放大器构成的测温电路

（2）RT1（NTSA0WB203）是一个热敏电阻，其阻值受到温度的变化而变化，导致 VIN1 的变化，VIN2 的电压为 2.5V，它们的差值电压经放大，类似式（5-16），有

$$A_{vf} = -\frac{R_{11}}{R_4}\left(1+\frac{2R_6}{R_7}\right) \qquad (5\text{-}17)$$

得 $A_{vf} = -5$，选择模拟分析图表进行分析，分析 VIN1、VIN2 和 VOUT，仿真图表如图 5-22 所示。

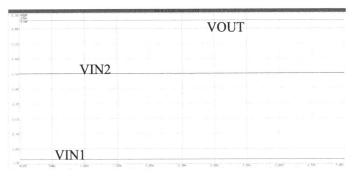

图 5-22　测量放大器测温电路模拟仿真

（3）选中 RT1，单击弹开其编辑框，如图 5-23 所示，对其温度进行不同的设置，可以通过仿真观察到电压输出的不同。实际应用中，根据放大后的电压输出变化进行量化分析，从而得出温度变化，这也是测温计的原理。

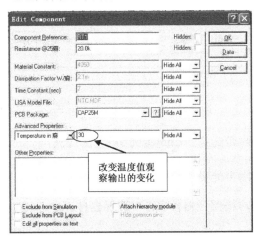

图 5-23　改变热敏电阻温度

5.2.2　隔离放大电路

光电耦合器经常用于隔离放大电路。光电耦合器能够将电信号变换为光信号并进行传输，在光接收端将光信号重新变成电信号，从而实现电信号的隔离。

光电耦合器是一种光电信号耦合器件。可将发光二极管和光敏二极管/光敏三极管组合在一个器件上，输入和输出之间可以不共地，输入信号加于发光二极管上，输出信号由光敏管取出。光电耦合器传的信号可以为数字信号，也可以为模拟信号。此两者对器件要

求不同，选择时应针对输入信号选择相应的光电耦合器。模拟信号所用的光耦合常称为线性光耦。光电耦合器传输信号的原理与隔离变压器相同，但其体积小、可传输信号频率高。数字信号所用光耦成为开关光耦。开关光耦常用于数字信号传输。

光电耦合器的发射部件与接收部件一般是塑封在一起，但是用于测量转速与物体位移的情况下，常会使用分立式的光电耦合器。

实例 5-3　模拟信号隔离放大电路分析

现代电气测量与控制中，常常需要使用低压器件去测量、控制高电压、强电流等模拟量，若模拟量与数字量之间无电气隔离，则高电压、强电流容易串入低压器件并将其烧毁。线性光耦 HCNR200 可以很好地实现模拟量与数字量之间的隔离。

HCNR200 型线性光耦的原理如图 5-24 所示。HCNR200 型线性光耦由发光二极管 VD1、反馈光电二极管 VD2、输出光电二极管 VD3 组成。当 VD1 通过驱动电流 I_f 时，发出红外光。当光分别照射在 VD2、VD3 上，反馈光电二极管吸收 VD2 光通量的一部分，从而产生控制电流 $I_1(I_1 = 0.005I_f)$。该电流用来调节 I_f 以补偿 VD1 的非线性。输出光电二极管 VD3 产生的输出电流 I_2 与 VD1 发出的伺服光通量成线性比例。令伺服电流增益 $K_1 = I_1/I_f$，正向增益 $K_2 = I_2/I_f$，则传输增益 $K_3 = K_2/K_1 = I_2/I_1$，K_3 典型值为 1。

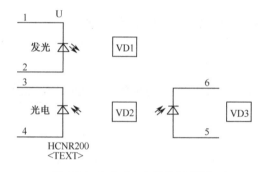

图 5-24　HCNR200 结构示意图

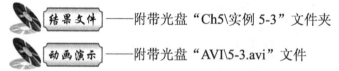——附带光盘"Ch5\实例 5-3"文件夹

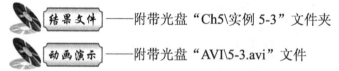——附带光盘"AVI\5-3.avi"文件

（1）启动 Proteus ISIS，按照元器件表 5-3 选择器件。

元器件表 5-3　模拟信号隔离电路

名　称	属　性	名　称	属　性
RT1（NTSA0XH103）	10kΩ	U1	HCNR200
R_1	510Ω	R_2	10kΩ
R_3	10kΩ	R_4	10kΩ
R_5	10kΩ	R_6	10kΩ
R_7	10kΩ	R_8	5kΩ
U2：A	LM6124A	U2：B	LM6124A
C_1	1nF		

视频教学

（2）如图 5-25 所示编辑电路图（由于发射端与接收端不共地，此处设置了一个 0V 的直流激励源替代发射端地端）。

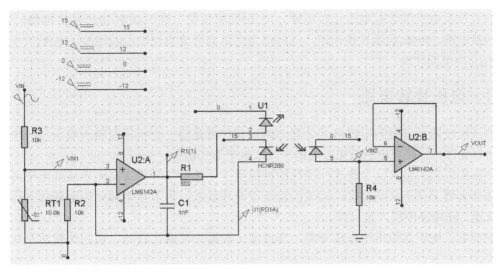

图 5-25　模拟信号隔离放大电路电路图

（3）此电路是 HCNR200 工作在光电压模式下的检测电流电路，信号为正极性输入，正极性输出。隔离电路中，R_2 调节初级运算放大器的输入偏置电流大小，C_1 起反馈作用同时滤除电路中的毛刺信号，避免 HCNR200 中的铝砷化镓发光二极管（LED）受意外冲击。然而随着频率的增高，阻抗将变小，HCNR200 的初级电流增大，增益随之变大，因此，C_1 的引入对通道在高频时的增益有一定影响，虽然减小 C_1 值可以拓展带宽，但是会影响初级运放的增益，同时初级运算放大器输出的较大毛刺信号不易被滤除。R_1 可以控制 LED 发光强度，对控制通道增益起一定的作用。放大器 U2:A 调节电流 I_f。当输入电压 VIN1 增加时，I_1 增加，同时 U2:A "+" 输入端电压增加，促使电流 I_f 增加。由于 VD1 和 VD2 的联系，I_1 会把 "+" 输入端电压重新拉回 0V，形成负反馈。若放大器 U2:A 的输入电流很小，显而易见 I_1 与 VIN1 之间是线性比例关系。I_1 稳定线性变化，I_f 也会稳定线性变化。因为 VD3 受到 VD1 光照，I_2 也稳定线性变化。放大器 U2:B 和电阻 R_2 将 I_2 转化为电压 VOUT=$I_2 \times R_4$。

（4）对电路图进行模拟图表分析仿真和交互式仿真，得到如图 5-26 所示的仿真结果。

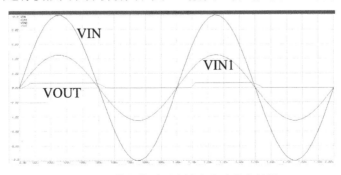

图 5-26　模拟信号隔离放大电路仿真结果

视频教学

5.3 信号转换电路

信号转换电路包含有电压比较电路、电压/频率转换电路、频率/电压转换电路、电压/电流转换电路、电流/电压转换电路。这些电路可以灵活地实现电压间转换、电压/频率间转换、电压/电流间转换。

5.3.1 电压比较电路

电压比较器是常用的模拟信号处理电路，其作用是将一个模拟量输入电压与一个参考电压进行比较，比较得出的结果以高电平或低电平形式输出。

电压比较器的输入信号是连续变化的模拟量，而输出信号只有高电平或低电平两种状态，故放大器工作于非线性区。运放经常处于开环状态，为了使得输出的两种状态转换时更加快速，在电路中引入正反馈。

根据电压比较器的传输特性分类，有过零比较器、单限比较器、滞回比较器及双限比较器等。

1. 过零比较器

处于开环工作状态的运算放大器是一个最简单的过零比较器，如图 5-27 所示为反相过零比较电路。

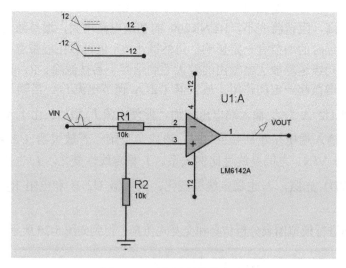

图 5-27　反相过零比较电路

由于理想运算放大器的开环差模增益 $A_{\text{OUT}} \approx \infty$，故当 VIN<0 时 VOUT=+$U_{\text{OPP}}$，当 VIN>0 时 VOUT=—$U_{\text{OPP}}$。$U_{\text{OPP}}$ 是运算放大器的最大输出电压。过零比较器的传输特性如图 5-28 所示。

当比较器的输出电压由一种状态跳变为另一种状态时，相应的输入电压称为阀值电压或门限电平，由于图 5-27 所示电路的阈值为 0，故称为过零比较电路。

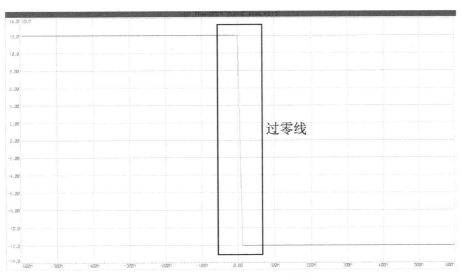

图 5-28　过零比较电路传输特性

当然，过零比较电路可以采用同相方式。只是用一个开环状态的运算放大器组成的过零比较器简单，但其输出电压幅度较高。若希望输出幅度有所限制，可以采取一些限幅措施。例如，如图 5-29 所示为输出限幅电路，可以在运放输出端接上一个电阻和双向稳压管实现限幅，从图 5-30 可以看出输出电压幅度被稳压在 $\pm U_z$。U_z 为稳压管稳压值。

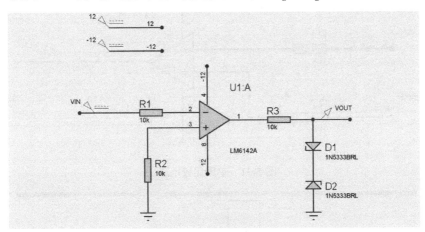

图 5-29　输出限幅电路

2．单限比较器

单限比较器是指只有一个门限电平的比较器，当输入电压等于此门限电平时，输出端立刻产生跳变。单限比较器可用于检测输入的模拟信号是否达到指定电平。

单限比较器电路有多种，图 5-31 所示是基本单限比较电路，输入信号加至反相端，同相端介入参考电压 UREF。故当输入电压 VIN 低于参考电压 VREF 时，输出电压为正，反之为负。基本单限比较器的传输特性如图 5-32 所示。

实际比较器的传输特性与理想的传输特性有所不同，主要是在输出状态并非突变，存在一个输出电压极值到另一个输出电压极值的过渡区，当输入信号 VIN 在 VREF 附近时，因干扰或温度的影响，容易造成误动作，采用施密特触发器可克服这些缺点。

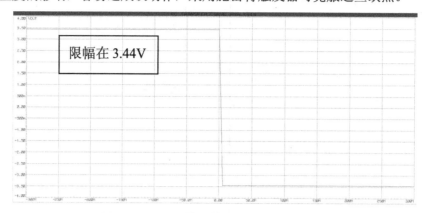

图 5-30　过零比较器限幅输出电路仿真结果

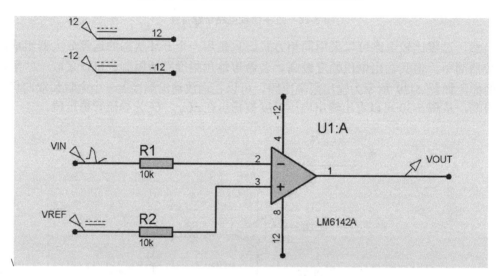

图 5-31　单限比较电路

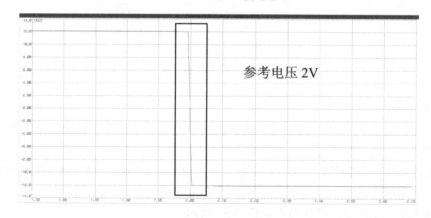

图 5-32　单限比较器的传输特性

3. 滞回比较器

滞回比较器也称施密特触发器，是在开环比较器的基础上引入正反馈而构成的。正反馈可以加快输出电压的翻转速度，且翻转后的状态也可以改变原比较电平。滞回比较器电路如图 5-33 所示。

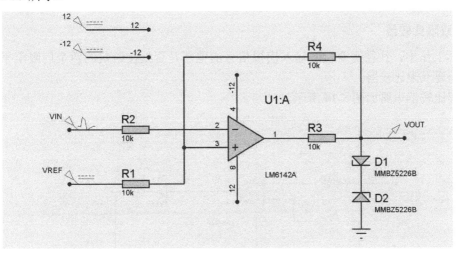

图 5-33 滞回比较器电路

输入电压 VIN 经过电阻 R_2 加于运算放大器的反相输入端，参考电压 VREF 经电阻 R_1 加于同相输入端，输出端电压经过电阻 R_4 引回至同相输入端。电阻 R_3 和双向稳压管 D1、D2 的作用是限幅，将输出电压幅度限制在 $\pm U_z$。

在电路中，比较电压 VIN 与基准电压 VREF 和输出电压 VOUT 分压值有关。设当前的输出电压值为正最大，即 $+U_z$，故同相端基准电压为

$$U_{T+} = \frac{R_4}{R_1 + R_4}\text{VREF} + \frac{R_1}{R_1 + R_4}\text{VOUT} \tag{5-18}$$

当运算放大器反相输入端的信号大于 U_{T+} 时，比较器翻转，输出电压为负的最大值，即 VOUT$=-U_z$，同相端基准电压为

$$U_{T-} = \frac{R_4}{R_1 + R_4}\text{VREF} - \frac{R_1}{R_1 + R_4}\text{VOUT} \tag{5-19}$$

输出电压 VOUT 有 $\pm U_z$（正负）两种极限状态，由上面两式可知 $U_{T+} > U_{T-}$。滞回比较器的工作过程是：输入信号 VIN 增加至 VIN $\geqslant U_{T+}$ 时，比较器翻转，由于正反馈，U_{T+} 快速变为 U_{T-}；当输入信号 VIN 减少至 VIN $< U_{T+}$ 时，比较器不翻转，直到 VIN $< U_{T-}$ 时才翻转。可知使输出电压由 $+U_z$ 跳变至 $-U_z$ 的输入电压和使输出电压由 $-U_z$ 跳变至 $+U_z$ 的输入电压是不同的，即有两个不同的门限电平，故传输特性成滞回形状。两个跳变点的电压之差称为迟滞电压 ΔU_T，即

$$\Delta U_T = U_{T+} - U_{T-} = \frac{2R_1}{R_1 + R_4}U_z \tag{5-20}$$

迟滞电压 ΔU_T 的值取决于 R_1、R_4 和 U_z，与参考电压无关。调节 VREF，可以改变 U_{T+} 与 U_{T-}。

当输出状态经转换后，只要在跳变点附近干扰不超过迟滞电压 ΔU_T，输出电压就会稳定，因此，提高了比较器的抗干扰能力。

注意 比较器的抗干扰能力增加，信号的分辨能力随之降低，迟滞电压的大小是根据抗干扰及分辨能力要求综合设计的。

4．双限比较器

实际工作中，往往需要检测输入模拟信号的电平是否处在给定的两个门限电平之间，因此，需要双限比较器。

双限比较器电路如图 5-34 所示。

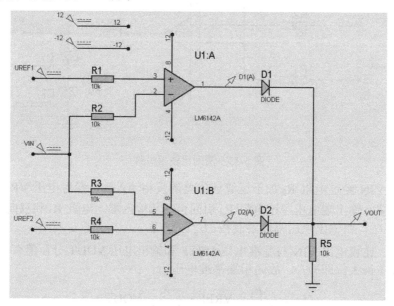

图 5-34　双限比较器电路

双限比较器电路由两个运算放大器组成，输入电压 VIN 经过 R_2、R_3 分别接到 U1：A 的同相输入端和 U1：B 的反相输入端，参考电压 VREF1 和 VREF2 经过电阻 R_1、R_4 分别加在 U1：A 的反相输入端和 U1：B 的同相输入端，其中 VREF1>VREF2，两个运算放大器的输出端各通过一个二极管后并联，成为双限比较器的输出端。

取 $R_1=R_2=R_3=R_4=10\text{k}\Omega$，若 VIN 低于 VREF2，此时运算放大器 U1：A 输出低电平，U1：B 输出高电平，二极管 D1 截止，D2 导通，输出电压 VOUT 为高电平。

若 VIN 高于 VREF1，此时运算放大器 U1：A 输出高电平，U1：B 输出低电平，二极管 D1 导通，D2 截止，输出电压 VOUT 也为高电平。

若 VREF2<VIN<VREF1，此时运算放大器 U1：A 输出低电平，U1：B 也输出低电平，二极管 D1 截止，D2 截止，输出电压 VOUT 为低电平。

双限比较器的仿真结果如图 5-35 所示。

由图 5-35 可知，这种比较器有两个门限电平，即上门限电平 U_TH 和下门限电平 U_TL，其中 $U_\text{TH}=\text{VREF1}$，$U_\text{TL}=\text{VREF2}$。

视频教学

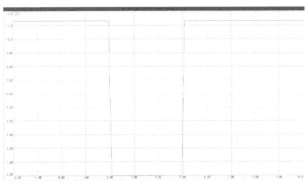

图 5-35　双限比较器仿真结果

5.3.2　电压/频率转换电路

电压/频率转换电路又称为 V/F 转换器，是一种可以把输入电压信号转换为相应的频率信号的转换电路，即其输出信号频率与输入信号电压值成比例。电压/频率转换电路在调频、锁相和 A/D 转换等许多领域得到充分的利用。

实现 V/F 转换的方法很多，有分立元件组成的变换电路，也有各种集成电路。

LM331 是美国 NS 公司生产的性价比较好的集成芯片。LM331 可以用作精密的频率电压（F/V）转换器、A/D 转换器、线性频率调制解调、长时间积分器及其他相关器件。

图 5-36 所示是由 LM331 构成的基本压控振荡器电路。

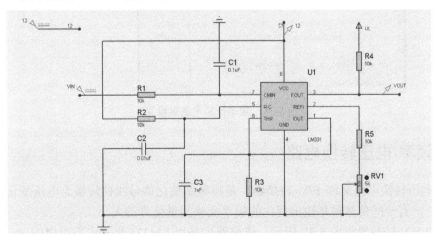

图 5-36　LM331 组成的 V/F 变换电路

LM331 的输入控制电压 VIN 接 7 脚，增加由 R_1、C_1 组成的低通滤波器，滤波电容大多选用 0.1μF 左右。2 脚接电阻 R5，用于调节 LM331 的增益和由 C_2、R_2、R_3 引起的误差以校准频率。3 脚为频率输出端，因为芯片内驱动三极管集电极开路，故必须要外接电阻 R_4，以控制电流为 1mA 左右。

该电路的输出脉冲频率为

$$f = \frac{U_i R_S}{2.09 R_2 C_2 R_3} \tag{5-21}$$

如果输出接 TTL 电路，则 UL 接+5V 电源，$R_4=10\text{k}\Omega$。无要求时，可与+12V 相连，但是 R_4 要相应地改变。

外接频率计以显示 V/F 转换电路的输出频率，如图 5-37 所示。

图 5-37　频率计显示

注意　频率计初始默认模式是计时，需要重新设置为测量频率才可测量输出频率，如图 5-38 所示。

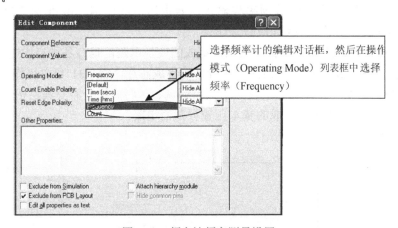

图 5-38　频率计频率测量设置

5.3.3　频率/电压转换电路

频率/电压转换电路又称 F/V 转换器，是将频率变化信号线性转换为电压变化信号。在测量系统中，有一些传感器是输出变化的频率反映测量信号的大小。

简单的 F/V 转换器如图 5-39 所示。该电路也是用 LM331 集成电路组成的。

输入频率与输入电压的关系为

$$V_o = f_{VIN} \times 2.09 \times \frac{R_1 R_t C_t}{R_4 + R_w} \tag{5-22}$$

可知 VOUT 正比于 f_{VIN}。

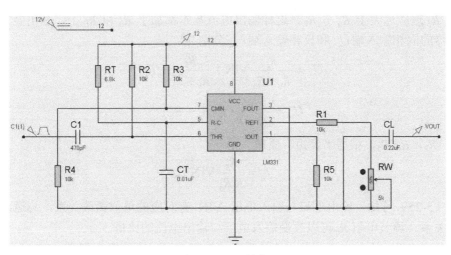

图 5-39　F/V 转换器

5.3.4　电压/电流转换电路

电压/电流转换是通过转换电路把输入的电压信号转换为相应的电流输出。工业控制领域中，常常需要长距离信号输送，此时需要将电压信号转换为电流信号，以减少导线阻抗对信号的影响。电压/电流转换电路要求输入与输出为对应的线性关系，而且要求输出电流不随负载的变化而变化，即恒流的特点。

电压/电流转换电路如图 5-40 所示。

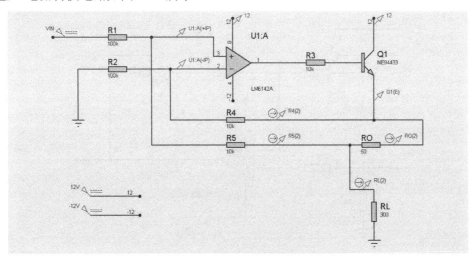

图 5-40　电压/电流转换电路

该电路由运算放大器、晶体管及电阻组成。由于该电路属于电流串联负反馈，故有较好的恒流特性。

输入电压 VIN 经过 R_1 加至运算放大器的同相输入端，放大器输出通过电阻 R_3 送至 NPN 型晶体管的基极，晶体管的发射极连接反馈电阻 R_o 及负载 R_L。输出电流 I_o 通过 R_o 与 R_L 得到反馈电压，且经过 R_4、R_5 加至运算放大器的输入端进而形成差动输入信号。

视频教学

R_4 和 R_5 理应远大于 R_o 与 R_L，这样输出电流基本都加于 R_o 和 R_L 上。利用叠加原理，运算放大器的同相输入端 U_+ 和反相输入端 U_- 分别为

$$U_+ = \frac{R_1}{R_1 + R_5}VIN + \frac{R_1}{R_1 + R_5}I_o R_L \tag{5-23}$$

$$U_- = \frac{R_2}{R_2 + R_4}I_o(R_o + R_L) \tag{5-24}$$

令 $R_1 = R_2$，$R_4 = R_5$，根据"虚短"原理，得

$$I_o = \frac{R_5}{R_1 R_o}VIN \tag{5-25}$$

由式（5-25）可知，输出电流与输入电压 VIN 有对应的单值函数关系，与运放和晶体管无直接关系。调节电阻 R_o 可以改变输入电压与输出电流的比值。

在 Proteus 里，添加电流探针，结合交互式仿真，可以直接观察到式（5-25）的关系。此处，$R_1 = R_2 = 100\text{k}\Omega$，$R_4 = R_5 = 10\text{k}\Omega$，$R_3 = 10\text{k}\Omega$，$R_o = 50\Omega$，$R_L = 300\Omega$，输入 $0\sim5\text{V}$，输出电流为 $0\sim10\text{mA}$。

5.3.5　电流/电压转换电路

电流/电压转换是通过转换电路把输入的电流信号转换为相应的电压信号输出。工业控制领域中，各类传感器常输入标准电流信号，如 $4\sim20\text{mA}$，因此，必须先将其转换成 $\pm10\text{V}$、$\pm5\text{V}$、$0\sim10\text{V}$、$0\sim5\text{V}$ 的电压信号，以便后续电路处理。

电流/电压转换电路如图 5-41 所示。

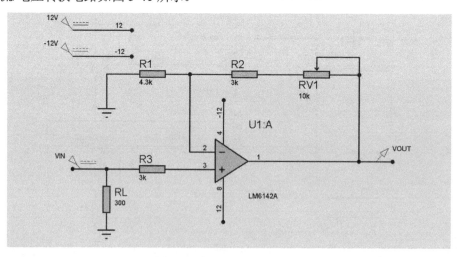

图 5-41　电流/电压转换电路

VIN 为输入电流[在编辑框中电流源（Current Source）勾选]，通过电阻 R_3 接到运算放大器的同相输入端。运算放大器采用同相输入的方法，以保证较高的转换精度。反馈电阻 R_F 由电阻 R_2 和电位器 RV_1 组成。根据同相放大电路输入/输出关系，得出其转换关系为

$$VOUT = \frac{R_1 + R_F}{R_1}I_{VIN}R_L \tag{5-26}$$

使得 VIN 电流源为 0～10mA 时，调整 RV_1，对应输出电压 VOUT 在 0～10V 之间变化。

5.4 移相电路与相敏检波电路

移相电路是可以将输入信号进行移相的应用电子线路。相敏检波电路是具有鉴别调制信号相位和选频能力的检波电路。这两者在信号传输中有重要的应用。

5.4.1 移相电路

在电子线路应用中，需要对信号进行移相。利用运算放大器与 RC 网络便可以构建出移相范围 0°～360°的高精度移相电路。

超前 0°～180°的移相电路如图 5-42 所示。

电阻 R_2 与电容 C_1 形成超前 RC 网络，该电路的输出电压为

$$\dot{U}_{\text{VOUT}} = -\frac{R_{\text{F}}}{R_1}U_{\text{VIN}} + \left(1+\frac{R_{\text{F}}}{R_1}\right)U_{\text{VIN}}\frac{\text{j}\omega CR_2}{1+\text{j}\omega CR_2} \tag{5-27}$$

设运算放大器为理想的放大器，且 $R_1 = R_{\text{F}}$，有

$$\frac{\dot{U}_{\text{VOUT}}}{\dot{U}_{\text{VIN}}} = -\frac{1-\text{j}\omega CR_2}{1+\text{j}\omega CR_2} \tag{5-28}$$

其移相为

$$\theta = 180° - 2\arctan(\omega CR_2) \tag{5-29}$$

从式（5-29）中可知，当 $R_2 \to \infty$ 时，$\theta \to 0°$；当 $R_2 \to 0$，$\theta \to 180°$。由此可知，通过 R_2 的改变，可以将信号进行 0～180°的移相。

由式（5-28）可知，R_2 的值不影响输出电压幅度。

图 5-42 的仿真结果如图 5-43 所示。

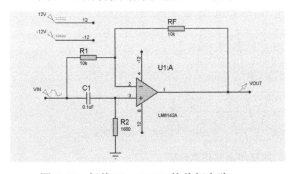

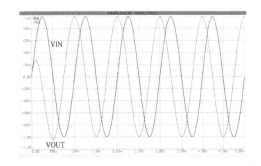

图 5-42 超前 0°～180°的移相电路　　　图 5-43 超前 0°～180°的移相电路仿真结果

滞后 0°～180°的移相电路如图 5-44 所示。

电阻 R_2 与电容 C_1 构成滞后 RC 网络，电路输出电压为

$$\frac{\dot{U}_{\text{VOUT}}}{\dot{U}_{\text{VIN}}} = \frac{1-\text{j}\omega CR_2}{1+\text{j}\omega CR_2} \tag{5-30}$$

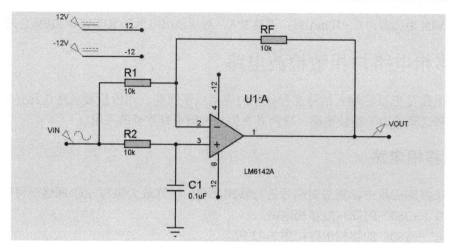

图 5-44　滞后 0°～180°的移相电路

其移相为

$$\theta = -2\arctan(\omega CR_2) \tag{5-31}$$

从式（5-31）中可知，当 $R_2 \to \infty$ 时，$\theta \to 180°$；当 $R_2 \to 0$ 时，$\theta \to 0°$。由此可知，通过 R_2 的改变，可以将信号进行 0°～180°的移相。

由式（5-30）可知，R_2 的值不影响输出电压幅度。

图 5-44 的仿真结果如图 5-45 所示。

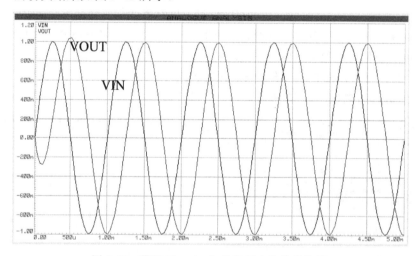

图 5-45　滞后 0°～180°的移相电路仿真结果

以上的移相电路，理论上可以达到 0°～180°，但是由于实际应用中，R_2 不能为无限大，因此，电路有一定的误差，若想增加移相范围可以在其后再加一个移相环节作为补偿。

5.4.2　相敏检波电路

相敏检波器，又叫鉴相器或相敏整流器，是一种对相位敏感的检波器。不同于普通的检波器，相敏检波器输出直流信号的数值不仅与被检测信号的幅度有关，而且与被检测信号和参考信号的相位有关。为了正确检测被检信号，压制干扰信号，在测量仪器中常用相敏检波器。另外，相敏检波器还因为选频能力强在信号解调中得到广泛应用。

图 5-46 所示是开关式全波相敏检波器电路。

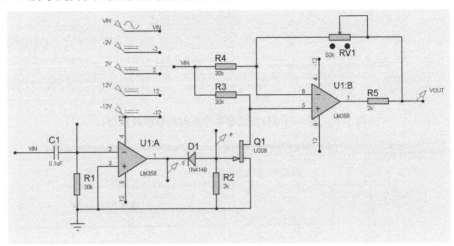

图 5-46　开关式全波相敏检波器电路

图 5-46 所示的开关式全波相敏检波器电路主要由三部分组成：

① 运算放大器 U1:A 构成了过零比较器，用于对参考信号进行处理，有直流电压参考输入端和交流电压参考输入端。

② 使用单节晶体管构成了电子开关电路部分，控制相敏检波器，有测量端。

③ 运算放大器 U1:B 构成相敏检波器部分，有信号输入端和信号输出端。

为了保证相敏检波器可以正常工作，对于开关式全波相敏检波器电路，要求参考信号幅度必须大于被检测信号，且参考信号前后沿陡直，最好为方波。

当输入直流电压参考端输入高电位时，测量端为–12V（运放电源为±12V），开关栅极 G 为低电平，BG 截止，相当于开关断开。此时相敏检波器为同相放大器。图 5-47 所示是将正弦信号（峰—峰值为 2V，频率为 4kHz）输入至信号输入端，+2V 直流电压输入直流电压参考输入端时的仿真结果，可以见到测量端电压为–12V，相敏检波器为同相放大器。

当输入直流电压参考端输入低电位时，测量端为 12V（运放电源为±12V），开关栅极 G 为高电平，BG 导通，相当于开关接通。此时相敏检波器为反相器。图 5-48 所示是将正弦信号（峰—峰值为 2V，频率为 4kHz）输入至信号输入端，–2V 直流电压输入直流电压参考输入端时的仿真结果，可以见到测量端电压为 12V，相敏检波器为反相器。

当采用交流信号输入交流电压参考输入端时，若控制信号与输入信号同相，参考信号的正负半周在测量端转换为±12V 的方波信号。在方波的–12V 段，开关管截止，输出的信号与输入的信号同相，输出正半周信号；在方波的+12V 段，开关管导通，输出的信号与输入的信号反相，输出负半周信号反相后输出，故可得到全波整流信号。图 5-49 所示是将正弦信号（峰—峰值为 2V，频率为 4kHz）输入至信号输入端，同时输入正弦信号输入交流电压参考输入端时的仿真结果，可以见到相敏检波器的工作情况。

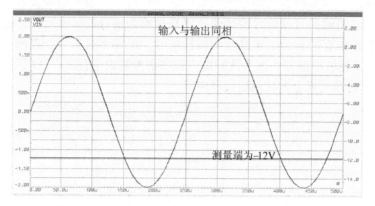

图 5-47　输入高电位直流参考电压时相敏检波器仿真

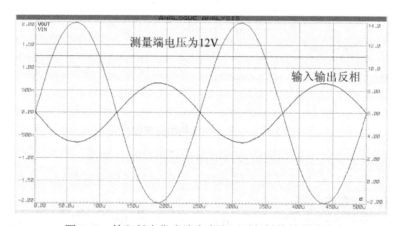

图 5-48　输入低电位直流参考电压时相敏检波器仿真

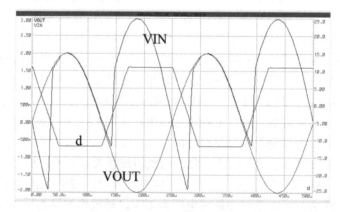

图 5-49　输入同相控制信号至相敏检波器交流电压参考输入端时仿真结果

当采用交流信号输入交流电压参考输入端时，若控制信号与输入信号反相，则只输出负半周信号。因此，控制信号与输入信号同相，信号检波后输出为正最大，反相时为负最大。

实例 5-4　相敏检波器鉴相特性分析

由上面的分析可知，相敏检波器存在一个特性：控制信号与输入信号同相，信号检波后输出为正最大；控制信号与输入信号反相，信号检波后输出为负最大；控制信号与输入信号相差 90°或 270°时为零。下面就来结合仿真具体分析。

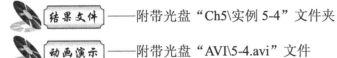

结果文件——附带光盘"Ch5\实例 5-4"文件夹

动画演示——附带光盘"AVI\5-4.avi"文件

（1）结合图 5-44 与图 5-46 共同绘制本例实验图，如图 5-50 所示。

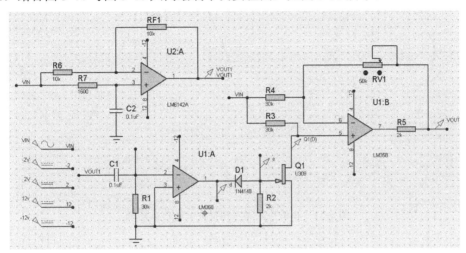

图 5-50　相敏检波器鉴相特性电路图

元件列表参见元器件表 5-4。

元器件表 5-4　相敏检波器

名　称	属　性	名　称	属　性
RV1（POT-LIN）	50kΩ	Q1	U309
R_2	2kΩ	R_1	30kΩ
R_4	30kΩ	R_3	30kΩ
R_6	10kΩ	R_5	2kΩ
RF1	10kΩ	R_7	1600Ω
U_1、U_2	LM6142A	U1	LM358
C_2	0.1μF	C_1	0.1μF
		D1	1N4148

（2）在相敏检波电路信号输入端输入正弦信号（峰—峰值为 2V，频率为 4kHz），将此信号输入至滞后移相器，再将移相器输出接至相敏检波器的交流电压参考输入端，通过改变 R_7，对信号进行移相，观察相敏检波电路输入信号、移相输出信号、相敏检波器输出信号的波形，如图 5-51 所示。

（3）通过观察可以知道，在相敏检波电路中，控制信号与输入信号振幅一定，若输入

信号 u_s 与参考信号 u_c 同频但存在相位差，则输出电压为

$$U_{\text{VOUT}} = U_{\text{VIN}} \cos(\theta/2) \tag{5-32}$$

故输出信号随相位差 θ 的余弦而变化。输出信号的大小与相位差 θ 有着确定的关系，这样可以根据输出信号的大小确定相位差 θ 的值。这一特性就是相敏检波器的鉴相特性。

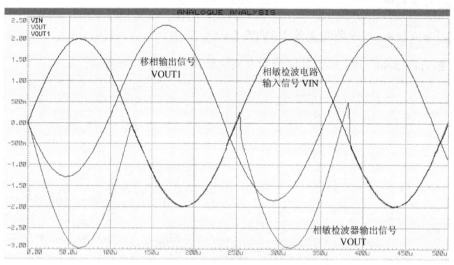

图 5-51　相敏检波器鉴相特性分析仿真结果

5.5　信号细分电路

信号细分电路又称插补器，是采用电路手段形式对周期性的测量信号进行插值，以提高信号分辨率。随着电子技术的发展，细分电路可达到的分辨率也随之提高，同时成本也不断降低。细分电路已经成为提高仪器分辨率的主要手段之一。

细分电路的输入量一般来自于位移传感器的周期信号，以一对正弦、余弦信号或者相移为 90° 的两路方波最为常见。系统的输出有多种形式，有为频率更高的脉冲或者模拟信号，有可为计算机直接读取的数字信号。中间环节完成从输入到输出的转换，常用波形变换器、比较器、模拟数字模拟器和逻辑电路等组成。每个环节依次向末端传递信息，即为直传。电路的结构属于开环系统，系统总的灵敏度 K_S 为各环节灵敏度 $K_j(j=1\sim m)$ 之积，即

$$K_S = K_1 \cdot K_2 \cdot K_3 \cdots\cdots K_m \tag{5-33}$$

若个别环节灵敏度 K_j 发生变化，势必引起系统总灵敏度的变化。此外，由于干扰的原因，若某一环节的输入量有增量 Δx_j 时，都会引起 y_o 的变化，此时

$$y_o = K_S x_i + \sum_{j=1}^{m} K_{sj} \Delta x_j \tag{5-34}$$

式中 K_{sj} —— y_o 对 Δx_j 的灵敏度，$K_{sj} = K_{j+1} \cdots K_m$。

由于直传系统信号单向传递，故越在前面的环节，输入变动量所引起的 y_o 的变动量越大。故要保持系统的精度必须稳定各环节的灵敏度，特别是减少靠近输入端的环节误差。

视频教学

一般来说，直传系统抗干扰能力较差，精度低于平衡补偿系统。但是由于直传系统没有反馈比较过程、电路结构简单、响应速度快，故有着广泛的应用。

在直传式细分的模拟电路中，电阻链分相细分是应用广泛的技术，它主要是实现对正弦、余弦模拟信号的细分。其工作的原理是：将正弦、余弦信号施加在电阻链的两端，在电阻链的节点得到幅值和相位各不相同的电信号，信号经过整形、脉冲形成后，就可以在正弦、余弦信号的一个周期内获得若干计数脉冲，实现细分。

设电阻链由电阻 R_1 和 R_2 串联而成，电阻链两端加有交流电压 VIN1、VIN2，其中 VIN1=$E\sin\omega t$，VIN2=$E\cos\omega t$。应用叠加原理可知电阻连接点处的输出电压为

$$u_{\text{VOUT}} = R_2 E \sin\omega t /(R_1 + R_2) + R_1 E \cos\omega t /(R_1 + R_2) \qquad (5\text{-}35)$$

由矢量图（图 5-52）可知 u_{VOUT} 的幅值 U_{om} 和对 VIN1 的相位差 θ 分别为

$$U_{\text{om}} = E\sqrt{R_1^2 + R_2^2} /(R_1 + R_2) \qquad (5\text{-}36)$$

$$\theta = \arctan(R_1 / R_2) \qquad (5\text{-}37)$$

输出电压 VOUT 可写作为

$$u_{\text{VOUT}} = U_{\text{om}} \sin(\omega t + \theta) \qquad (5\text{-}38)$$

改变 R_1 和 R_2 的比值，可以改变 θ，即改变了输出电压的相位。同时输出电压幅值 U_{om} 也有改变。当 θ =45° 时，u_{VOUT} 有最小值。

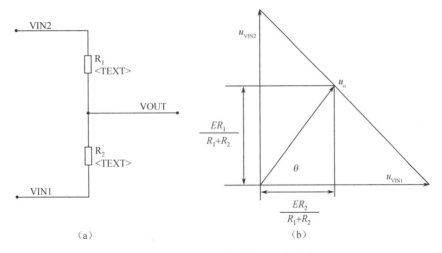

（a） （b）

图 5-52　电阻链分相细分原理图

以上是第一象限的情况。同理，电路两端若接入 $\cos\omega t$ 和 $-\sin\omega t$，可得到第二象限各相位输出电压；接 $-\cos\omega t$ 和 $-\sin\omega t$，可以得出第三象限各相位输出电压；接 $-\cos\omega t$ 和 $\sin\omega t$，可以得到第四象限各相位输出电压。不同相位的输出电压信号经电压比较器整形为方形，然后经过逻辑电路处理即可实现细分。

电阻链分相细分的优点是具有良好的动态特性，应用广泛。缺点是细分数越高所需的元件数目也会成比例地增加，使电路变得更为复杂。

实例 5-5　电阻链二倍频细分电路分析

电阻链二倍频细分电路是使用运算放大器构成单限电压比较器，从比较器得到四路方波信号，经过整形电路后，通过"异或"门逻辑组合电路，从而得出二倍频的方波信号。

视频教学

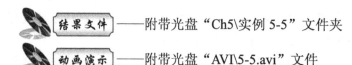

结果文件——附带光盘"Ch5\实例5-5"文件夹

动画演示——附带光盘"AVI\5-5.avi"文件

（1）启动 Proteus ISIS，在对象选择框内选择元器件表 5-5 所示的元件，按照图 5-53 所示编辑电路图。

元器件表 5-5　电阻链二倍频细分电表

名　　称	属　　性	名　　称	属　　性
RV1（POT-LIN）	10kΩ	U1、U2	LM358
U3、U4	74LS14	R_1	10kΩ
R_2	3kΩ	R_3	3kΩ
R_4	3kΩ	R_5	3kΩ
R_6	20kΩ	R_7	20kΩ
R_8	20kΩ	R_9	20kΩ

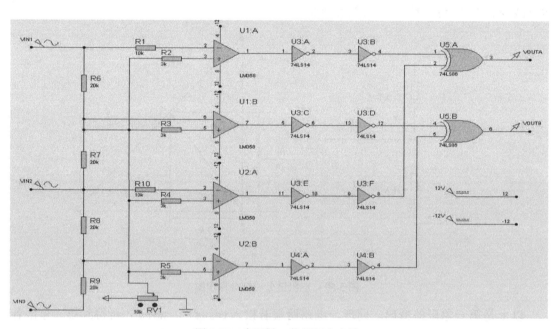

图 5-53　电阻链二倍频细分电路

（2）在 VIN1 产生一个峰—峰值为 2V、频率为 1kHz 的正弦波信号 $E\sin\omega t$，在 VIN2 产生一个峰—峰值为 2V、频率为 1kHz 的余弦波信号 $E\cos\omega t$，在 VIN3 产生一个峰—峰值为 2V、频率为 1kHz 的正弦波信号 $-E\sin\omega t$。调节电位器 RV_1，此时 VOUT 可以产生 0～4.5V 的方波信号。电阻链二倍频细分电路仿真如图 5-54 和图 5-55 所示。

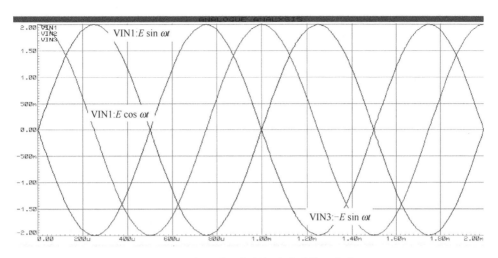

图 5-54　电阻链二倍频细分电路输入仿真

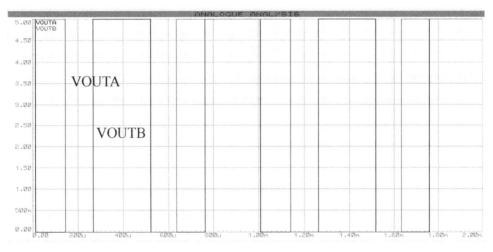

图 5-55　电阻链二倍频细分电路输出仿真

5.6　有源滤波电路

滤波电路是一种允许规定范围内的信号通过，抑制规定范围外的信号或不让其通过的可应用于信号处理、数据传输和抗干扰等方面的应用电路。按照工作频率的不同，滤波电路分为低通滤波器（允许低频率信号通过，衰减高频率信号）、高通滤波器（允许高频率信号通过，衰减低频率信号）、带通滤波器（允许一定频带范围内的信号通过，将此频带外信号衰减）、带阻滤波器（阻止或衰减某一频带范围内的信号，允许频带外的信号通过）。

5.6.1　低通滤波电路

利用无源滤波网络 RC 接至集成运放的同相输入端，构成了一阶 RC 有源低通滤波电路，如图 5-56 所示。

视频教学

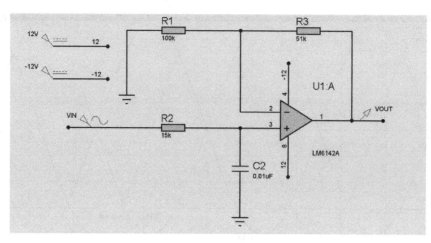

图 5-56　一阶 RC 有源低通滤波电路

对于低通滤波电路而言，增益会随着频率的增加而逐步减少，当增益减少到 3dB 时，所对应的频率称为低通的截止频率，用 f_C 表示，其值由 R_2 与 C_2 的值所决定：

$$f_C = \frac{1}{2\pi R_2 C_2} \tag{5-39}$$

一阶 RC 有源低通滤波电路的仿真结果如图 5-57 所示。

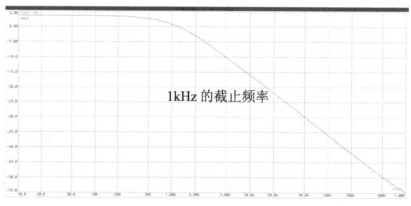

图 5-57　一阶 RC 有源低通滤波电路仿真结果

从图 5-57 中可以知道，增益衰减在频率超过截止频率 f_C 后不够快，往往不能满足需要。为了增加衰减速度，一般采用二阶有源滤波电路。

图 5-58 所示是巴特沃斯滤波器压控电压源型二阶有源滤波器。

该滤波电路含有两个 RC 网络，电路的放大倍数为

$$A_u = 1 + \frac{R_4}{R_3} \tag{5-40}$$

低通的截止频率为

$$f_C = \frac{1}{2\pi \sqrt{R_1 C_1 R_2 C_2}} \tag{5-41}$$

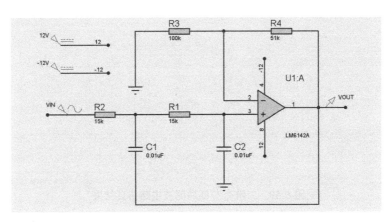

图 5-58　巴特沃斯滤波器压控电压源型二阶低通滤波器

品质因数为

$$Q = \frac{\sqrt{R_1 R_2 C_1 C_2}}{C_2(R_1 + R_2) + (1 - A_u)R_2 C_1} \tag{5-42}$$

当 $R_1 = R_2 = R$，$C_1 = C_2 = C$ 时

$$f_C = \frac{1}{2\pi RC} \tag{5-43}$$

$$Q = \frac{1}{3 - A_u} \tag{5-44}$$

设计二阶有源滤波电路时，通常给定的性能指标有截止频率 f_C、带内增益 A_u 和滤波器的品质因素 Q。对于二阶有源滤波电路，品质因素常取 0.707。仅有截止频率 f_C、带内增益 A_u 和滤波器的品质因素 Q 时，此三者求电阻 R 与电容 C 比较困难，通常做法是先设定值然后求解其他元件值，最后做出实验调整。

为保证电路不出现自激，放大增益不可太高，通常取小于或等于 2。通常电容 C 量值在微法数量级以下，R 值一般在几百千欧内。

截止频率 f_C 与电容参考关系如表 5-1 所示。

表 5-1　截止频率 f_C 与电容参考关系

f_C/Hz	1~10	10~100	100~1000	1000~10 000	10 000~100 000	100 000~1 000 000
C	20~1μF	1~0.1μF	0.1~0.01μF	10 000~1000pF	1 000~100pF	100~10pF

图 5-58 中的二阶有源滤波电路中，$R_1 = R_2 = 15\text{k}\Omega$，$R_3 = 100\text{k}\Omega$，$R_4 = 51\text{k}\Omega$，$C_1 = C_2 = 0.01\mu\text{F}$，$Q = 1/(3-1.5) = 0.699$。仿真结果如图 5-59 所示。

5.6.2　高通滤波电路

高通滤波电路与低通滤波电路特性相反，即高通滤波的通带为低通滤波电路的阻带，高通滤波的阻带为低通滤波电路的通带。

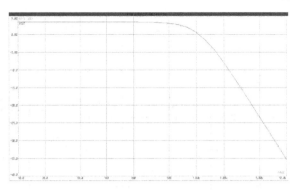

图 5-59　二阶有源低通滤波电路仿真结果

利用无源滤波网络 RC 接至集成运放的同相输入端，构成了一阶 RC 有源滤波电路，如图 5-60 所示。

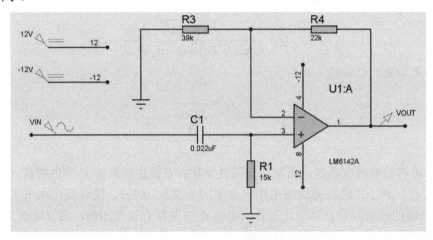

图 5-60　一阶 RC 有源高通滤波电路

对于高通滤波电路而言，增益会随着频率的减少而逐步减少，当增益减少到 3dB 时，所对应的频率称为高通的截止频率，用 f_C 表示，其值由 R_1 与 C_1 的值决定，即

$$f_C = \frac{1}{2\pi R_1 C_1} \tag{5-45}$$

一阶 RC 有源高通滤波电路的仿真结果如图 5-61 所示。

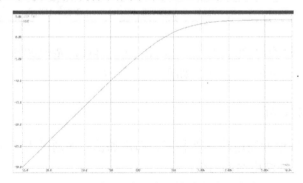

图 5-61　一阶 RC 有源高通滤波电路仿真结果

从图 5-61 中可以知道，增益衰减在频率低于截止频率 f_C 后不够快，往往不能满足需要。为了增加衰减速度，一般采用二阶有源高通滤波电路。

二阶有源高通滤波电路如图 5-62 所示。

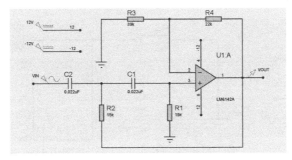

图 5-62　二阶有源高通滤波电路

从图 5-62 中可知，高通滤波电路是将低通滤波电路起滤波作用的 R 和 C 互换了位置。电路放大倍数为

$$A_u = 1 + \frac{R_4}{R_3} \tag{5-46}$$

高通的截止频率为

$$f_C = \frac{1}{2\pi\sqrt{R_1 C_1 R_2 C_2}} \tag{5-47}$$

品质因数为

$$Q = \frac{\sqrt{R_1 R_2 C_1 C_2}}{R_1(C_1 + C_2) + (1 - A_u)R_1 C_1} \tag{5-48}$$

当 $R_1 = R_2 = R$ ， $C_1 = C_2 = C$ 时

$$f_C = \frac{1}{2\pi RC} \tag{5-49}$$

$$Q = \frac{1}{3 - A_u} \tag{5-50}$$

为保证电路不出现自激，放大增益不可太高，一般小于或等于 2。

图 5-62 中的二阶有源滤波电路中，$R_1=R_2=15\text{k}\Omega$，$R_3=39\text{k}\Omega$，$R_4=22\text{k}\Omega$，$C_1=C_2=0.022\mu\text{F}$，$Q=1/(3-1.6)=0.714$。仿真结果如图 5-63 所示。

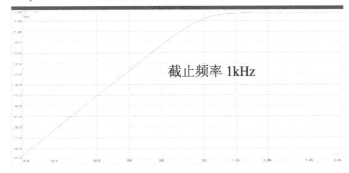

图 5-63　二阶有源高通滤波电路仿真结果

5.6.3　带通滤波电路

带通滤波电路如图 5-64 所示。

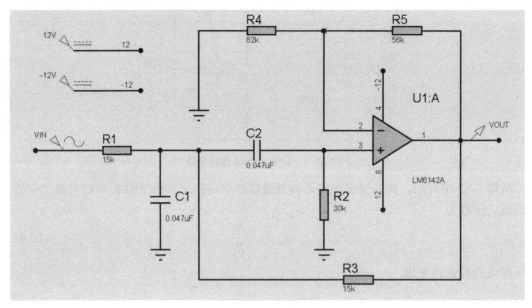

图 5-64　带通滤波电路

从图 5-64 中可以看出，输入端连接了一个低通滤波网络和一个高通滤波网络，电路放大倍数为

$$A_u = 1 + \frac{R_5}{R_3} \qquad (5\text{-}51)$$

令 $C_1 = C_2 = C$ 时，电路带通中心频率为

$$f_o = \frac{1}{2\pi C} \sqrt{\frac{R_1 + R_3}{R_1 R_2 R_3}} \qquad (5\text{-}52)$$

通带带宽为

$$BW = \frac{1}{C}\left(\frac{1}{R_1} + \frac{2}{R_2} - \frac{R_5}{R_3 R_4}\right) \qquad (5\text{-}53)$$

品质因数为

$$Q = \frac{2\pi f_o}{BW} \qquad (5\text{-}54)$$

当 $R_1 = R_3 = R$，$C_1 = C_2 = C$，$R_2 = 2R$ 时，带通中心频率为

$$f_o = \frac{1}{2\pi RC} \qquad (5\text{-}55)$$

通带为

$$BW = \frac{1}{RC}\left(2 - \frac{R_5}{R_4}\right) = \frac{1}{RC}(3 - A_u) \qquad (5\text{-}56)$$

视频教学

品质因数为

$$Q = \frac{1}{3 - A_u}$$

(5-57)

即已知带通中心频率 f_o 且给定 C 值情况下，可以算出电阻 R。通过放大倍数可以调整 Q 值，也可以通过调整 Q 值改变放大倍数。

图 5-64 中，$R_1=R_3=15\text{k}\Omega$，$R_2=30\text{k}\Omega$，$R_4=82\text{k}\Omega$，$R_5=56\text{k}\Omega$，$C_1=C_2=0.047\mu\text{F}$，$Q=1/(3-1.7)=0.769$。仿真结果如图 5-65 所示。

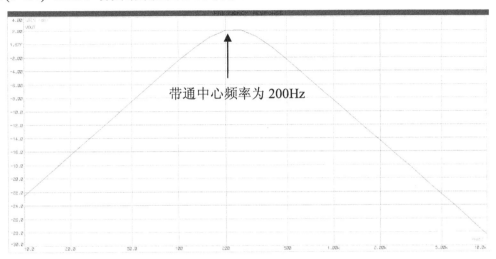

图 5-65　带通滤波电路仿真结果

5.6.4　带阻滤波电路

带阻滤波电路如图 5-66 所示。

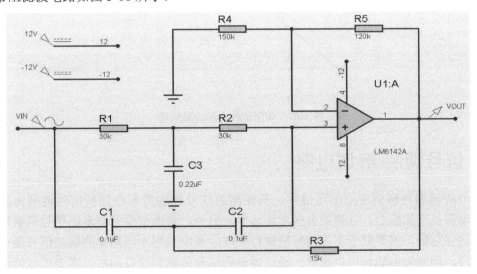

图 5-66　带阻滤波电路

从图 5-66 中可以看出，该电路是基于 RC 双 T 形网络的二阶带阻滤波电路。电路放大倍数为

$$A_u = 1 + \frac{R_5}{R_3} \qquad (5\text{-}58)$$

为了使得双 T 形网络有平衡式结构，要求 $R_3=R_1//R_2$，$C_3=C_1//C_2$。当 $R_1=R_2=R$，$R_3=R/2$；当 $C_1=C_2=C$，$C_3=2C$，此时电路带阻中心频率为

$$f_o = \frac{1}{2\pi RC} \qquad (5\text{-}59)$$

通带带宽为

$$BW = \frac{2\pi f_o}{Q} = \frac{2}{RC}(2 - A_u) \qquad (5\text{-}60)$$

品质因数为

$$Q = \frac{1}{2(2 - A_u)} \qquad (5\text{-}61)$$

已知带阻中心频率 f_o，且在 C 定值情况下，可以计算出电阻 R。可以通过调整放大倍数而影响品质因数，放大倍数应该小于 2。

图 5-66 中，$R_1=R_2=30\text{k}\Omega$，$R_3=15\text{k}\Omega$，$R_4=150\text{k}\Omega$，$R_5=120\text{k}\Omega$，$C_1=C_2=0.1\mu\text{F}$，$C_3=0.22\mu\text{F}$，$Q=1/(3-1.8)=0.833$。仿真结果如图 5-67 所示。

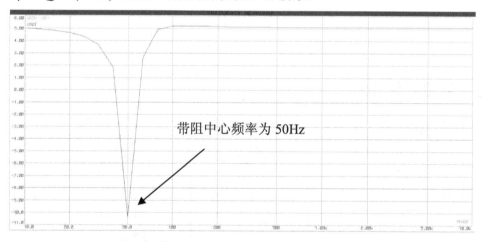

图 5-67　带阻滤波电路仿真结果

5.7　信号调制/解调电路

信号的调制与解调应用于通信中。长距离的信号传输需要将低频信号调制为高频信号，以增强抗干扰能力，以便更有效率地传输。另外，在通信中有许多路信号需要同时传输，为区别它们，需要赋予不同的特征进行提取，其中选用不同频率的载波信号是一种有效的手段，调制的主要作用也在此。经过调制的信号传输到接收端后，需要进行解调，将信号还原，这就是解调的主要作用。

在测量电路中，传感器输出的测量信号往往带有各种噪声，通常噪声含有各种频率。

此时可以赋予测量信号一个特定的载波频率，只让以载波频率为中心的一个窄带范围内的信号通过，这样就可以很好地抑制噪声。为了提高测量信号的抗干扰能力，常要求信号从形成就必须经过调制，因此，常常在传感器中进行调制，称为传感器调制。

在信号调制中常以一个高频正弦信号作为载波信号。正弦信号有幅值、频率、相位三个参数，对此三者进行调制，分别称为调幅（AM）、调频（FM）、调相（PM）。此外，也可以用脉冲信号作为载波信号。可对脉冲信号的不同特征参数进行调制，最常用的是对脉冲宽度进行调制，称为脉宽调制。

5.7.1 调幅电路

调幅是通信与测量中最常用的调制方式，特点是调制和解调电路比较简单。实际过程是用低频信号去控制高频载波信号的幅值。调幅波携带原调制信号信息。设调制信号和载波信号分别是 $u_x = U_x \cos \Omega t$，$u_c = U_c(m + \cos \omega t)(m \neq 0)$，则调幅信号 u_x 的一般表达式为

$$u_x = (m + \cos \omega t)U_c U x \cos \Omega t \qquad (5\text{-}62)$$

式中　ω——载波信号的角频率；

　　　Ω——调制信号的角频率。

在信号调制中，必须要求载波信号的变化频率远高于调制信号的变化频率，即 $\omega \gg \Omega$，通常至少要求 $\omega > 10\Omega$。

由于载波本身不包含信息，因此，为了提高设备的利用率，可以不传送载波而只传送两个边带信号，这种调制方式称为双边带调制（DSB）。双边带调制信号可用调制信号电压与载波信号电压相乘获得。另外，为了节省占有的频带，提高波段利用率，也可以传送两个边带信号中的一个，此种调制方式称为单边带调制（SSB）。单边带调制的振幅与调制信号的振幅成正比，它的频率随调制信号频率不同而不同。

1. 模拟乘法器调制电路

乘法器调制即用调制信号电压与载波信号电压相乘实现双边带调幅。使用 AD633 乘法器构成的双边带调幅电路如图 5-68 所示。

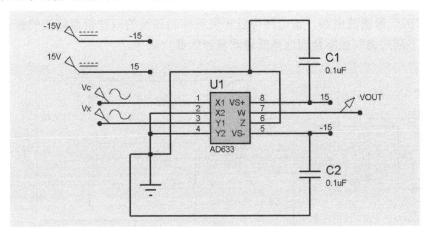

图 5-68　AD633 乘法器构成的双边带调幅电路

AD633 输入端 X1、X2、Y1、Y2、Z 在内部处理后，信号将变为

$$W = \frac{(X_1 - X_2)(Y_1 - Y_2)}{10V} + Z \qquad (5\text{-}63)$$

载波信号 $u_c = U_c(m + \cos\omega t)(m \neq 0)$ 输入 X1 端，调制信号 $u_x = U_x \cos t$ 输入 Y1 端，采用双电源，即 VCC 为 ±15V。仿真结果如图 5-69 所示。

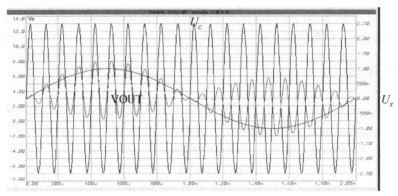

图 5-69　调幅电路仿真结果

2．解调电路

调幅波的解调又称为振幅检波，是调幅的逆过程。振幅检波有多种形式，总体分为包络检波和同步检波两大类。包络检波是指检波器输出电压与输入包络线成正比的检波方式，包络检波只适用于有载波调幅波的解调。对于抑制载波的双边带和单边带调幅波的解调，需要同步检波电路。

利用二极管和 RC 无源低通滤波电路，即可构成简单的峰值包络检波电路。电容对高频信号短路而对低频信号阻抗趋于无穷大，输出电压随包络线而变化。二极管包络检波电路属于大信号检波，输入电压一般在 1V 以上。

对于抑制载波的双边带调幅波的解调，利用模拟乘法器的相乘原理，实现同步检波十分方便。

如图 5-70 所示，V_c 为输入的同步信号（载波信号），V_x 为输入的调制信号。输出信号接 RC 组成的低通滤波电路。该电路可以实现对抑制载波的双边带调幅波的解调。低通滤波时应针对不同的调制频率合理选择低通滤波器的截止频率。

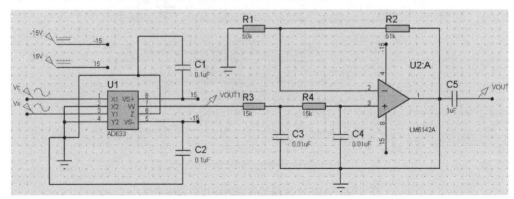

图 5-70　用 AD633 构成的同步检波电路

输出的仿真结果如图 5-71 所示,从中可以看到调制与解调的波形形成。

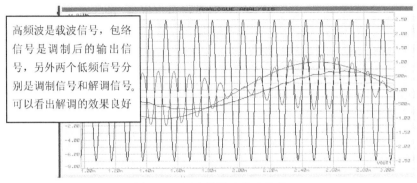

高频波是载波信号,包络信号是调制后的输出信号,另外两个低频信号分别是调制信号和解调信号。可以看出解调的效果良好

图 5-71　同步检波器仿真结果

5.7.2　调频电路

调频是用调制信号 U_x 去调制高频信号 U_c 的频率。常用的是线性调频,即让调频信号的频率与调制信号 U_x 按线性函数发生变化。调制信号 U_x 的一般表达式为

$$U_x = U_c \cos(\omega_c + mu_x)t \qquad (5\text{-}64)$$

式中　ω_c——载波信号的角频率;

　　　U_c——载波信号的幅值;

　　　m——调制度。

只要能用调制信号去控制产生载波信号的振荡频率,即可以实现调频。载波信号可以用 RC 振荡器产生,改变其中的电阻 R、电容 C 和电感 L 随调制信号变化即可实现调频。例如,电容三点式 LC 振荡器调频电路中,可利用电容作为传感器,电容随被测参数的变化而变化,而电容的变化使得振荡器输出随频率变化。

在传感电路的应用中,测量信号使用一定的频率表示及传输,是为了提高测量信号的抗干扰能力。除了使用 R、C 和 L 调制频率外,还可以利用电压的变化控制振荡器的频率,实现调频,频率随着外加电压变化的振荡器称为压控振荡器。

用运算放大器和 RC 构成的多谐振荡电路如图 5-72 所示。

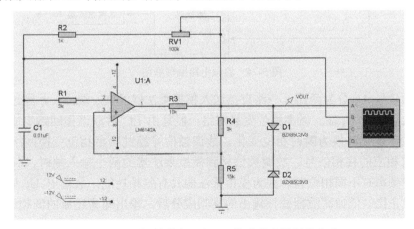

图 5-72　用运算放大器和 RC 构成的多谐振荡电路

视频教学

用 RC 多谐振荡器构成的调频电路是通过电路中的电容或电阻的变化实现调频。电路中稳压管 D1 和 D2 将输出电压固定在±U_z。如果输出为+U_z，则通过 R_2 和 RV_1 向电容 C_1 充电。当电容电压 $U_{C1} > U_z R_5 /(R_4 + R_5)$ 时，运放的状态进行翻转，使得输出的电压为–U_z。此时通过 R_2 和 R_{V1} 向电容反相充电，当 $U_{c1} < -U_z R_5 /(R_4 + R_5)$ 时，运放的状态再一次翻转。电路构成了一个在+U_z 之间振荡的多谐振荡器，振荡周期 T 由充电回路中的时间常数 $(R_2 + RV_1)C$ 决定。可用一个电容式的传感器作为电路中的电容 C，把测量值调制成为频率变化，RV_1 可以用来调整调频信号的中心频率。

用 RC 多谐振荡器构成的调频电路的仿真结果如图 5-73 所示（加入示波器，一路显示电容端电压，一路显示输出端电压）。

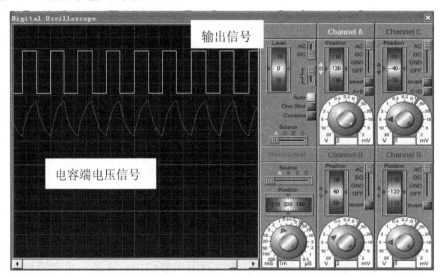

图 5-73　用 RC 多谐振荡器构成的调频电路的仿真结果

调频波的解调称为频率检波，又称鉴频，即从调频信号中取出原调制信号。鉴频电路很多，可以使用模拟乘法器构成鉴频电路。其原理框图如图 5-74 所示。

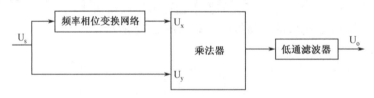

图 5-74　鉴频电路原理框图

输入调频信号 U_s 分为两路，一路直接送入模拟乘法器的 U_y 端，一路经过频率相位变换网络送入乘法器的 U_x 端。频率相位变换网络一般是由 LC 并联谐振回路组成，其将调频信号的瞬时频率变化转换为瞬时相位变化，故调频信号经过频率相位变换网络后，每个频率变化对应着相应的移相信号。故调频信号到模拟乘法器的两个输入端时，具有同一调频规律，但不同频率有不同相位差。因为模拟乘法器具有鉴频功能，故输出 U_o 与 U_x、U_y 之间的相位差成正比。低通滤波器滤掉输出的高频成分后，输出即为还原的低频调制信号。

5.7.3　调相电路

调相是用调制信号 U_x 去控制高频载波信号 U_c 的相位。常用的是线性调相，即让调相信号的相位按照调制信号的线性函数变化。调相信号 U_x 的一般表达式为

$$U_x = U_c \cos(\omega_c t + m u_x) \qquad (5\text{-}65)$$

式中　ω_c——载波信号的角频率；

U_c——载波信号的幅值；

m——调制度。

图 5-75 所示是一个调相桥路。

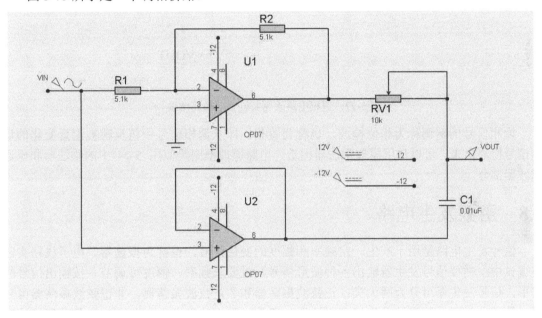

图 5-75　调相桥路

桥两臂是两个不同性质的阻抗元件。C_1 是一个电容，也可以是电容式的传感器；RV_1 是电阻（仿真使用电位器模拟传感器），也可以是电阻式传感器。运算放大器 U_1 和 U_2 输出幅值相等、极性相反，即 $U/2$ 和 $-U/2$。电容 C_1 上的压降 U_c 与电阻上的压降 U_r 相位差 $90°$。当电容或电阻发生变化时，输出电压矢量 U_s 末端在以 O 为圆心、$U/2$ 为半径的半圆上移动，U_s 的幅值不变，相位随电容或电阻的变化而变化，即输出调相信号。图 5-76 所示为 U_s 矢量图。

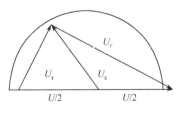

图 5-76　U_s 矢量图

图 5-75 中的电路参数为 $R_1=R_2=5.1\text{k}\Omega$，$RV_1=10\text{k}\Omega$，$C_1=0.01\mu\text{F}$，运算放大器为 OP07。电位器 RV_1 改变输出信号的相位，电容 C_1 的变化改变输出频率。图 5-77 所示为仿真结果。

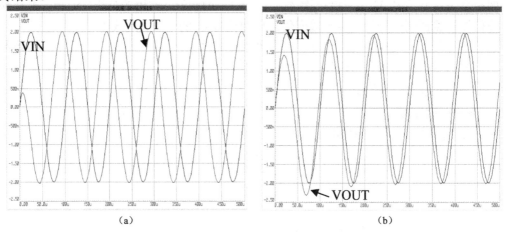

(a)   (b)

图 5-77　调相电路改变 RV_1 值后仿真结果

调相信号的解调称为相位检波，也称为鉴相，即从调相信号中将反映被测量变化的调制信号检测出来。可以使用模拟乘法器构造，电路原理框图类似图 5-74 中的乘法器和低通滤波器部分。

5.8　函数发生电路

信号发生电路是用于产生一定频率和幅度的变化信号，也称为振荡器。电子线路实验与调试中，需要信号发生器输出各种波形信号，且要求频率、幅度可调节。按输出信号的波形，信号发生器可分为两大类：正弦波振荡器和非正弦波振荡器。非正弦波振荡器可分为三角波发生器、锯齿波发生器和方波发生器等。因为信号发生电路可产生各种形式的波形，所以其也称为函数发生电路。信号发生电路的主要要求有两个：一是保持信号幅度稳定；二是保持信号频率稳定。

5.8.1　正弦波信号发生电路

正弦波发生电路是把直流电压转换为有一定频率和一定电压幅度的正弦波形的电路。根据选频网络的不同，正弦波发生电路可分为由电阻 R 和电容 C 构成的 RC 正弦波发生电路、由电感 L 和电容 C 构成的 LC 正弦波发生电路、由石英振荡器组成的正弦波发生电路、而按照有无外界激励，可以分为自激和他激波形发生电路，RC、LC 和石英振荡器组成的电路属于自激振荡电路。

正弦波发生电路的基本结构是在放大电路中引入正反馈。为产生稳定可靠的振荡，主要需具备四方面的条件：

① 接入正反馈，成为相位条件，是产生振荡的首要条件。
② 满足幅度条件。

③ 保证输出波形为单一频率的正弦波，必须具备选频特性。

④ 稳幅特性。

故正弦波一般包括放大电路、正反馈网络、选频网络、稳幅电路四部分。

1. RC 正弦波振荡电路

常见的文氏桥正弦波振荡电路如图 5-78 所示。

由 RC 串并联构成的选频网络的幅频特性和相频特性为

$$|F_u| = \cfrac{1}{\sqrt{9 + \left(\cfrac{\omega}{\omega_0} - \cfrac{\omega_0}{\omega}\right)^2}} \qquad (5\text{-}66)$$

$$\varphi_f = -\arctan \cfrac{\cfrac{\omega}{\omega_0} - \cfrac{\omega_0}{\omega}}{3} \qquad (5\text{-}67)$$

其中

$$\omega_0 = 1/RC$$

图 5-78 中的 RC 串并联网络在此作为选频和反馈网络接在运算放大器的同相输入端，构成了具有选频特性的正反馈。R_4、RV_1 和二极管 D1、D2 接在运算放大器的输出端和反相输入端之间，构成了具有稳幅环节的负反馈。电位器 RV_1 可以用来调节振荡形状。当 RC 选频网络在 $\omega = \omega_0$ 时，$F_u = 1/3$，$\varphi_f = 0°$。由此可以知道，只要放大倍数大于 3，相位角等于 $2n\pi$，就可以使得 RC 振荡电路满足自激振荡的振幅和相位条件，并且产生自激振荡。RC 振荡电路的振荡频率为

$$f_0 = \cfrac{1}{2\pi RC} \qquad (5\text{-}68)$$

稳幅二极管 D1、D2 应选用温度稳定性较好的硅管，而且 D1 和 D2 的特性必须一致，以保证输出波形的正负半周对称。

选择的运放要求输入电阻高、输出电阻小，而且增益带宽积要满足条件 $A_{U_0} \cdot BW > 3f_0$。

图 5-78 中的元件参数如下：$R_1 = R_2 = 6.8\text{k}\Omega$，$R_3 = 5.1\text{k}\Omega$，$R_4 = 2\text{k}\Omega$，$RV_1 = 50\text{k}\Omega$，$C_1 = C_2 = 0.047\mu\text{F}$。文氏桥正弦波振荡电路仿真结果如图 5-79 所示。

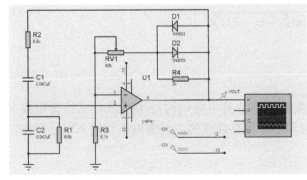

图 5-78　文氏桥正弦波振荡电路

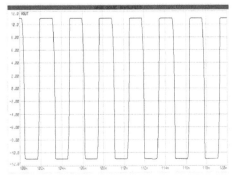

图 5-79　文氏桥正弦波振荡电路仿真结果

此外，在正弦波发生电路中还有利用热敏电阻作为稳幅元件的文氏桥振荡电路和 RC 移相式振荡电路。

RC 振荡电路的频率主要取决于 R 和 C 的数值，若想得到较高的频率，必须要选择较小的 R 和 C，但是随着 R 的减小将使得放大电路负载加重，电容 C 较少受到分布电容的限制。故 RC 振荡电路一般用于 1MHz 以下的低频振荡，要想产生更高频率的正弦信号，则需要采用 LC 正弦波振荡信号。

2．LC 振荡电路

LC 振荡电路是由电感元件 L 与电容元件 C 构成的选频网络，可以产生 1MHz 以上的正弦信号。LC 振荡电路通常有电感三点式振荡电路和电容三点式振荡电路。

电感三点式振荡电路如图 5-80 所示，也称为哈特莱振荡电路。

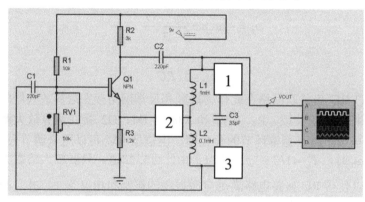

图 5-80　电感三点式振荡电路

图 5-80 中，电感 L_1、L_2 和电容 C_1 构成了正反馈选频网络。回路中的三个端点（1、2、3）分别与晶体管的三个电极连接，反馈信号取自电感线圈 L_2 两端电压，形成正反馈，满足了振荡的相位条件。适当地选取 L_1、L_2 的比值就可使得电路起振。由于 L_1 和 L_2 之间耦合密切，正反馈较强，使得起振容易成为了电感三点式振荡电路的特点。

改变谐振回路的电容 C_1，可以调节振荡频率。由于反馈信号取自于电感 L_2，而线圈对高次谐波呈现高阻抗，故不可以抑制高次谐波的反馈，使得振荡信号输出信号的质量一般。电感三点式振荡电路的谐振频率为

$$f_o = \frac{1}{2\pi(L_1 + L_2 + 2M)C} \tag{5-69}$$

式中　M——两个线圈间的互感系数。

图 5-80 的仿真结果如图 5-81 所示。

实例 5-6　电容三点式振荡电路分析

电容三点式振荡电路又称为考毕兹振荡电路，其电路结构与电感三点式振荡电路类似，但是正反馈的选频网络是由两个电容和一个电感组成的。反馈电压与输入电压同相，形成正反馈，满足振荡的相位条件。

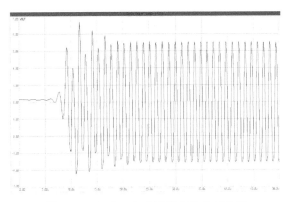

图 5-81 电感三点式振荡电路仿真结果

结果文件 ——附带光盘"Ch5\实例5-6"文件夹

动画演示 ——附带光盘"AVI\5-6.avi"文件

（1）启动 Proteus ISIS，在对象选择框中选择元器件表 5-6 中的元件。

元器件表 5-6 电容三点式振荡电路

名 称	属 性	名 称	属 性
C_1	$0.01\mu F$	C_2	$0.01\mu F$
C_3	$220pF$	C_4	$220pF$
L_1	$0.047mH$	RV1	$50k\Omega$
R_1	$10k\Omega$	R_2	$3k\Omega$
R_3	$1.2k\Omega$	Q1	NPN

（2）按照图 5-82 绘制电路原理编辑图。

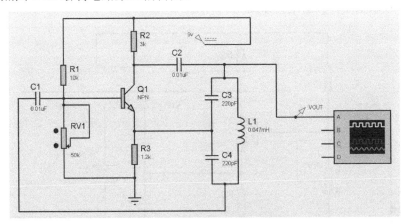

图 5-82 电容三点式振荡电路

（3）电容三点式振荡电路的反馈信号从电容 C_4 取出，电容对高次谐波呈现较小的容抗，反馈信号中高次谐波的分量小，故该振荡电路的输出信号质量较好。改变电容 C_3、C_4 可以调节振荡电路的输出频率，但同时也改变了正反馈的大小，因此，输出信号幅度发生

变化，严重时甚至会使得振荡电路停振。电容三点式振荡电路的谐振频率为

$$f_o = \frac{1}{2\pi\sqrt{L\dfrac{C_3 C_4}{C_3 + C_4}}}$$ （5-70）

（4）放置模拟分析图表进行仿真，如图5-83所示，频率与理论值相符。

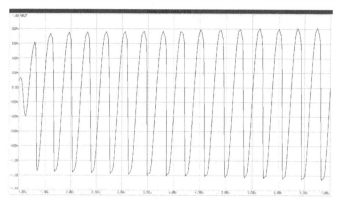

图5-83　电容三点式振荡电路仿真图

3. 石英振荡电路

在振荡电路中，实现稳频比实现稳幅难度要大。对于 LC 振荡电路来说，由于谐振回路的 Q 值不太高，故振荡电路的频率稳定度不是很高。为提高振荡电路的频率稳定度，经常使用石英晶体谐振电路代替一般的 LC 谐振回路。从石英晶体的等效电路可知其等效电感很大而电容很小，回路的品质因素 Q 很大。其特点是振荡频率特别稳定，常用于要求高稳定振荡频率的场合。

石英振荡电路形式多种多样，基本电路分为两种，即串联型晶体振荡电路和并联型晶体振荡电路。串联型晶体振荡电路如图5-84所示。

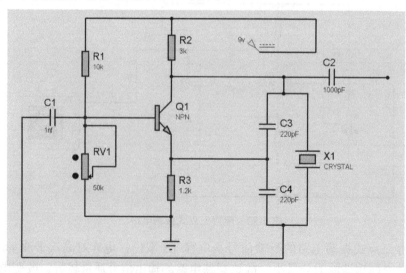

图5-84　串联型晶体振荡电路

视频教学

    Q1 和 Q2 组成了两级放大，石英晶体接在正反馈回路中，谐振时反馈最强，电路满足自激振荡条件。该电路的振荡频率为石英晶体的固有频率，调节 RV_1 的大小可以改变反馈的强度，从而获得良好的输出波形。

    并联型晶体振荡电路如图 5-85 所示。

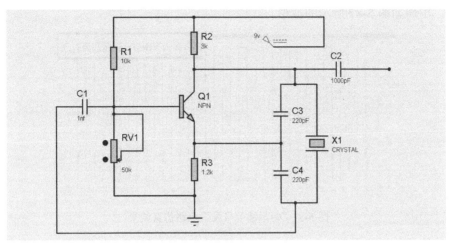

图 5-85   并联型晶体振荡电路

    并联型晶体振荡电路是将电容三点式振荡电路中的电感换成石英晶体。此电路的振荡频率为石英晶体与 C_3、C_4 组成的并联型谐振频率。实际上，C_3、C_4 远大于石英晶体的等效电容 C，因此，电路的振荡频率主要是由石英晶体的等效电容 C 决定的，谐振频率近似为晶体的固有频率。故石英晶体构成的振荡电路很稳定。

5.8.2   矩形波信号发生电路

    矩形波信号发生电路也称多谐振荡器，广泛应用于脉冲和数字电路中。简单的矩形波信号发生电路如图 5-86 所示。

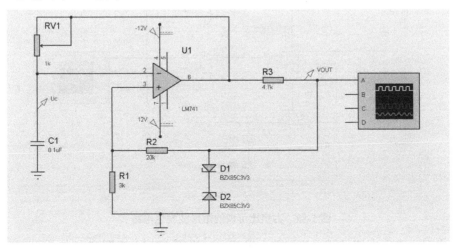

图 5-86   矩形波信号发生电路

图 5-86 所示电路是由比较器外加 RC 充电、放电回路构成，双向稳压管用于限定输出幅度，电阻 R_3 为稳压管的限流电阻。电源接通时，设 $t=0$，$U_c=0$，$U_o=+U_x$，此时输出通过电容 C_1 充电，U_c 上升；当 $U_c>U_p$（运放同相端电压）时，输出跳变，$U_o=-U_x$，此时电容 C_1 放电，U_c 下降；当 $U_c<U_p$ 时，输出又再次跳变，$U_o=+U_x$，电容 C_1 开始充电，电路重复上述过程，出现如图 5-87 所示的波形。

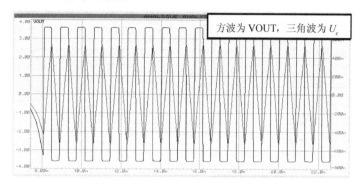

图 5-87　矩形波信号发生电路仿真结果

矩形波信号的振荡周期为

$$T = 2RC\ln\left(1+\frac{2R_1}{R_2}\right) \tag{5-71}$$

5.8.3　占空比可调的矩形波发生电路

为了改变输出方波的占空比，必须使得电容 C 的充电和放电时间常数不同。占空比可调的矩形波发生电路如图 5-88 所示。

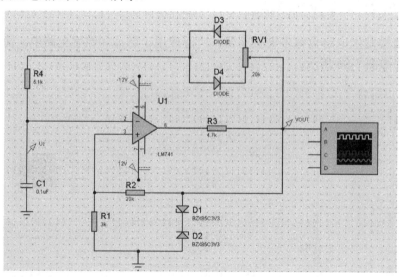

图 5-88　占空比可调的矩形波发生电路

C 充电时，充电电流经过电位器的上半部、二极管 VD3、电阻 R_4；C 放电时，放电电流经过电阻 R_4、二极管 VD4、电位器的下半部。矩形波的占空比为

$$\frac{T_1}{T} = \frac{\tau_1}{\tau_1 + \tau_2} \tag{5-72}$$

其中

$$\tau_1 = (RV1_1 + r_{d3} + R_4)C \tag{5-73}$$

$$\tau_2 = (RV1 - RV1_1 + r_{d4} + R_4)C \tag{5-74}$$

式中　　$RV1_1$——电位器中点到上端电阻；

r_{d3}——二极管 VD3 导通电阻；

r_{d4}——二极管 VD4 导通电阻。

改变 $RV1$ 的中点位置，矩形波的占空比就可以改变。

图 5-88 的仿真结果如图 5-89 和图 5-90 所示。

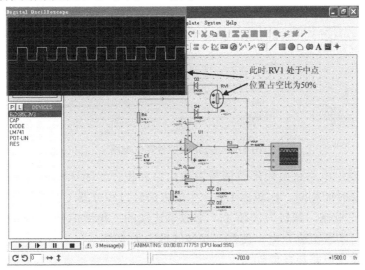

图 5-89　占空比可调的矩形波发生电路仿真结果（1）

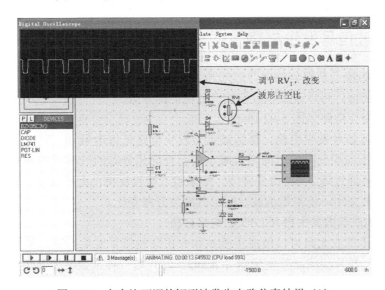

图 5-90　占空比可调的矩形波发生电路仿真结果（2）

5.8.4 三角波信号发生电路

三角波信号发生电路是通过对方波信号进行积分获得的，三角波信号发生电路如图 5-91 所示。

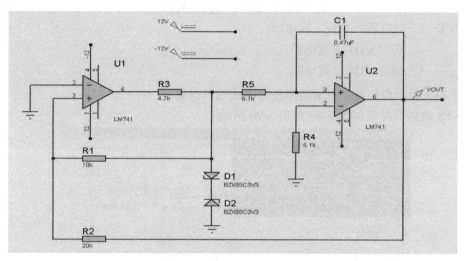

图 5-91 三角波信号发生电路

三角波信号发生电路是由矩形波信号发生电路和积分器闭环组合而成的，特点是积分的上升时间和下降时间相同。比较器 U1 产生的方波经过积分器 U2 积分可得到三角波，三角波信号又触发比较器，翻转方波信号，形成了连续的三角波信号。由于采用运放组成积分电路，因此，可实现恒流充电，使得三角波线性大大改善。

三角波信号发生电路振荡周期为

$$T = 4R_5C_1\frac{R_2}{R_1} \tag{5-75}$$

5.8.5 锯齿波信号发生电路

锯齿波信号的特点是积分的上升时间和下降时间不同，一般是下降时间远小于上升时间。为了获得锯齿波，可以改变积分器的充放电时间常数。

锯齿波信号发生电路如图 5-92 所示。

相比于三角波信号发生电路，锯齿波信号发生电路是将电阻 R_4 和二极管 D3 接入电路，使得积分器反向积分时的时间常数减小，而正向积分时的时间常数不变，就形成了锯齿波。反向脉冲可通过调节 R_4 改变宽度。如果将二极管反接，则反向积分时间常数不变，正向积分时间常数变小，使得锯齿波及矩形脉冲波方向变化。

实例 5-7　集成函数发生器 ICL8038 电路分析

使用分立及运算放大器可以组成正弦波和非正弦波信号发生电路，但是单片集成电路无疑会更为简便。单片集成函数发生器 ICL8038 芯片是一种函数发生器集成块，通过对外围电路的设计组合，可以产生高精密度的正弦波、方波、三角波信号。选择不同参数的外电阻和电容等器件，可以获得频率在 0.01Hz 到 100kHz 的可调信号，占空比在 2%~98%范围可调，调频及扫描可以由同一个外部电压完成。ICL8038 精密函数发生器是采用肖特基势垒二极管等先进工艺制成的单片集成电路芯片，输出由温度和电源变化范围决定。

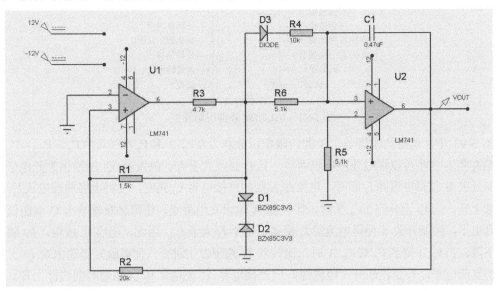

图 5-92　锯齿波信号发生电路

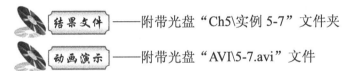

结果文件——附带光盘"Ch5\实例 5-7"文件夹

动画演示——附带光盘"AVI\5-7.avi"文件

（1）ICL8038 芯片由恒流源 I_1、I_2，电压比较器 A 和电压比较器 B，触发器，缓冲器等组成。其内部结构原理如图 5-93 所示。

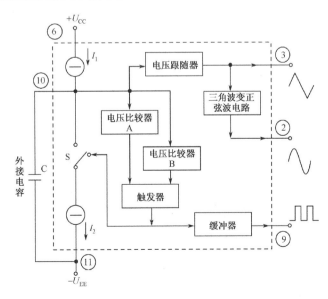

图 5-93　ICL8038 内部结构原理

ICL8038 外部引脚排列如图 5-94 所示。

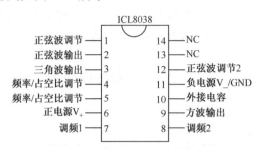

图 5-94   ICL8038 外部引脚排列

图 5-93 中，电压比较器 A、B 的门限电压分别为 $2V_R/3$ 和 $V_R/3$（其中 $V_R = V_{CC} - V_{EE}$），电流源 I_1 和 I_2 大小可以通过外接电阻调节，且 I_2 必须大于 I_1。触发器 Q 端输出为低电平时，它控制开关 S 使得电流源 I_2 断开，电流源 I_1 则向外接电容 C 充电，使得电容两端电压 V_C 随时间线性上升。当 V_C 上升到 $2V_R/3$ 时，比较器 A 输出发生跳变，使得触发器输出 Q 端由低电平变为高电平，控制开关 S 使得电流源 I_2 接通，由于 I_2 大于 I_1，因此，电容 C 放电，V_C 随时间线性下降。当 V_C 下降到 $V_C \leqslant V_R/3$ 时，比较器 B 输出发生跳变，使得触发器输出端 Q 又由高电平跳至低电平，I_2 再次断开，电流源 I_1 向外接电容 C 充电，V_C 又随着时间线性上升。如此循环，产生了振荡，若 $I_2 = 2I_1$，V_C 上升时间与下降时间相等，就产生三角波输出到脚 3。触发器输出的方波，经过缓冲器输出到脚 9，三角波经过正弦波变换器变成正弦波后输出到脚 2。当 $I_1 < I_2 < 2I_1$ 时，V_C 的上升时间与下降时间不相等，引脚 3 输出锯齿波。故 ICL8038 可以输出方波、三角波、锯齿波和正弦波等四种不同波形。适当选择外部的电阻和电容，可满足信号频率、占空比调节范围。

（2）了解了 ICL8038 后，启动 Proteus ISIS，在对象选择器中选择元器件表 5-7 中元件。

元器件表 5-7   集成函数发生器电路

名　　称	属　　性	名　　称	属　　性
C_1	1μF	U1	ICL8038
RV_1	1kΩ	RV_2	100kΩ
RV_3	100kΩ	R_1	10kΩ
R_2	10kΩ	R_3	10kΩ

（3）按照图 5-95 所示绘制电路原理编辑图。

引脚 8 为调频电压控制输入端，引脚 7 为输出调频偏置电压，可以作为引脚 8 的输入电压。此外，该器件的方波输出端为集电极开路形式，需在正电源与 9 脚之间外接电阻，常选用 5～10kΩ。

电位器 RV_1 动端在中间位置，且引脚 7 和 8 短接时，引脚 9、3 和 2 的输出分别为方波、三角波和正弦波。电路振荡频率决定于电位器 RV_1 滑动触点位置、电容 C_1 及电阻 R_1、R_2，参见表 5-2。调节 RV_2、RV_3 可以使得正弦波的失真达到较理想的程度。

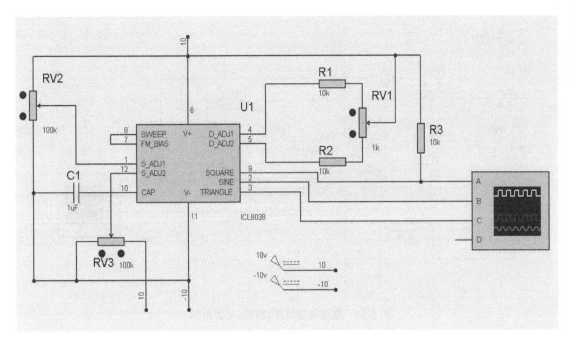

图 5-95　集成函数发生器典型电路

表 5-2　部分电容取值与输出频率关系

C/μF	1	0.47	0.33	0.22	0.1	0.047	0.022	0.01
f/Hz	33	68	92	145	324	692	1415	3596

（4）仿真结果如图 5-96 所示。

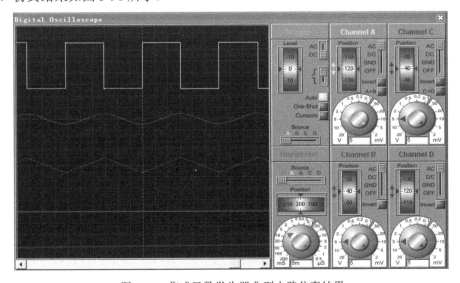

图 5-96　集成函数发生器典型电路仿真结果

（5）增加四个 10kΩ 电阻，按照图 5-97 所示绘制电路原理编辑图。

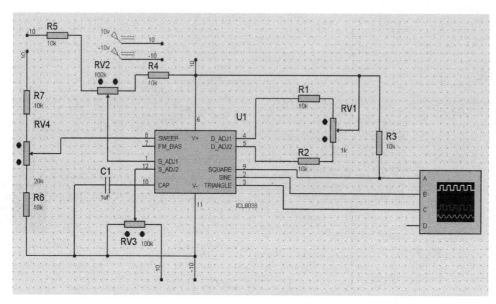

图 5-97　集成函数发生器频率可调电路

（6）频率可调电路当 RV_1 动端位于中间位置时，断开引脚 7 与 8 之间的连线，在 $+V_{CC}$ 与 $-V_{EE}$ 间接一个电位器 RV_4，其动端与 8 脚相连，改变正电源 $+V_{CC}$ 与引脚 8 间的控制电压（调频电压），则振荡频率随之变化，因此，该电路变为一个频率可调的函数发生器。读者可以试着调节 RV_4 观察示波器波形情况。

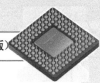

第6章 数字电路设计及仿真

本章主要是介绍数字电路设计配合 Proteus VSM 所作的仿真，包括数字集成逻辑器件基本应用电路、脉冲电路、电容测量仪、多路电子抢答器等的设计及仿真。

本章内容

❯ 基本应用电路
❯ 脉冲电路
❯ 电容测量仪
❯ 多路电子抢答器

本章案例

❯ 74LS194 8 位双向移位寄存器分析
❯ CD4511 译码显示电路分析
❯ 占空比与频率可调的多谐振荡器分析

6.1 基本应用电路

6.1.1 双稳态触发器

双稳态触发器具有两个稳定状态，用以表示逻辑状态"1"和"0"，在一定外界条件触发下可以从一种稳定状态翻转至另一个稳定状态。双稳态触发器是一个具有记忆功能的二进制信息存储器件，是构成多种时序逻辑电路的基本器件。

双稳态触发器按照功能的划分有 RS 触发器、D 触发器、JK 触发器和 T 触发器；按照电路的触发方式可以分为主—从触发器和边沿触发器（包括上边沿触发器和下边沿触发器）两类。

数字电路常用器件是 TTL 型和 CMOS 型。TTL 型电路速度高，超高速 TTL 电路的传输时间约为 10ns，中速的 TTL 电路传输时间也只有 50ns。CMOS 电路的速度慢于 TTL 电路，但是 CMOS 电路功耗较低，输出电压幅度可调范围较大，抗干扰能力比 TTL 电路强。在要求一定的输出电流情况下，TTL 电路要强于 CMOS 电路。一般情况下，要求高速时，多选用 TTL 器件；要求低功耗时，多选用 CMOS 器件。

目前 TTL 型集成触发器主要有边沿触发器（74LS74）、边沿 JK 触发器（74LS112）及主—从 JK 触发器（74LS76）等。利用这些触发器可以转换得到其他功能的触发器，但是转换成触发器的触发方式并不改变。

一个集成双稳态触发器通常有三种输入端。第一种是异步置位、复位输入端，用 $\overline{S}_D$、$\overline{R}_D$ 表示。输入端有一个圈则表示用低电平驱动。当 $\overline{S}_D$ 或 $\overline{R}_D$ 端有驱动信号时，触发器的状态不受时钟脉冲与控制输入端所处状态影响。第二种是时钟输入端，用 CP 表示。在 $\overline{S}_D = \overline{R}_D = $ "1" 情况下，CP 脉冲作用将更新触发器状态。如果 CP 输入端无小圈，则表示在 CP 脉冲上升沿时触发器状态更新；如果 CP 输入端有小圈，则表示在 CP 脉冲下降沿时触发器状态更新。第三种是控制输入端，用 D、J、K 等表示。加于控制输入端的信号是触发器状态更新的依据。

基本 RS 触发器如图 6-1 所示。

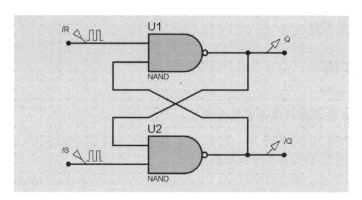

图 6-1　基本 RS 触发器

图 6-2 所示是基本 RS 触发器的仿真波形。

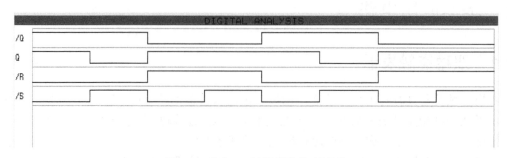

图 6-2　基本 RS 触发器的仿真波形

从图 6-2 所示仿真波形可知，基本 RS 触发器的触发特性方程为

$$Q^{n+1} = S + \overline{R}Q$$
$$SR = 0 \quad （约束条件）$$

D 触发器如图 6-3 所示。

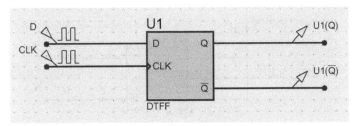

图 6-3　D 触发器

图 6-4 所示是 D 触发器的仿真波形。

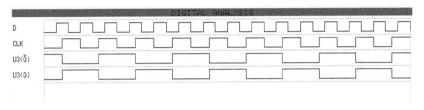

图 6-4　D 触发器的仿真波形

从图 6-4 分析可知，D 触发器的触发特性方程为

$$Q^{n+1} = D$$

JK 触发器如图 6-5 所示。

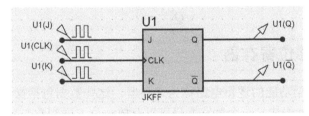

图 6-5　JK 触发器

图 6-6 所示是 JK 触发器的仿真波形。

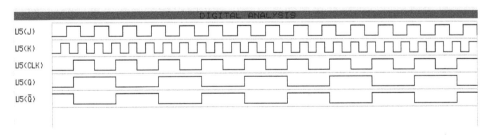

图 6-6　JK 触发器的仿真波形

从图 6-6 分析可知，JK 触发器的触发特性方程为

$$Q^{n+1} = J\,\overline{Q} + \overline{K}\,Q$$

由 JK 触发器构成的 T 触发器如图 6-7 所示。

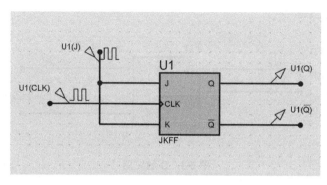

图 6-7　由 JK 触发器构成的 T 触发器

图 6-8 所示是由 JK 触发器构成的 T 触发器仿真波形。

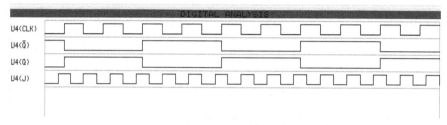

图 6-8　由 JK 触发器构成的 T 触发器仿真波形

从图 6-8 分析可知，T 触发器的触发特性方程为

$$Q^{n+1} = \overline{Q}$$

6.1.2　寄存器/移位寄存器

　　具有暂时储存数据功能的逻辑电路称为寄存器，这些数据包括操作数或运算的中间结果等。寄存器由触发器组成。一个触发器只可以存放一位二进制数，故若要存放 N 位二进制数，就需要使用 N 个触发器。N 位二进制数可以在时序的控制下并行输入/输出。若前一级触发器的输出与后一级的输入相连，且各个触发器都受到同一个时钟脉冲的控制，则寄存器中的二进制信息可以进行逐位左移或右移，该功能电路称为移位寄存器。移位寄存器是电子计算机、通信设备和其他数字系统中广泛应用的基本逻辑器件之一，常用于进行串行通信、计数及二进制的乘除运算等。

实例 6-1　74LS194 8 位双向移位寄存器分析

　　在本例中主要是对 74LS194 8 位双向移位寄存器进行仿真分析，熟练数字图表的使用及技巧。

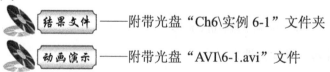

　结果文件——附带光盘"Ch6\实例 6-1"文件夹

　动画演示——附带光盘"AVI\6-1.avi"文件

（1）启动 Proteus ISIS，在对象选择框内选择 74LS194，按照图 6-9 所示电路进行绘制。

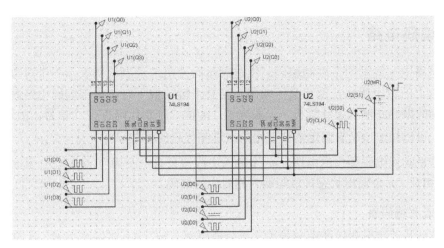

图 6-9　74LS194 双向移位寄存器电路

（2）电路中一片的 Q3 接另外一片的 DSR，而另外一片的 Q0 接这一片的 DSL，S0、S1、CLK，以及清零端分别并联。在清零端为高电平前提下，按照 74LS194 的工作模式，S0、S1=00 时，各触发器保持原态不变；S0、S1=01 时，数据右移；S0、S1=10 时，数据左移；S0、S1=11 时，并行置数。

注意　74LS194 的工作过程是在 CP 脉冲上升沿作用下完成的。移位寄存器对数据的写入、读出，可以是串行输入串行输出；也可以是串行输入并行输出。

（3）添加仿真探针，进行仿真。仿真结果如图 6-10 所示。

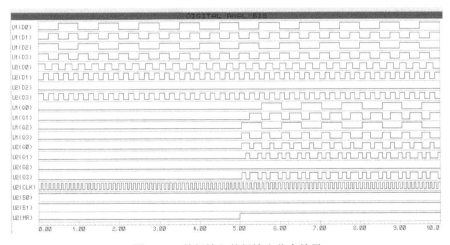

图 6-10　并行输入并行输出仿真结果

注意　本章中遇到的实例及范例都可能有较多的引脚需要分析，在第 4 章中介绍到关于添加放置探针于图表的技巧，以及按住 Ctrl 键将每个需要加入的探针选中，然后在图表（Graph）菜单中选择添加图线（Add Trace），可以一次性添加所有选中探针。

6.1.3 编码电路

数字电路中一般采用二进制编码。二进制编码使用二进制代码表示一个对象的过程。例如，键盘上的数字或字符都定义了编码。当某个键被按下时，内部编码电路就将该键转换成二进制的编码并输入至计算机。一般来说，n 位二进制代码有 2^n 个信号。故对 N 个信号编码时，可以用 $2^n \geqslant N$ 来确定需要使用的二进制代码的位数 n。

编码器是实现编码操作的电路。m 个输入中应该只有一个为 1（有效），其余为 0（无效）；或者相反。n 个输出状态构成与输入相对应的编码。

1．二进制编码器

将信号编为二进制代码的电路称为二进制编码器。图 6-11 所示是 8 线—3 线编码器逻辑电路图及其仿真。

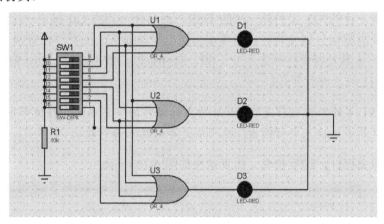

图 6-11　8 线—3 线编码器逻辑电路图及其仿真

该编码器真值表如表 6-1 所示。

表 6-1　8 线—3 线编码器的真值表

输　　　入								输　　出		
I7	I6	I5	I4	I3	I2	I1	I0	Y2	Y1	Y0
0	0	0	0	0	0	0	×	0	0	0
0	0	0	0	0	0	1	×	0	0	1
0	0	0	0	0	1	0	×	0	1	0
0	0	0	0	1	0	0	×	0	1	1
0	0	0	1	0	0	0	×	1	0	0
0	0	1	0	0	0	0	×	1	0	1
0	1	0	0	0	0	0	×	1	1	0
1	0	0	0	0	0	0	×	1	1	1

3 位二进制编码器（$2^3 = 8$）可以编制 8 种信息。该电路的 I0 被隐含，即 I7～I1 全无输

入时，输出就是 I0 的编码。

设计编码时，一般会考虑"优先级"问题，由此而产生了优先编码器的概念。优先编码器的设计原则是当出现多个信号时，电路只对其中优先级别最高的输入信号进行编码，即对下标编号最大的位进行编码。

2．二—十进制编码器

二—十进制编码器是用四位二进制数对十进制数的 0～9 进行编码的电路，该逻辑电路称为二—十进制编码器。常用的二—十进制编码是 8421 加权码，简称 BCD 码，输入时十进制 0～9 信息码，输出是四位二进制代码 0000～1001。该优先编码器的电路及其仿真如图 6-12 所示。

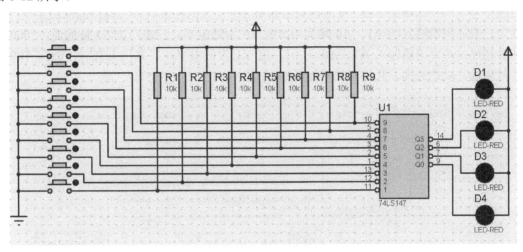

图 6-12　10 线—2 线 8421 码优先编码器电路及其仿真

常用的 10 线—2 线 8421 码优先编码器集成芯片为 74LS147。该器件有 9 个输入端和 4 个输出端，输入、输出均为低电平有效。如图 6-12 所示，按下第 7 个按键时，输入端 4 脚为 0，输出编码为 1000（反码为 0111），LED 发光指示 0111，代表十进制数 7。LED 放光全不亮代表十进制数 0。

该优先编码器真值表如表 6-2 所示。

表 6-2　10 线—2 线 8421 码优先编码器真值表

输　　　　　入										输　　出			
I9	I8	I7	I6	I5	I4	I3	I2	I1	I0	Y3	Y2	Y1	Y0
0	0	0	0	0	0	0	0	0	1	0	0	0	0
0	0	0	0	0	0	0	0	1	×	0	0	0	1
0	0	0	0	0	0	0	1	×	×	0	0	1	0
0	0	0	0	0	0	1	×	×	×	0	0	1	1
0	0	0	0	0	1	×	×	×	×	0	1	0	0
0	0	0	0	1	×	×	×	×	×	0	1	0	1
0	0	0	1	×	×	×	×	×	×	0	1	1	0
0	0	1	×	×	×	×	×	×	×	0	1	1	1
0	1	×	×	×	×	×	×	×	×	1	0	0	0
1	×	×	×	×	×	×	×	×	×	1	0	0	1

6.1.4　译码电路

译码是编码的反过程。译码输入的是二进制或二—十进制代码，输出则是对应事件的代码。译码电路包括：变量译码器，如 3 线—8 线译码器 74LS138；码制变换译码器，如 4 线—10 线译码器 74LS42；显示译码器，如共阳极的 74LS47 与共阴极的 74LS48 译码电路等。译码器在数字系统中有广泛的应用，不同功能的电路应该选用不同类型的译码电路。

变量译码器又称为二进制译码器，用以表示输入变量的状态，如 2 线—4 线、3 线—8 线和 4 线—16 线译码器。图 6-13 所示是三态门频率选择电路，电路中有 74LS125 所含的 4 个独立三态门、74LS139 译码器（2 线—4 线）。各三态门的输入端分别接入 1Hz～1000Hz 的方波信号，其控制端受 2 线—4 线译码器输出 Y0～Y3 的控制，各三态门的输出接至同一总线上。若译码器输入端 A1、A0 均为 0，则 Y0 为低电平，三态门 U2D 被选通，1000Hz 的信号通过；若译码器输入 A1、A0 为 01，则 Y1 为低电平，三态门 U2C 被选通，100Hz 的信号通过，以此类推。其仿真结果如图 6-14 所示。

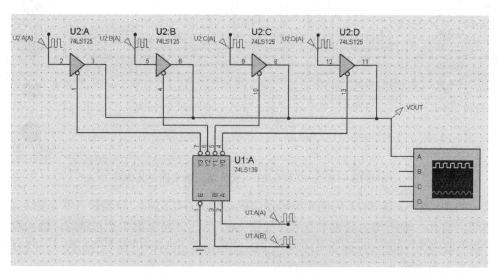

图 6-13　三态门频率选择电路

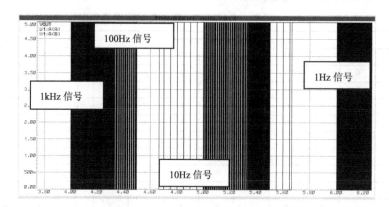

图 6-14　三态门频率选择电路仿真结果

码制变换译码器是把 BCD 码翻译成 10 个十进制数字信号的电路，也称为二—十进制译码器。二—十进制译码器的输入是 4 位二进制 BCD 码，分别用 A3、A2、A1、A0 表示；输出则是与 10 个十进制数字分别对应的信号，用 Y9~Y0 表示。由于二—十进制译码器有 4 根输入线 10 根输出线，故又称为 4 线—10 线译码器。

实例 6-2　CD4511 译码显示电路分析

数码显示译码器是将 BCD 码变成 7 段发光数码管（LED）所对应的代码。一个 LED 数码管可用来显示一位 0~9 十进制数和一个小数点，每段发光二极管的正向压降随着显示光（通常为红、绿、黄、橙色）的颜色不同而略微有差别，通常为 2~2.5V。每个发光二极管的点亮电流为 5~10mA。7 段发光数码管有共阴极和共阳极之分。

LED 数码管要显示 BCD 码表示的十进制数字就需要一个专门的译码器。该译码器不但需要完成译码功能，还需要一定的驱动能力。此类译码器型号有 74LS47（共阳）、74LS48（共阴）、CC4511（共阴）等。

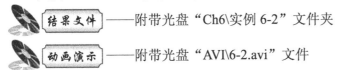

结果文件——附带光盘"Ch6\实例 6-2"文件夹

动画演示——附带光盘"AVI\6-2.avi"文件

（1）启动 Proteus ISIS，在对象选择框内选择器件 4511 和 7SEG-DIGITAL，CD4511 和 7 段发光数码管显示电路如图 6-15 所示。

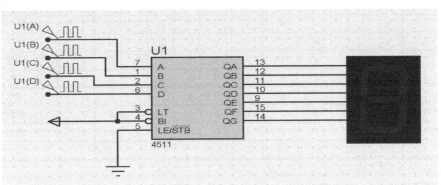

图 6-15　CD4511 和 7 段发光数码管显示电路

（2）在输入端 A、B、C、D 中分别加入 8Hz、4Hz、2Hz、1Hz 的周期信号，然后单击仿真启动按钮，结果如图 6-16 所示。

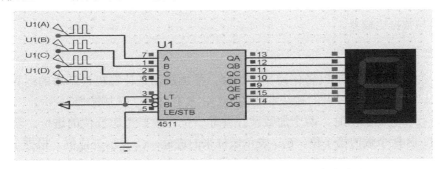

图 6-16　CD4511 和 7 段发光数码管显示电路仿真结果

（3）CD4511 芯片具有 BCD 码锁存、7 段译码、驱动等功能，内部接有上拉电阻，故实际应用中需要在输出端与数码管之间串入限流电阻，一般为 300Ω左右，即可以驱动共阴极 LED 数码管工作。译码器还具有拒伪码功能，当输入码超过 1001 时，输出位全为"0"，数码管熄灭。CD4511 的 DCBA 是 BCD 码输入端，a、b、c、d、e、f、g 为译码输出端，输出"1"有效。CD4511 功能如表 6-3 所示。

表 6-3　CD4511 功能

输　入							输　出							
LE	$\overline{BI}$	$\overline{LT}$	D	C	B	A	a	b	c	d	e	f	g	显示字型
×	×	0	×	×	×	×	1	1	1	1	1	1	1	8
×	0	1	×	×	×	×	0	0	0	0	0	0	0	消隐
0	1	1	0	0	0	0	1	1	1	1	1	1	1	0
0	1	1	0	0	0	1	0	1	1	0	0	0	0	1
0	1	1	0	0	1	0	1	1	0	1	1	0	1	2
0	1	1	0	0	1	1	1	1	1	1	0	0	1	3
0	1	1	0	1	0	0	0	1	1	0	0	1	1	4
0	1	1	0	1	0	1	1	0	1	1	0	1	1	5
0	1	1	0	1	1	0	1	0	1	1	1	1	1	6
0	1	1	0	1	1	1	1	1	1	0	0	0	0	7
0	1	1	1	0	0	0	1	1	1	1	1	1	1	8
0	1	1	1	0	0	1	1	1	1	1	0	1	1	9
0	1	1	1	0	1	0	0	0	0	0	0	0	0	消隐
0	1	1	1	0	1	1	0	0	0	0	0	0	0	消隐
0	1	1	1	1	0	0	0	0	0	0	0	0	0	消隐
0	1	1	1	1	0	1	0	0	0	0	0	0	0	消隐
0	1	1	1	1	1	0	0	0	0	0	0	0	0	消隐
0	1	1	1	1	1	1	0	0	0	0	0	0	0	消隐
1	1	×	×	×	×	×	锁存							

与仿真结果相比，证实了 CD4511 的数码显示译码功能。

6.1.5　算术逻辑电路

基本的算术逻辑电路有很多方面，此处只挑比较关键和常用的两种进行设计仿真讲解：全加器与数据比较器。

1．全加器

机器中的四则运算均可以转化为加法运算，故加法器是计算机最基本的运算单元。因为进行算术运算是电子计算机的最基本任务之一，故有必要了解加法器。

实际进行二进制加法时，两个加数往往并非一位，故要考虑低位的进位。若用 A_i、B_i 分别表示 A、B 两个数的第 i 位，C_{i-1} 表示低位来的进位，C_i 表示进位位，根据全加运算规则可以列出表 6-4 所示的真值表。

视频教学

表 6-4　全加器真值表

A_i	B_i	C_{i-1}	S_i	C_i
0	0	0	0	0
0	0	1	1	0
0	1	0	1	0
0	1	1	0	1
1	0	0	1	0
1	0	1	0	1
1	1	0	0	1
1	1	1	1	1

运用数字逻辑中的知识，利用卡诺图进行化简，可以得到 S_i 和 C_i 的简化函数表达式为

$$S_i = A_i \oplus B_i \oplus C_{i-1}$$

$$C_i = (A_i \oplus B_i)C_{i-1} + A_iB_i$$

根据以上两式所组合而成的全加器逻辑电路如图 6-17 所示。

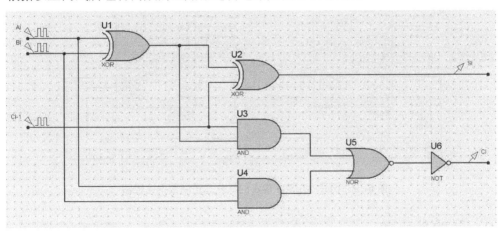

图 6-17　一位全加器逻辑电路

图 6-17 所示的仿真波形如图 6-18 所示，与理论计算值一样。

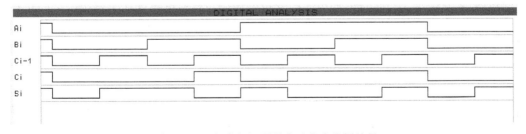

图 6-18　一位全加器逻辑电路仿真分析结果

然而实际应用中，加法器是多位的。要实现两个 n 位二进制数的加法电路，需要用 n 个一位全加器连接，其方法是最低进位位 C_{i-1} 接 "0"，该位的 C_i 接次低位的 C_{i-1}。以此类

推，即可以完成 n 位二进制数的加法电路。

2．数据比较器

数据比较器用于比较两个二进制数，并且判别两数大小。常用的四位集成比较器有 74LS85、CC4585 等，将两个四位二进制数 $A_3A_2A_1A_0$ 与 $B_3B_2B_1B_0$ 进行比较，比较结果通过 $O_{A>B}$、$O_{A<B}$、$O_{A=B}$ 输出。若要扩展比较器位数，则需要用到级联输入端 $I_{A>B}$、$I_{A<B}$、$I_{A=B}$。

四位比较器原理是从高位往低位逐位比较。当 $A_i>B_i$ 时，输出端 $O_{A>B}$ 输出高电平，其他位输出低电平；当 $A_i<B_i$ 时，输出端 $O_{A<B}$ 输出高电平，其他位输出低电平；当 $A_i=B_i$ 时，则继续比较下一位，直到全等时，输出端 $O_{A=B}$ 输出高电平，其他输出端输出低电平；当比较到最低位还相等时，在比较级联输入端输入数据，此时输出就等于级联输入的结果。若比较过程中，出现 $A_i \neq B_i$，则级联输入端信息无效。

图 6-19 所示是使用两片 74LS85 构成的 8 位二进制数据比较器。将低四位级联比较输入端设为：$I_{A>B}$ 端、$I_{A<B}$ 端接地，$I_{A=B}$ 端为高电位（低 4 位全部相等时，不会有错误输出）。

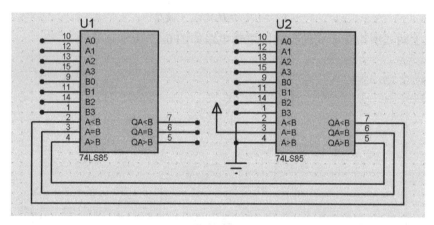

图 6-19　两片 74LS85 构成的八位二进制数据比较器

6.1.6　多路选择器

多路选择器是一种在地址码控制下，从若干输入数据中选取一个，且将其输送到公共输出端的类似多掷开关功能的电子元件。多路选择器为目前逻辑设计中应用广泛的逻辑部件，有 2 选 1、4 选 1、8 选 1、16 选 1 等系列。数据选择器的电路内部结构一般由"与或"门阵列所组成，也有用传输门开关和门电路混合而成的。常用的集成电路数据选择器有 74LS151（8 选 1）、74LS153（双 4 选 1）等。

74LS153 的应用电路如图 6-20 所示。

1×0、1×1、1×2、1×3 为第一路输入端；2×0、2×1、2×2、2×3 为第二路输入端；1Y 为第一路输出端；2Y 为第二路输出端；选择控制端（地址端）为 A、B，按二进制译码；1E、2E 为使能端，低电平有效，当其为高电平时，无论地址输入端信号如何，1Y、2Y 均无输出，多路开关被禁止。当使能端使能，1Y、2Y 将根据 A、B 状况选择输出。

74LS153 数据选择器真值表如表 6-5 所示。

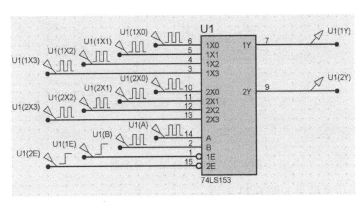

图 6-20　75LS153 的应用电路

表 6-5　74LS153 数据选择器真值表

输　　　　入			输　　　出
B	A	1E/2E	1Y/2Y
×	×	149	0
0	0	0	1X0/2X0
0	1	0	1X1/2X1
1	0	0	1X2/2X2
1	1	0	1X3/2X3

74LS153 的仿真波形如图 6-21 所示。

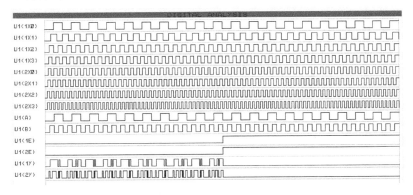

图 6-21　74LS153 的仿真波形

6.1.7　数据分配器

与数据选择器的作用相反，数据分配器有一个数据输入端，有多个数据输出端，地址码控制输入数据从多个输出端的某一路输出。常用的集成电路数据分配器有 74LS137（8 选 1 锁存译码器/多路转换器）、74LS138（3 线—8 线译码器/多路转换器）、74LS139（双 2 线—4 线译码器/多路转换器）等。74LS138 是数字电路常用的 3 线—8 线译码器，是带有"使能"端的译码器，如图 6-22 所示。

视频教学

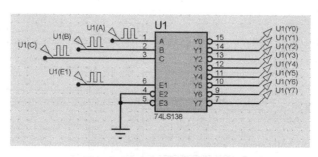

图 6-22　74LS138 数字分配器

数字分配器的仿真结果如图 6-23 所示。

从图 6-23 中可以知道，随着 A、B、C 三个地址端的不同组合，输入被选址至相应的输出端进行输出。

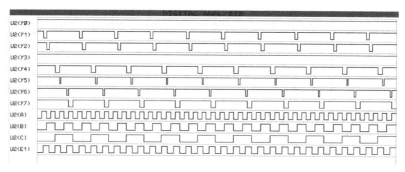

图 6-23　74LS138 仿真结果

6.1.8　加/减计数器

计数器应用广泛，除了可以用于计数，还可以用于数字系统的分频、定时、数字运算及其他特定的逻辑功能。计数器有很多种类，根据技术体制不同，计数器可以分为二进制计数器与非二进制计数器两大类。十进制计数器是较为常用的非二进制计数器，其他的非二进制计数器称为任意进制计数器。根据计数器增减趋势不同，计数器可以分为加法计数器与减法计数器。根据计数脉冲引入方式不同，计数器又可分为同步计数器与异步计数器。

1. 用 D 触发器构成异步二进制加/减法器

使用四个 D 触发器构成的四位二进制异步加法计数器如图 6-24 所示。其连接特点是由每只 D 触发器接成 T 触发器，再由低位触发器的 $\overline{Q}$ 端和高一位的 CLK 端连接。

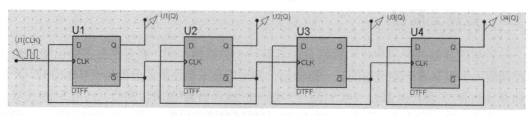

图 6-24　四位二进制异步加法计数器

视频教学

若将低位触发器的 Q 端与高一位的 CLK 端连接，则构成了一个四位二进制减法计数器。

四位二进制加法器从起始状态 0000 到终止状态 1111 共 16 个状态，故其为十六进制加法计数器，也称为模 16 加法计数器。根据触发器的功能可知，U1Q 的周期是 CLK 周期的两倍，U2Q 的周期是 CLK 周期的四倍，U3Q 的周期是 CLK 周期的八倍，U4Q 的周期是 CLK 周期的十六倍，故实现了二、四、八、十六分频，这就是计数器的分频作用。仿真波形如图 6-25 所示。

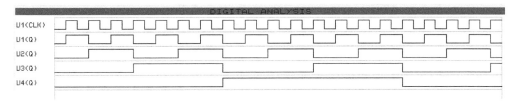

图 6-25　四位二进制异步加法计数器分频作用仿真结果

2．集成计数器

实际工程应用中，一般较少使用单个触发器组成计数器，而是直接选用中规模的集成计数器，如 74LS160、74LS161 等。

74LS161 是同步置数、异步清零的四位二进制加法计数器，具有计数、保持、预置、清零功能。CLK 为计数脉冲输入端，上升沿有效；MR 为异步清零端，低电平有效，只要其为低电平，$Q_3Q_2Q_1Q_0=0000$，与 CLK 无关；LOAD 为同步预置端，低电平有效，当 MR 为高电平、LOAD 为低电平，CLK 上升沿到来时，才可以将预置输入端的数据送至输出端；ENP、ENT 为计数器允许控制端，高电平有效，只有当 MR=LOAD="1"，ENP=ENT="1" 时，在 CLK 作用下计数器才可以正常工作计数，当 ENP、ENT 中有一个为低时，计数器处于保持状态，ENP、ENT 的区别是 ENT 影响进位输出，而 ENP 不影响；RCO 为串行进位输出，$RCO=Q_3Q_2Q_1Q_0ENT$，仅当 ENT 为高电平，且技术状态为 1111 时，RCO 才变为高电平产生进位信号。74LS161 的电路及功能如图 6-26 和表 6-6 所示。

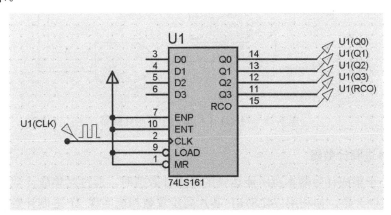

图 6-26　74LS161 应用电路

表 6-6　74LS161 功能

输　　入									输　　出			
MR	LOAD	ENP	ENT	CLK	D_3	D_2	D_1	D_0	Q_3^{n+1}	Q_2^{n+1}	Q_1^{n+1}	Q_0^{n+1}
L	×	×	×	×	×	×	×	×	L	L	L	L
H	L	×	×	↑	d_3	d_2	d_1	d_1	d_3	d_2	d_1	d_0
H	H	H	H	↑	×	×	×	×	计　　数			
H	H	L	×	×	×	×	×	×	保　　持			
H	H	×	L	×	×	×	×	×	保　　持			

74LS161 的仿真波形如图 6-27 所示。

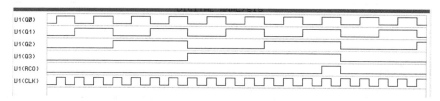

图 6-27　74LS161 的仿真波形

74LS161 构成的十进制计数器如图 6-28 所示。该电路借助异步清零功能实现十进制计数器。假设计数器初态为 0000，前 9 个脉冲作用下，计数器按照四位二进制规律正常计数。当第 10 个计数脉冲到来后，计数器的状态为 1010，通过与非门使得 MR 从高电平变为低电平，通过异步清零功能使得四个触发器被清零，从而终止十六进制计数，实现十进制计数。

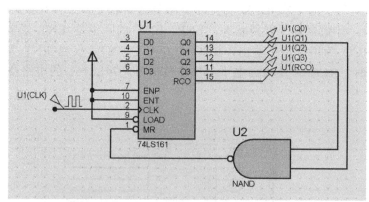

图 6-28　74LS161 构成的十进制计数器

3. 任意 M 进制计数器

当 M 值小于集成计数器本身所能达到的最大计数值时，通过对集成计数器的改造即可实现任意 M 进制计数。如利用 74LS161 芯片同步置数功能实现 M 进制计数，方法是将计数器的 M 状态通过逻辑门控制 MR。使用同步置数功能时，要注意 $D_3D_2D_1D_0$ 保持计数初态 0000。

M 值大于集成计数器本身的二进制计数最大值时，可采用级联法构成任意进制计数器。

视频教学

芯片级联的方式有两种：一是串行进位方式，以低位片的进位输出信号 C 作为高位片的时钟输入信号 CLK；另外一种是以并行进位方式，以低位片进位输出信号 C 作为高位片的工作状态控制信号 ENP 和 ENT。使用两片 74LS160 组成了模一百进制计数器，如图 6-29 所示。

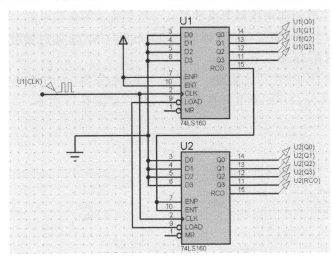

图 6-29　模一百进制计数器

模一百进制计数器的仿真结果如图 6-30 所示，输入波形为 1Hz 的数字信号，可以看到 100s 时 U2 的 RCO 产生高电平输出。

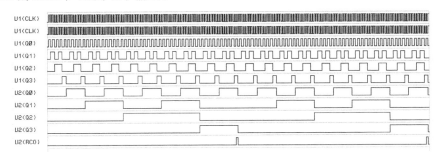

图 6-30　模一百进制计数器的仿真结果

6.2　脉冲电路

矩形脉冲产生电路是指在数字电路中，不需外加触发脉冲即可产生具有一定频率和幅度的矩形波电路。矩形脉冲电路常常作为脉冲信号源使用。由于矩形波中除基波外还含有丰富的高次谐波成分，故此种电路又称为多谐振荡器。

6.2.1　555 定时器构成的多谐振荡器

555 定时器是一种使用广泛的数字模拟混合型中规模集成电路。因为该电路只需外接少量的阻容元件即可构成单稳、多谐和施密特触发器，故广泛应用于信号的产生、变换、控制和检测中。

555 定时器的名字来源于其芯片内部电压标准使用了三个 5kΩ 电阻。目前生产的定时器分为双极型和 CMOS 两种类型，区别两者的方法是几乎所有双极型产品型号最后三位数码都是 555，而 CMOS 产品型号最后四位数码都是 7555，二者的逻辑功能与引脚排列完全相同，但是双极型定时器具有较大的驱动能力而 CMOS 定时器具有低功耗、输入阻抗高等优点。555 定时器工作电源电压范围很宽，且可承受较大的负载电流。双极型定时器电源电压范围为 5～16V，最大负载电流可以达到 200mA，CMOS 定时器电源电压范围为 3～18V，最大负载电流在 4mA 以下。

555 芯片内部含有两个电压比较器，一个基本 RS 触发器，一个放电开关管 VT1，比较器的参考电压由三只 5kΩ 电阻器 R 构成分压器提供，如图 6-31 所示。

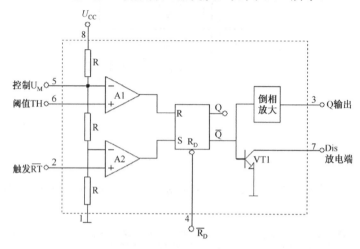

图 6-31　555 定时器内部结构框图

高电平比较器 A1 的同相输入端和低电平比较器 A2 的反相输入端参考电平电压分别为 $\frac{2}{3}U_{CC}$ 和 $\frac{1}{3}U_{CC}$。A1 和 A2 的输出端控制 RS 触发器的状态与放电管开关的状态。当输入信号（6 脚阈值，即高电平触发输入）超过参考电平 $\frac{2}{3}U_{CC}$ 时，触发器复位，555 输出端 3 脚输出低电平，同时放电开关管导通；当输入信号（2 脚触发）低于 $\frac{1}{3}U_{CC}$ 时，触发器置位，555 的 3 脚输出高电平，同时放电开关管截止。

复位端（4 脚）为 0 时，555 输出低电平，平时 4 脚接 U_{CC}。控制电压端（5 脚）平时输出 $\frac{2}{3}U_{CC}$ 作为比较器 A1 的参考电平。当 5 脚外接一个输入电压时，就改变了比较器的参考电平，从而实现对输出的另一种控制。不接外接电压时，5 脚通常接一个 0.01μF 的电容器到地起滤波作用，以消除外来干扰，从而确保参考电平稳定。VT1 为放电管，当 VT1 导通时，将给接于 7 脚的电容器提供低阻放电通路。

555 定时器主要是与电阻、电容构成充放电电路，且由两个比较器来检测电容器上电压，以确定输出电平的高低和放电开关管的通断，构成了从微秒到数十分钟延时电路，从而构成了多谐振荡器、单稳态触发器、施密特触发器等产生脉冲和变换波形电路。

由 555 定时器构成多谐振荡器的电路如图 6-32 所示。

相比于单稳态触发器，其利用了电容器的充放电来代替外加触发信号，故电容器上的电压信号应该在两个阈值间按指数规律转换。充电回路是由 R_A、R_B（$R_A > R_B$）和 C_2 组成。当输入为低电平，输出为高电平，当电容器充电达到 $\frac{2}{3}U_{CC}$ 时，及输入达到高电平时，电路状态发生翻转，输出为低电平，电容开始放电。而当电容器放电达到 $\frac{1}{3}U_{CC}$ 时，电路状态又开始翻转，如此不断循环。电容器之所以可以放电，是由于有效电端（7 脚）作用，因 7 脚的状态与输出端一致，故 7 脚为低电平时电容放电。其仿真结果如图 6-33 所示。

从图 6-33 可知，多谐振荡器振荡周期 T 包括了 T_1 和 T_2 两部分，且 $T=T_1+T_2$。T_1 对应充电时间，时间常数为

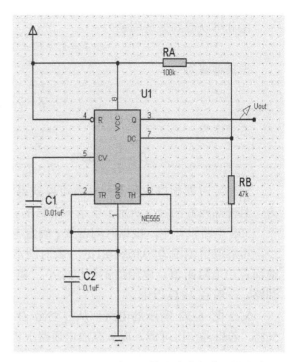

图 6-32　由 555 定时器构成多谐振荡器的电路

$$\tau_1 = (R_A + R_B)C_2$$

初始值为 $U_c = \frac{1}{3}U_{CC}$。当充电结束时，$U_c = \frac{2}{3}U_{CC}$，代入至过渡过程公式，可得

$$T_1 = \ln 2(R_A + R_B)C_2 = 0.7(R_A + R_B)C_2$$

T_2 对应放电时间，时间常数为

$$\tau_2 = R_B C_2$$

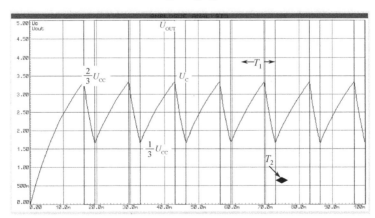

图 6-33　由 555 定时器构成的多谐振荡器的仿真结果

初始值为 $U_c = \frac{2}{3}U_{CC}$。当放电结束时，$U_c = \frac{1}{3}U_{CC}$，代入至过渡过程公式，可得

$$T_2 = \ln 2 R_B C_2 = 0.7 R_B C_2$$

由此可以得到振荡周期为

$$T = T_1 + T_2 = 0.7(R_A + 2R_B)C_2$$

振荡频率为

$$f = \frac{1}{T} = \frac{1.43}{(R_A + 2R_B)C_2}$$

占空比为

$$D = \frac{T_1}{T} \times 100\% = \frac{T_1}{T_1 + T_2} \times 100\% = \frac{R_A + R_B}{R_A + 2R_B} \times 100\%$$

555 定时器配以少量的元件就可以获得较高精度的振荡频率和具有较强的功率输出能力，且外部元件的精度决定了多谐振荡器的性能。

555 电路设计中，根据时间常数 τ 确定电阻和电容值。可以先取电容值，若时间常数较少，电容取值范围为 0.01～0.1μF；若时间常数较大，电容取值范围为 1～10pF。根据公式继而算出电阻阻值，电阻值不可以太小，避免放电管导通时灌入放电管电流太大损坏放电回路，一般在 1kΩ 以上。

对于图 6-32 所示的电路，从占空比 D 的列式可以知道该电路中 $T_1 > T_2$，占空比大于50%。若想占空比可调，应从充放电通路上考虑。

图 6-34 所示是用 555 定时器组成的占空比可调多谐振荡器，在图 6-32 基础上增加了一个电位器和两个三极管 D_1、D_2。二极管用于决定电容充放电电流流经电阻的途径（充电时 D_2 导通，D_1 截止；放电时 D_1 导通，D_2 截止）。

该电路占空比为

$$D = \frac{0.7 R_A C_2}{0.7(R_A + R_B)C_2} \times 100\% = \frac{R_A}{R_A + R_B} \times 100\%$$

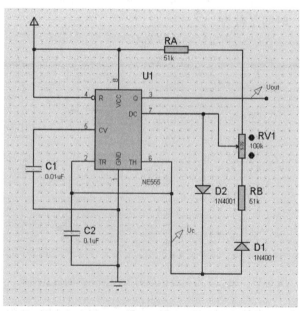

图 6-34　占空比可调多谐振荡器

调节变阻器阻值，可以看到不同的仿真结果，如图 6-35 所示。

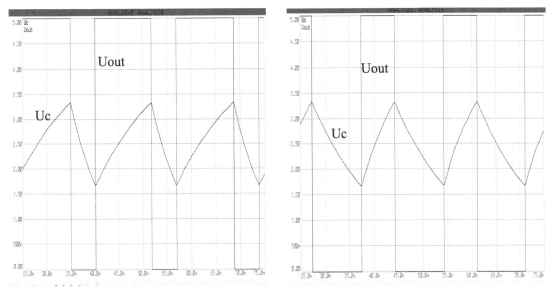

图 6-35　占空比可调多谐振荡器仿真结果

图 6-34 中，多谐振荡器的频率并不可调，想达到调节多谐振荡器频率的效果需要更换电阻或电容。因为多谐振荡器的频率与 R_C 有关，故可从调节电阻上考虑占空比与频率均可调的多谐振荡器电路。

实例 6-3　占空比与频率均可调的多谐振荡器分析

本例中利用 555 定时器及外接电阻、电容等元件，组成一个占空比与频率均可调的多谐振荡器。从中熟悉图表分析与动态分析的结合，以便更深刻地理解 555 定时器。

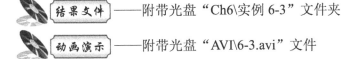

结果文件——附带光盘"Ch6\实例 6-3"文件夹

动画演示——附带光盘"AVI\6-3.avi"文件

（1）启动 Proteus ISIS，在对象选择器中选择元器件表 6-1 所示的元件。

元器件表 6-1　占空比与频率可调电路

名　称	属　性	名　称	属　性
C1	0.01μF	C_2	0.1μF
D_1	1N4001	D_2	1N4001
U1	NE555	R_A/R_1	100 kΩ
RV1	10 kΩ	RV_2	100 kΩ

（2）按照图 6-36 所示的电路图编辑绘制原理图。

（3）该电路的工作原理是，当对电容 C_1 充电时，充电电流通过 R_A、D_2、RV_1 和 RV_2；放电时，放电电流通过 RV_2、RV_1、D_1 和 R_1。当 $R_A=R_2$、RV_1 调至中心点时，因充放电时间基本相等，占空比为 50%。此时调节 RV_2 仅改变频率，占空比不变。若将 RV_1 调至偏离中心点，再调节 RV_2，不仅改变了振荡频率，而且也影响了占空比。若 RV_2 不变，调节 RV_1 仅改变占空比，对频率无影响。实际电路调试中，应首先改变 RV_2 使得频率达到规定值，再调节 RV_1 以获得需要的占空比。

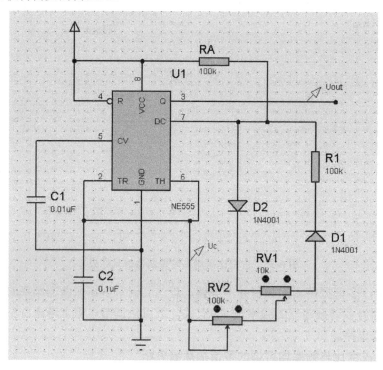

图 6-36　占空比与频率均可调的多谐振荡器

（4）该电路仿真结果如图 6-37、图 6-39 所示。

（5）从仿真结果可以知道，RV_1 不变，改变 RV_2，电路产生的方波占空比不变，频率改变；RV_2 不变，改变 RV_1，电路产生的方波频率不变，占空比改变；改变 RV_1 和 RV_2，频率与占空比都改变。

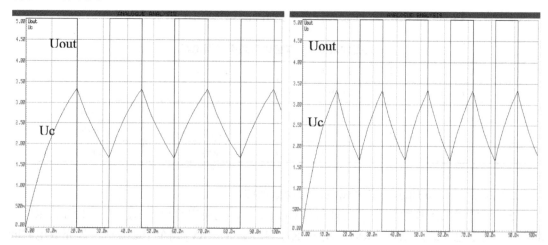

图 6-37　RV_1 不变，改变 RV_2 仿真结果

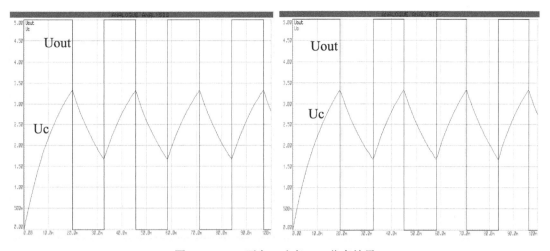

图 6-38   RV$_2$不变，改变 RV$_1$仿真结果

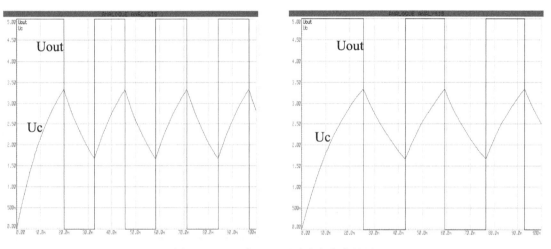

图 6-39   RV$_1$与 RV$_2$同时改变仿真结果

6.2.2   矩形脉冲的整形

1. 施密特触发器整形电路

施密特触发器有两个特点：一是电平触发；二是有两个阈值。故施密特触发器用于波形变换时，可以将三角波、正弦波，以及其他不规则信号变换为矩形脉冲。此外，施密特触发器具有整形与幅度鉴别功能。

图 6-40 所示是由集成门电路构成的施密特触发器。其由与非门器件 74S03 组成基本触发器。与非门 U1 为控制门，二极管起电平偏移作用。设 U1：A、U1：B、U1：C 门槛电压均为 U_{T+}、U_{T-}，U_{T+}=2.5V，U_{T-}=1.8V；二极管导通时压降为 U_D=0.7V。当 $0_-<U_i<U_{T-}$ 时，R=1,S=0，U_o 为高电平，这是第一种稳态；当 $U_{T-}<U_i<U_{T+}$ 时，R=1，S=1，RS 触发器不翻转，U_o 仍为高电平，电路维持在第一种稳态；当 $U_{T+}<U_i$ 时，R=0，S=1，RS 触发器翻转，U_o 为低电平，这是第二种稳态。电路翻转后，U_i 再上升，电路状态不变。U_i 上升到最

大值后下降，当 U_i 下降至 $U_i < U_{T+}$ 时，$R=1$，$S=1$，RS 触发器不翻转，电路保持在第二种稳态。而当 U_i 下降至 $U_i < U_{T-}$ 时，$R=1$，$S=0$，RS 触发器翻转，U_o 为高电平，电路为第一种稳态。施密特触发器的回差电压为

$$\Delta U_T = U_{T+} - U_{T-} = U_D = 0.7V$$

电路仿真的波形如图 6-41 所示。

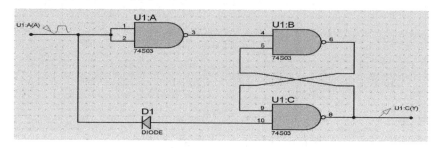

图 6-40　集成门电路构成的施密特触发器

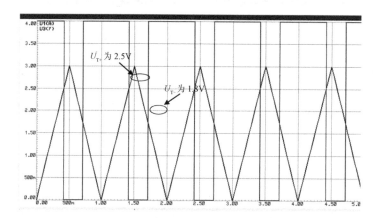

图 6-41　集成门电路构成的施密特触发器仿真结果

除了使用门电路组成施密特触发器外，还可以使用 555 定时器构成施密特触发器。使用 555 定时器构成的施密特触发器如图 6-42 所示。

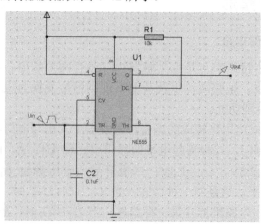

图 6-42　由 555 定时器构成的施密特触发器

视频教学

图 6-42 所示施密特触发器的工作原理和多谐振荡器基本一致，只是多谐振荡器是靠电容器充放电控制电路状态的翻转，而施密特触发器是依靠外加电压信号控制电路状态翻转。故外加信号的高电平必须大于 $\frac{2}{3}U_{cc}$，低电平必须低于 $\frac{1}{3}U_{cc}$，否则电路不可翻转。

施密特触发器主要用于对输入波形进行整形。图 6-43 所示是图 6-42 所示电路将三角波整形为方波，其他形状的输入波形也可以整形为方波。需要注意的是，当输入信号幅度过小，施密特触发器将不能工作。由于施密特触发器外加信号，故放电器 7 脚空出，利用 7 脚加上一个上拉电阻，就可以获得一个与输出端 3 脚一样的输出波形。若上拉电阻接的电源电压不同，7 脚输出的高电平与 3 脚输出的高电平会有所不同。

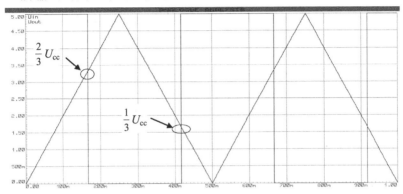

图 6-43　由 555 定时器构成的施密特触发器整形仿真

2．单稳态电路整形

单稳态触发器在数字电路中一般用于定时（产生一定宽度的矩形波）、整形（把不规则波形转换成为宽度、幅度都相等的波形）及延时（把输入信号延迟一定时间后输出）等。

单稳态触发器具有以下特点：

（1）电路有一个稳态和一个暂稳态。

（2）在外来触发脉冲作用下，电路由稳态翻转至暂稳态。

（3）暂稳态不可长久保持，过一段时间后，电路会自动返回至稳态。

（4）暂稳态持续时间与触发脉冲无关，仅决定于电路本身参数。

单稳态触发器可以将不规则的输入信号整形为幅度和宽度都相同的标准矩形脉冲。输出的幅度取决于单稳态电路输出的高、低电平，宽度取决于暂稳态时间。

由 555 定时器构成的单稳态触发器电路如图 6-44 所示。

图 6-44 所示电路的触发信号在 2 脚输入，R 和 C 是外接定时电路，未加入触发信号时，U_{in} 为高电平，故 U_{out} 为低电平。当加入触发信号时，U_{in} 为低电平，U_{out} 变为高电平，7 脚内部的放电管关断，电源经过电阻 R 向电容 C 充电，U_c 按指数规律上升。当 U_c 上升至 $\frac{2}{3}U_{cc}$ 时，相当于输入是高电平，555 定时器的输出 U_{out} 回到低电位。同时，7 脚内部放电管饱和导通时电阻很小，电容 C 经过放电管迅速放电。从加入触发信号开始到电容上的电压充至 $\frac{2}{3}U_{cc}$ 为止，单稳态触发器完成一个工作周期。输出脉冲高电平。输出脉冲高电平的

宽度称为暂稳态时间，用 t_w 表示。

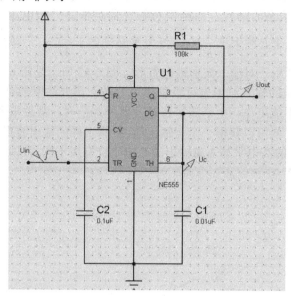

图 6-44　由 555 定时器构成的单稳态触发器电路

单稳态触发器的输出脉冲宽度 t_w 可视为电容 C_1 由 0 充电至 $\dfrac{2}{3} U_{cc}$ 所需时间，代入 RC 过渡过程计算公式，有

$$t_w = RC \ln 3 = 1.1RC$$

图 6-44 所示电路的仿真波形如图 6-45～图 6-47 所示。

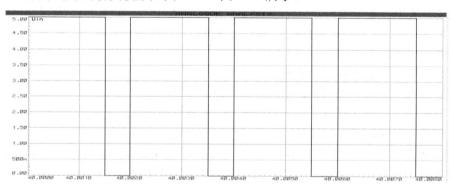

图 6-45　U_{in} 的输入仿真波形

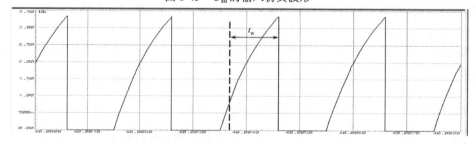

图 6-46　U_c 的输出仿真波形

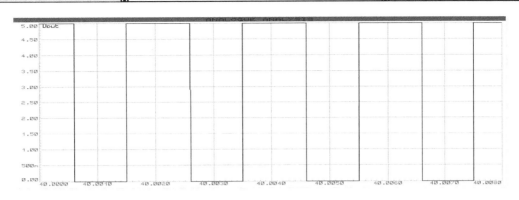

图 6-47　U_{out} 的输出仿真波形

注意　触发输入信号的逻辑电平在无触发时是高电平，必须大于 $\frac{2}{3}U_{cc}$，低电平必须低于 $\frac{1}{3}U_{cc}$，否则触发无效；同时触发信号的低电平宽度要窄，应小于单稳态时间，否则当暂稳态时间结束时，触发信号仍然存在，输出与输入反相，此时单稳态触发器成为一个反相器。

6.3　电容测量仪

通常利用多谐振荡器产生脉冲宽度与电容值成正比信号，通过低通滤波后测量输出电压实现；也可以利用单稳态触发装置产生与电容值成正比的门脉冲控制通过计数器的标准计数脉冲的通断，即直接根据充放电时间判断电容值。

6.3.1　电容测量仪设计原理

电容测量仪是利用电容的充放电特性，通过测量与被测电容相关的充放电时间确定电容值。因为电路时间常数为 $\tau = RC$，一般情况下，设计电路使得 $T = A \times RC$（T 为振荡周期或触发时间，A 为电路常数），应用 555 定时器组成的单稳态触发器，在秒脉冲的作用下产生触发脉冲控制门电路实现计数，确定脉冲时间，然后使得计数值与被测电容相对应。电容测量仪原理框图如图 6-48 所示。

6.3.2　电容测量仪电路设计

以下将把电容测量仪分为几个电路部分进行设计，最后将其组合。

1. 秒脉冲发生电路

秒脉冲发生器用以产生周期性的脉冲信号，使得电路完成重复触发、锁存、清零、计数及稳定显示的功能。该电路是由 555 定时器及相关电阻、电容组成的多谐振荡电路，如图 6-49 所示。

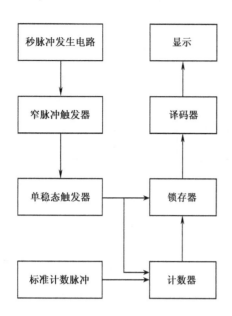

图 6-48　电容测量仪原理框图

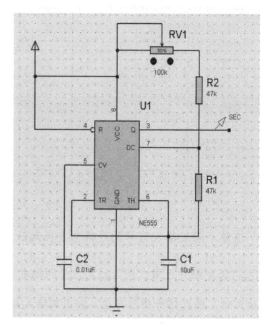

图 6-49　秒脉冲发生器

该振荡器充放电周期为

$$T_P = 0.7(R_2 + 2R_1 + RV_1)C_1$$

调节 RV_1 使得输出信号周期为 1s。

2. 窄脉冲发生器及单稳态触发器

由被测电容组成的单稳态触发器触发信号是窄脉冲。窄脉冲发生装置是使触发脉冲的宽度 T_z 足够小，避免影响单稳态触发器输出电平宽度 T_w。若 $T_z > T_w$，即被测电容过小，使得 555 定时器工作在不定区，将会出现测量错误。窄脉冲发生器电路和测量主电路如图 6-50 所示。

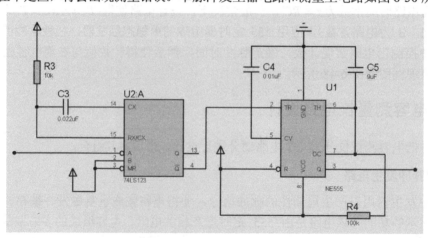

图 6-50　窄脉冲发生器电路和测量主电路

由 74LS123 组成的窄脉冲发生器电路在秒脉冲触发下产生周期性窄脉冲，其宽度为

$$T_z \approx 0.45 R_3 C_3$$

视频教学

由被测电容组成 555 单稳态触发器，窄脉冲触发其产生脉宽为 T_z 的触发门控脉冲，脉宽度为

$$T_X \approx 1.1 R_4 C_5$$

注意　必须使得门控脉冲小于秒脉冲而大于计数脉冲，即 $T_P > T_X > T_S$。

3．计数脉冲发生器

计数脉冲是为量化被测脉宽（即电容量值）而进行计数的脉冲。计数脉冲由门控脉冲控制，因为其为最小的计数单位，故关系到计数精度。该电路如图 6-51 所示。

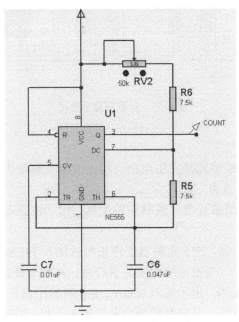

图 6-51　计数脉冲发生电路

该电路产生的信号周期为

$$T_S = 0.7(R_6 + 2R_5 + RV_2)C_6$$

4．计数和显示电路

计数和显示电路（见图 6-52）由计数器 74LS90、锁存器 74LS175 及译码器 74LS47 组成。计数脉冲从个位计数器 CLK0 端引入，通过计数器串联进行十进制计数。74LS90 为二—五—十进制计数器。将 Q0 端与 CLK1 端连接即组成十进制计数器，将使能端 MS1 接地，则从 MR1、MR2 端可控制计数器进行计数清零工作。当 MR1、MR2 中至少有一个为低电平时，计数器进行计数，否则处于清零状态，故可利用触发脉冲控制计数器在触发脉冲宽度内进行计数。

锁存器 74LS175 在上升沿进行锁存，由触发脉冲进行控制，在计数器完成一次计数后进行锁存，以使得数码管稳定显示。译码器将锁存器输出端进行 BCD-7 段数码管转换。74LS47 为集电极开路输出，可直接驱动共阳极数码管工作，正确连接其动态灭零输入/输出端可有效控制数码管显示位。

视频教学

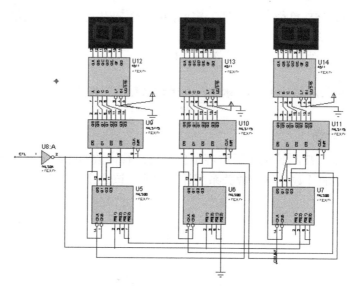

图 6-52　计数和显示电路

5．电路组合

（1）用 555 定时器组成秒脉冲发生电路，用示波器观察输出信号频率，同时调节电位器使得 T_P=1s，观察波形是否为方波。

（2）使用 555 定时器组成标准计数脉冲发生器，用示波器观察输出信号，调节电位器使得产生脉冲为 1kHz。

（3）连接窄脉冲发生电路，555 定时器工作正常后接入 74LS123，输入端接标准计数脉冲，用示波器观察输出信号，观察电平宽度是否合适，相比于计数脉冲周期，约为 1/10 或者更大些，接入单稳态触发器，用示波器观察 C_x 变化时输出电平变化情况。

（4）连接计数和显示电路，且将各模块电路连接在一起，观察电路工作情况。

效果如图 6-53 所示。

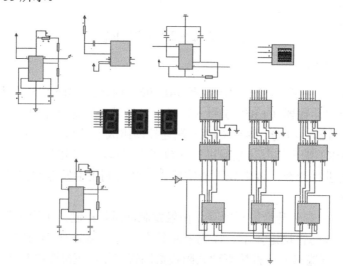

图 6-53　电容测量仪工作仿真

6.4　多路电子抢答器

电子抢答器是竞赛问答中的必备装置，电子判别比人工更为及时准确。电子抢答器一般采用数字电路形式，可用组合逻辑电路或中规模集成电路组成。

6.4.1　简单 8 路电子抢答器

图 6-54 所示为由 LED 指示的 8 路电子抢答器。

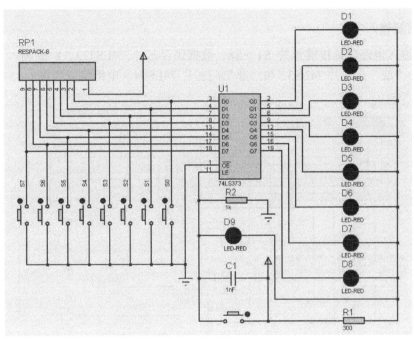

图 6-54　由 LED 指示的 8 路电子抢答器

图 6-54 所示 8 路电子抢答器的核心是一片 74LS373 芯片，74LS373 内含带三态输出的 D 锁存器，每个锁存器有一个数据输入端（D）和数据输出端（Q）；锁存器允许控制（LE）和输出允许控制（$\overline{OE}$）为 8 个锁存器公用。当 $\overline{OE}$ 为高电平时，所有输出为高阻状态；当 LE 为高电平时，Q 将随着 D 变化；当 LE 为低电平时，Q 锁存 D 的输入电平。其余器件有电阻、电容、LED 发光二极管和按键开关。

该电路工作原理是：当开关 S0～S7 及 S8 都不按下时，D0～D7 均为高电位，由于 $\overline{OE}$ 接地，锁存器允许控制 LE 为高电平，输出 Q0～Q7 随着 D0～D7 变化，均为高电平，8 个 LED 指示灯均不亮；当开关 S1～S8 有一个开关 S_i 按下时，输入通道中则有一路 D_i 接地为低电平，对应的 Q_i 也为低电平，对应的 LED 指示灯 L_i 发光，由此而引起的 74LS373 芯片的 LE 电位降低，输出被锁存（Q 不会随着 D 再发生变化）；只有当 S9 键按下时，LE 恢复高电平，输出 Q0～Q7 随着 D0～D7 输入变化（S0～S7 均不闭合），即全为高电平，LED 指示灯熄灭，恢复至电路初始状态。

此处的电路使用了 10kΩ 的排阻 RP_1，$R_1=300\Omega$，$R_2=1k\Omega$，$C_1=0.01\eta F$。

电子抢答器的工作过程是：当比赛开始时，8 个选手快速抢答，谁按得最快，谁的 LED 指示灯亮，同时将锁存允许控制端 LE（11 脚）变为低电平，封锁其他选手（按键后，信号不可输出）的按键信号。由于电子判别的速度远高于机械速度，即使看似同时按下开关，也可以灵敏准确地判别获胜选手。主持人按下 S9 复位开关后，继续进行下一轮。

6.4.2　8 路带数字显示电子抢答器

带数字显示的电子抢答器可以直接用数码管显示出第一个按键人的号码，做到直观准确的效果。

1．抢答器输入电路

抢答器输入电路包括按键开关 S1～S8、数据锁存芯片 74LS373、8 路输入"与非"门芯片 74LS30 "或"门芯片 74LS32 和"非"门芯片 74LS04。电路组成如图 6-55 所示。

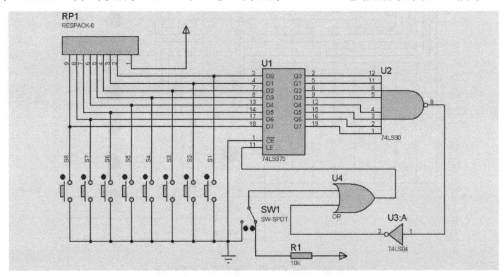

图 6-55　带数字显示抢答器输入电路

电路工作过程是：主持人开关接高电位时（清零），经过"或"门 74LS32 使 74LS373 的 LE 为高电平，74LS373 输出不锁定；开关 S1～S8 键没有按下时，74LS373 的输入均为高电平，并反映到 74LS373 相应的输出端，此时 8 输入"与非"门 74LS30 的输出为低电平，经过"非"门 74LS04 后变为高电平，接 74LS32。开始时主持人将开关接地。由于"或"门 74LS32 的另一个输入端仍为高电平，故 74LS373 的 LE 保持高电平，选手按下抢答开关；当 8 个按键开关中有一个开关 Si 被按下时，对应的 Di 端为低电平，Qi 端也为低电平，74LS30 的输出为高电平，经过 74LS04 的反相，使得 74LS32 的输出为低，控制端 LE 为低电平，74LS373 执行锁存功能；此时若再有键按下，锁存器的输出也不会发生变化，确保不会出现二次按键时的输入信号，保证了抢答者的优先性。若有再次抢答，需要由主持人将总开关接至高电平（清零），开始抢答时，将总开关接地，选手可以进行下一轮的抢答。此外，74LS30 的输出还要接上 74LS47 的数码管熄灭控制端 BI。当开关 S1～S8 没有按下时，74LS30 的输出为低，数码管没有输出。

视频教学

2. 编码电路、译码和显示电路

编码电路、译码和显示电路包括 8 线—3 线八进制优先编码器芯片 74LS148、4 位二进制全加器 74LS83、4 线—7 段译码/驱动器芯片 74LS48 和 7 段共阳极数码管。

编码电路、译码电路和显示电路如图 6-56 所示。

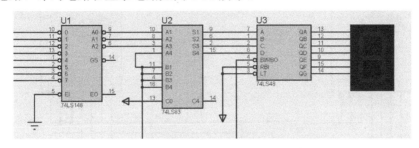

图 6-56　编码电路、译码电路和显示电路

锁存器输出的低电平首先送优先编码器芯片 74LS148 进行编码，二进制数的编码送 4 线—7 段译码/驱动芯片 74LS48，最后送到共阳极 7 段数码管显示。由于选手的编号为 1～8，数码管显示的数字是 0～7，为解决按键号码与显示一致的问题，在编码器和译码器之间加了一个 4 位全加器 74LS83。由图 6-56 可以看出，B1～B4、A4 接地；C_0 接 VCC，所以 A1～A3 实现加 1 功能。

当选手没有按键时，74LS30 的输出为低电平，使得 74LS48 的 4 脚为低电平，因此，数码管不显示；当有选手按键，74LS30 的输出变为高电平，使得 74LS48 的 4 脚也为高电平，数码管显示对应的数值。另外，74LS30 的输出信号还可以控制发声电路，提示主持人注意。

3. 可预置时间倒计时电路

抢答环节中，有规定时间的题目，在主持人宣布开始抢答时，若长时间没有选手回答提问，则需要自动停止本轮抢答，而且主持人可以根据问题的难易程度设定时间长短。可预置时间的倒计时电路如图 6-57 和图 6-58 所示。

可预置时间的定时电路由 NE555 定时器、十进制计数芯片 74LS192、译码芯片 74LS48 和共阳极数码管等组成。设定一次抢答时间一般是十几秒到几十秒，所以定时器采用两位显示就可以了；电路的倒计时功能，是将十进制同步加/减计数器芯片设置为减 1 计数形式；用 NE555 定时芯片产生秒脉冲信号，并且通过与门电路，给 74LS192 提供脉冲信号。让秒脉冲信号通过一个与门电路，目的是用开始信号或时间到信号控制计数脉冲的通行。

该电路的工作过程是：首先要设置倒计时时间，抢答开始时，开关 S 接地（开始信号），将 74LS192 置数端的值装入；倒计时不到 0 时，74LS192 的 13 脚输出高电平（时间到信号），它与"开始信号"共同打开与门，使得秒脉冲信号通过；74LS192 减 1 计数，当倒计时为 0 时，74LS192 的 13 脚输出低电平，该信号封闭秒脉冲信号的通过。

可预置时间的定时电路与抢答电路系统连接时，除了"开始信号"、"时间到信号"外，还要考虑任意一个选手按键后也需对秒脉冲信号进行控制。

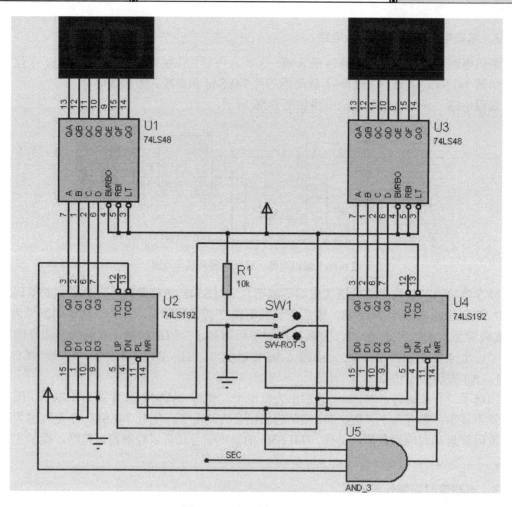

图 6-57　预置时间部分电路

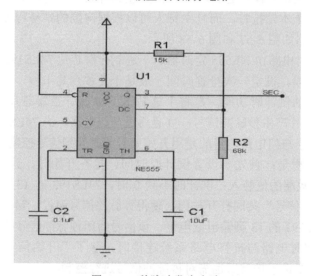

图 6-58　秒脉冲发生电路

4．发声电路

由 NE555 定时器构成的报警电路如图 6-59 所示。其中 NE555 构成了多谐振荡器，振荡频率为

$$f = 1.43/\left[(R_2 + 2R_3)C_2\right]$$

输出信号可以直接接蜂鸣器。

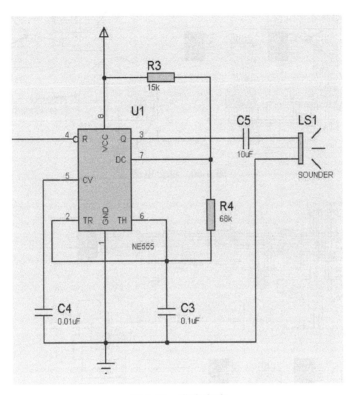

图 6-59　发声电路

5．电路组合

将以上几部分电路加以组合便成为综合电路，综合电路包括了抢答输入电路，编码、译码和显示电路，可预置时间定时电路及发声电路等，如图 6-60 所示。

仿真时，将主持人开关接地，开始抢答，然后判别哪位选手首先按下取得回答权，同时在主持人控制下按下可预置数计时电路开关进行计时时，抢答成功与计时完毕均会发出蜂鸣声，再由主持人将开关打至高电平重新启动下一轮抢答。仿真效果如图 6-61 所示。

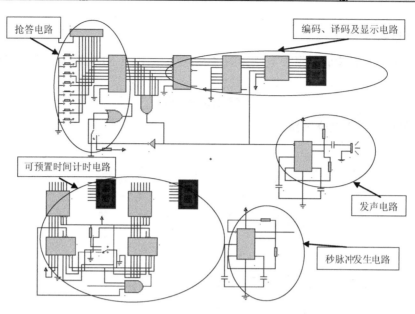

图 6-60 综合电路

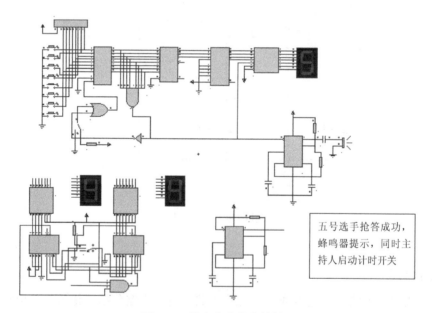

图 6-61 综合电路仿真效果

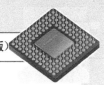
Proteus 电子电路设计及仿真（第2版）

第 7 章 单片机仿真

　　本章主要介绍 Proteus 单片机仿真部分，采用市面上常用的 AVR 单片机为例，针对单片机各功能并联合 Proteus 仿真调试展开，内容涉及 Proteus 与单片机联调、WinAVR 编译器使用、ATmega16 单片机介绍、单片机功能使用，以及仿真例子、综合仿真等。

 本章内容

- Proteus 与单片机仿真
- ATmega16 单片机概述
- ATmega16 单片机中断处理
- ATmega16 单片机通用串行输入接口 UART
- ATmega16 单片机同步串行接口 SPI

- WinAVR 编译器
- ATmega16 单片机 I/O 端口操作
- ATmega16 单片机 ADC 模拟输入接口
- ATmega16 单片机定时器/计数器
- ATmega16 单片机两线串行接口 TWI

 本章案例

- 使用 Proteus 仿真键盘控 LED
- 使用 Proteus 仿真中断唤醒的键盘
- 使用 Proteus 仿真简易电量计
- 使用 Proteus 仿真以查询方式与虚拟终端及单片机之间互相通信
- 使用 Proteus 仿真利用标准 I/O 流与虚拟终端通信调试
- 使用 Proteus 仿真 T/C0 定时闪烁 LED 灯
- 使用 Proteus 仿真 T/C2 产生信号 T/C1 进行捕获
- 使用 Proteus 仿真 T/C1 产生 PWM 信号控电机
- 使用 Proteus 仿真看门狗定时器
- 使用 Proteus 仿真端口扩展
- 使用 Proteus 仿真双芯片 TWI 通信
- 使用 Proteus 仿真 DS18B20 测温计
- 使用 Proteus 仿真电子万年历
- 使用 Proteus 仿真 DS1302 实时时钟

视频教学

7.1 Proteus 与单片机仿真

7.1.1 创建源代码文件

（1）在单片机电路原理图绘制完毕后，单击源代码编辑器模块▤，执行 Source（源代码）→Create Project（新建工程）命令，Proteus 8 自动生成源代码工程，并弹出 New Firmware Project（新建固件工程）对话框，如图 7-1 所示。

（2）Proteus 8 自动将原理图中的单片机系列和型号选择完毕。在所示对话框中单击 Compiler（编译器）列表，将出现系统已定义的编译器，如图 7-2 所示，可为源文件选择编译器，此处选择 Proteus 8 自带的 AVRASM 编译器。

图 7-1　New Firmware Project 对话框　　　　图 7-2　代码生成工具的选择

（3）勾选 Create Quick Start Files（新建快速开始文件）复选框，单击"确定"按钮，再保存，一个源代码工程即新建成功。工程新建成功后，在 Proteus 的工程文件所在文件夹内生成一个命名为 ATmega16 的文件夹，ATmega16 文件夹下还有一个命名为 main.c 的 C 文件。图 7-3 所示为编译后生成的所有文件，包括.hex，它们包含在 Debug 文件夹内，使得源代码工程文件与 Proteus 工程文件的区分十分清楚，管理起来十分方便。

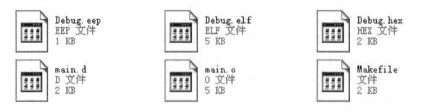

图 7-3　Debug 文件夹内的所有文件

在源代码编辑器中，不经任何设置就可以编辑源代码。不同的编辑器源代码的颜色标记不完全相同，读者可以单击 Config（设置）→Editor Configuration（编辑设置）命令根据自己的喜好进行设置，如图 7-4 所示。

视频教学

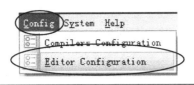

图 7-4　编辑器源代码颜色设置

注意　为避免上述麻烦的过程，新建含有单片机的工程也可以直接按照实例 1-1，选择 Create Firmware Project（新建固件工程）单选按钮，系统即会自动新建一个带有所选单片机的工程，并打开所选的源代码编辑器。

7.1.2　编辑源代码程序

（1）在原理图编辑窗口单击源代码编辑器模块 ，即可进行源代码编辑，如图 7-5 和图 7-6 所示。

图 7-5　打开源文件编辑窗口

UNTITLED - Proteus 8 Professional (BETA) - Source Code
工程管理窗口
源代码编辑窗口
VSM 输出窗口

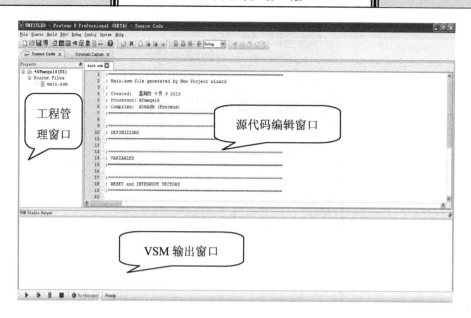

图 7-6　源文件编辑窗口

（2）当程序编辑结束后，执行 File（文件）→Save（保存）命令，保存源文件。

7.1.3　生成目标代码

在源代码编辑器中，按下 F12 键执行程序，或者按下 Ctrl+F12 键开始调试。同时，ISIS 将会调用编译器编译源代码文件为目标代码，并进行连接。

执行 Source（源代码）→Build All（编译全部）命令后，ISIS 将会运行相应的编译器，对所有源文件进行编译、连接，生成目标代码，同时弹出 VSM Studio Output（VSM 工作室输出），告知编译、连接的信息，如图 7-7 所示。

VSM Studio Output
ATmega16 memory use summary [bytes]:
Segment Begin End Code Data Used Size Use%
[.cseg] 0x000000 0x000004 4 0 4 16384 0.0%
[.dseg] 0x000060 0x000060 0 0 0 1024 0.0%
[.eseg] 0x000000 0x000000 0 0 0 512 0.0%
Assembly complete, 0 errors. 0 warnings
Compiled successfully.

图 7-7　BUILD LOG 日志输出窗口

7.1.4　使用第三方 IDE

大多数专业编译器与汇编程序都有完整的开发环境或者 IDE。例如，有 IAR's Embedded Workbench、Keil's uVision 5、Microchip's MPLAB 和 Atmel's AVR studio。如果用户使用上述的任意一种工具开发源代码，可以很容易地在 IDE 中进行编辑，生成可执行文件（如 HEX 或者 COD 文件）后直接进行仿真。

图 7-8 中使用了 WinAVR 开发环境编辑 AVR 单片机 C 语言程序，并且生成了后缀名

为.hex 的文件。图 7-9 所示为加载至原理图的单片机中，为下一步进行的调试与仿真做准备。

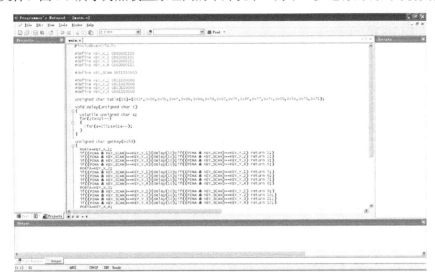

图 7-8　使用 WinAVR 编辑 C 语言程序

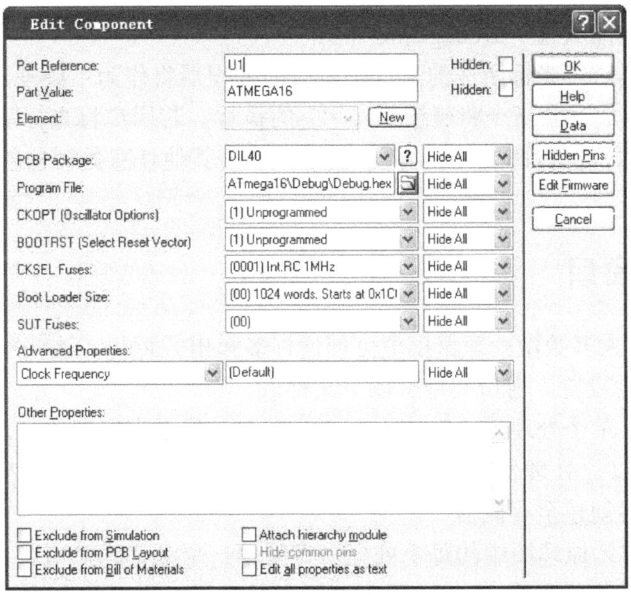

图 7-9　后缀名为.hex 的文件加载至 Proteus 中进行调试与仿真

7.1.5　单步调试

Proteus 支持源代码调试。对于系统支持的汇编程序或者编译器，Proteus VSM 为设计项目中的每一个源代码文件创建了一个源代码窗口，并且这些代码将会在 Debug 菜单中显示。在进行代码调试时，需要在微处理器属性编辑中的 Program File 项配置目标代码文件名。因为设计中可能有多个处理器，ISIS 不可以自动获取目标代码。

单击仿真控制面板中的按钮 ▷ 以进入单步调试。系统为单步执行提供了许多选项，源

视频教学

文件窗口和调试窗口中的工具栏都可以使用。

7.1.6　断点调试

断点对发现涉及的软件或软件/硬件交互中所存在的问题非常有用。通常，用户可在存在问题的子程序的起始点设置断点，然后开始运行仿真。断点处仿真会暂停，然后用户可以单步执行程序代码，以观测寄存器的值、存储单元及电路中其他部分的状况。若源代码发生改变，Proteus VSM 将根据文件中子程序的地址、目标代码字节的模式匹配重新定位断点。显然，若用户从根本上修改了代码，则断点的重新定位将不再具有原来的意义，但其不会影响程序的执行。

注意　开启显示引脚逻辑状态对电路调试有所帮助，当源代码窗口被激活时，当前行断点的设置或取消可通过按 F9 键实现。用户只可以在有目标代码的源代码行设置一个断点。

7.1.7　Multi-CPU 调试

Proteus VSM 可仿真 Multi-CPU 的设计项目。CPU 会将生成的包括源代码窗口、变量窗口的弹出式窗口全部放置于 Debug 菜单中。

当单步执行代码时，光标所在的源代码窗口的处理器将作为主处理器，其他 CPU 将自由运行，主 CPU 完成一条指令将延缓从 CPU 的执行。若用户将光标从源代码窗口退出，则最后光标所在的源代码窗口处理器为主 CPU，单击其他任意处理器的源代码窗口，将改变主 CPU。

7.1.8　弹出式窗口

Proteus VSM 中大多数微处理器模型可创建许多弹出式窗口。这些窗口的显示或隐藏可通过 Debug 菜单进行设置。窗口类型有以下几种。

（1）状态窗口：单个处理器通常使用一个状态窗口显示寄存器的值。

（2）储存器窗口：处理器的每个存储空间都将创建一个存储器窗口。存储器件，如 RAM 和 ROM，也将创建至存储窗口。

（3）源代码窗口：原理图中的每个处理器将创建一个源代码窗口。

（4）变量窗口：若程序的 loader 程序支持变量显示，原理图中的每个处理器将创建一个变量窗口。

1.　显示弹出式窗口

弹出式窗口的操作如下：

（1）按下组合键 Ctrl+F12 进入调试模式，或者在运行的系统中按下暂停按钮，使得仿真暂停。

（2）在面板上选择 Debug 菜单或者按下组合键 Alt+D，如图 7-10 所示。

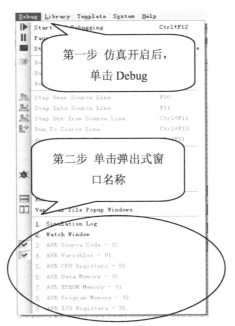

图 7-10　Debug 菜单

（3）选择菜单中需要显示的窗口序列号，即可以显示对应的窗口。此处选择 Simulation Log，如果源代码编辑器开启，则在源代码编辑器中出现如图 7-11（a）所示的选项卡；否则，出现如图 7-11（b）所示的 Simulation Log 窗口。

（a）

（b）

图 7-11　Simulation Log 窗口

注意

① 调试窗口以选项卡的形式出现在源代码编辑器中时，可以通过双击或者单击右上角的还原按钮使其以窗口的形式出现。窗口只可以在仿真运行时显示，仿真暂停期间（手动使得系统暂停或由于程序执行遇到断点），窗口将会自动隐藏。仿真运行期间，窗口将重新

显示。

② 所有的调试窗口都有右键菜单，用户可以设置窗口外观及窗口内数据的显示格式。

③ 调试窗口会伴随工程文件的打开自动开启。

2. 源代码窗口

单击图 7-10 中的 AVR Source Code-U1 项，即可弹出源代码窗口，它同时也是源代码编辑窗口，如图 7-12 所示。

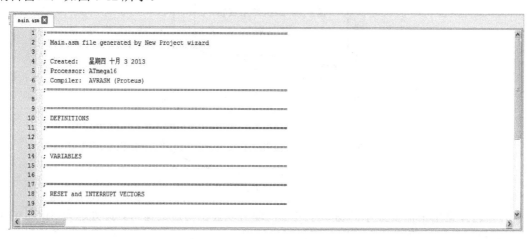

图 7-12　源代码窗口

源代码窗口具有以下特性：

（1）源代码窗口为组合框，允许用户选择组成项目的其他源代码文件。同时可以采用 Ctrl+1、Ctrl+2、Ctrl+3 等快捷键切换源代码文件。

（2）底纹标注的行代表当前命令行，按 F9 键可以设置断点；按 F10 键，程序将会单步执行，Proteus 中将会以蓝色条标注。

（3）箭头表示处理器程序计数器的当前位置，Proteus 中以红色箭头标注。

（4）圆圈标注的行说明系统在这里设置了断点，Proteus 中以红色圆圈标注。

Debug 菜单下提供了以下命令按钮：

（1）：执行下一条指令。在执行到子程序调用语句时，整个子程序将被执行。

（2）：执行下一条源代码指令。若源代码窗口未被激活，系统将会执行一条机器代码指令。

（3）：系统一直执行直到当前子程序返回。

（4）：系统一直执行直到程序到达当前行。该选项只在源代码窗口被激活的情况下可用。

在源代码窗口单击右键，将会出现如图 7-13 所示的快捷菜单。快捷菜单提供了许多功能选项：Goto Line（转到行）、Goto Address（转到地址）、Find（查找）、Find Again（再次查找）、Toggle（Set/Clear）Breakpoint［切换（设置/清除）断点］、Enable All Breakpoints（使能所有断点）、Disable All Breakpoints（禁止所有断点）、Clear All Breakpoints（清除所有断点）、Fix-up Breakpoints on Load（加载时恢复断点）、Display Line Numbers（显示行

号）、Display Addresses（显示地址）、Display Opcodes（显示操作码）、Set Font（设置字体）、Set Colours（设置颜色）等。

当调试高级语言时，用户也可以在显示源代码行和显示系统可执行实际机器代码的列表间切换。机器代码的显示或隐藏可通过组合键 Ctrl+D 进行设置。

图 7-13　源代码窗口快捷菜单

3. 变量窗口

Proteus VSM 提供的多数 Loaders 可提取程序变量的位置，同时可以显示变量窗口。单击 AVR Variables-U1 即可弹出变量窗口，如图 7-14 所示。

AVR Variables - U1		
Name	Address	Value
⊞ c	0000036A	byte[46]
⊞ c	0000034C	byte[30]
⊞ c	00000348	byte[4]
⊞ c	00000346	byte[2]
⊞ c	00000321	byte[37]
⊞ c	000002FC	byte[37]
⊞ c	000002D2	byte[42]
⊞ c	000002BE	byte[20]
⊞ c	000002AF	byte[15]
⊞ c	0000028D	byte[34]
⊞ c	00000289	byte[4]
⊞ c	00000287	byte[2]
⊞ gSenso...	000000AF	byte[5][8]
OW_PIN...	000000D9	'@'
⊞ OW_IN	000000DA	0x0030
⊞ OW_OUT	000000D7	0x0032
⊞ OW_DDR	000000DC	0x0031
⊞ UART_T...	0000006A	byte[32]
⊞ UART_R...	0000008A	byte[32]
UART_T...	000000AA	0x19
UART_T...	000000AB	0x19
UART_R...	000000AC	'\0'

图 7-14　变量窗口

注意

① 单步执行时，值发生改变的变量会高亮显示。

② 变量的显示格式可以通过在其上右击后弹出的快捷菜单进行调整。

③ 程序运行期间，变量窗口会被隐藏，但用户可以拖动变量至观察窗口。在观察窗口中变量保持可见。

4．观察窗口

单击图 7-10 所示 Debug 菜单中的 Watch Window 选项，即可弹出观察窗口，如图 7-15 所示。

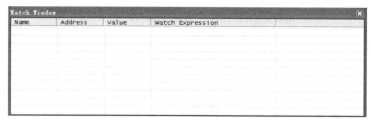

图 7-15　观察窗口

处理器变量、存储器和寄存器窗口只在仿真暂停时显示，而观察窗口则可实时更新显示值。

以下是添加项目至观察窗口中的过程：

（1）按下快捷键 Ctrl+F12 开始调试，或者系统处于运行状态时按下暂停键暂停仿真。

（2）单击 Debug 菜单中的窗口序号，显示包括期望查看的项目存储器窗口、Watch Window 窗口。

（3）使用鼠标左键标记或选定存储单元，选定的单元以反色标识，如图 7-16 所示。

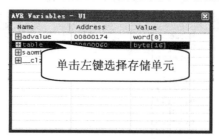

图 7-16　选定存储单元操作

（4）从存储器窗口拖动所选择的项目至观察窗口，如图 7-17 所示。

Name	Address	Value	Watch Expression
⊞ c	000002D2	byte[42]	
⊟ C	000002AF	byte[15]	
— c[0]	0×024F	'\0'	
— c[1]	0×0250	'\0'	
— c[2]	0×0251	'\0'	
— c[3]	0×0252	'\0'	
— c[4]	0×0253	'\0'	
— c[5]	0×0254	'\0'	
— c[6]	0×0255	'\0'	
— c[7]	0×0256	'\0'	
— c[8]	0×0257	'\0'	

图 7-17　添加项目的观察窗口

视频教学

用户可以在观察窗口中右击，在弹出的快捷菜单中有 Add Item by Name（按名称添加项目）、Add Item by Address（按地址添加项目）等命令可以添加项目至观察窗口。例如，选择 Add Item by Name（按名称添加项目）命令，将出现图 7-18 所示的对话框，可以在 Memory（存储器）列表框中选择存储器，再选择 Watchable Items（列表）中的项目，此处选择 ACSR 与 ADCH。双击 ACSR 与 ADCH，即可将它们加至 Watch Window 窗口，如图 7-19 所示。

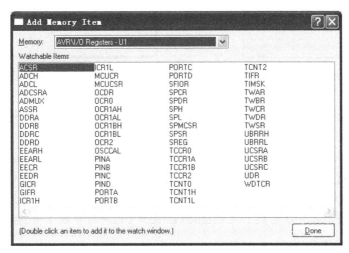

图 7-18　按名称添加项目对话框

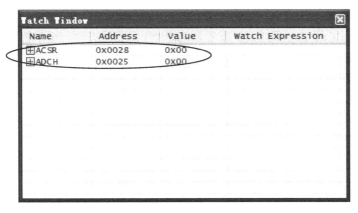

图 7-19　添加 ACSR 和 ADCH 后的观察窗口

若使用 Add Item by AddressR（按地址添加项目）命令添加项目至观察窗口，则将会出现图 7-20 所示的对话框。在 Name（名称）文本框中加入名称，在 Address（地址）文本框中输入地址，即可将项目添加至观察窗口。此处选择 Name（名称）为 r1，Address（地址）为 0x01，如图 7-21 所示。

图 7-20　按地址添加项目对话框

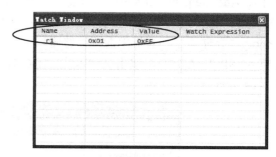

图 7-21　添加 0x01 后的观察窗口

注意　按地址添加存储器对话框中有两个选项组：Data Type（数据类型）和 Display Format（显示格式）。数据类型可以选择 ASCIIZ String（ASCIIZ 字符串）、Byte（字节）、Word（字）、Double Word（双字）、Quad Word（四字）、IEEE Float（IEEE 浮点）、IEEE Double（IEEE 双精度）、Hitech Float（Hitech 浮点）及 Microchip Float（Microchip 浮点）等，显示格式可以选择 Binary（二进制数）、Octal（八进制数）、Hexadecimal（十六进制数）、Signed Integer（有符号整数）、Unsigned Integer（无符号整数）等。

当项目的值出现特殊情形时，Watch Window 可以进行延缓仿真，当特定项目发生改变时，观察窗口会延缓仿真。

以下是指定观察点情形：

（1）按下组合键 Ctrl+F12 开始调试或者系统正处于运行状态时，按下暂停按钮暂停仿真。

（2）单击 Debug 菜单中的窗口序号，显示观察窗口。

（3）添加需要观察的点，选择观察点，选择快捷菜单中的 Watchpoint Condition（观察点）命令，将会出现图 7-22 所示的观察点设置窗口。

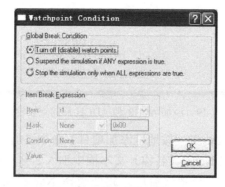

图 7-22　观察点设置窗口

（4）指定 Global Break Condition（全局断点条件）。此设置确定了任意项目表达式为真或所有表达式为真时系统是否延缓仿真，分别有 Turn off（disable）watch points（关闭监视断点）、Suspend the simulation if ANY expression is true（任何表达式成立时终止仿真）、Stop the simulation only when ALL expression are true（全部表达式成立时终止仿真）。

（5）指定一个或多个项目断点表达式。其中 Item Break Expression 是由 Item（项目名称）、Mask（屏蔽方式）、Condition（条件）和 Value（值）组成的。

（6）设置完成后单击 OK 按钮即可完成设置，如图 7-23 所示。

图 7-23　根据图 7-22 设置观察点情形后的观察窗口

7.2　WinAVR 编译器

UNIX 中最原始的 C 编译器叫 CC（C Compiler，C 编译器），源于此，GNU 的 C 编译器称为 GCC（GNU C Compiler）。然而随着 GCC 支持语言的增加，GCC 演变成为一个开放源代码的产品软件。GCC 可以编译多种语言，目前支持的语言有 C、C++、Objective-C、Fortran、Java 和 Ada。这些高级语言可以通过编译程序 front-end（前端）后产生解析树，然后与器件相关的 back-end（后端）程序将它们解析成为实际的可执行指令集。前端与后端是完全分开的，解析树是中间产物。GCC 的设计使得任何一种语言只要通过合适的语法解析器即可产生符合格式的解析树，从而产生 GCC 后端程序支持的所有器件上的可执行指令集。同样，任何一种器件只要将树结构翻译成为汇编语言，即可使用 GCC 前端支持的所有语言。AVR 得到了 GCC 的支持，AVR 单片机也是目前为止 GCC 所支持的唯一一种 8 位处理器。可以在 Windows 平台上安装程序包 WinAVR 来使用 GCC 的 AVR C/C++编译程序。

7.2.1　WinAVR 编译器简介

WinAVR 是一组开放源代码的程序集，用于 ATMEL 公司 AVR 系列单片机的开发。主要包括：

（1）GNU 程序包 Binutils。GNU Binutils 非常庞大，WinAVR 仅包括与 AVR 相关的部分，有 AVR 汇编器、连接器及与机器指令相关的一些工具。

（2）GCC。GCC 是 C 和 C++编译器，是 GNU 项目中的一部分。

（3）AVR-LIBC。AVR-LIBC 是 AVR 单片机 C 语言运行时库，为应用程序提供了标准的 C 语言函数及 AVR 器件专用的非标准库函数。

此外，WinAVR 还包含了软件调试器 GDB、Avrdude 或 Uisp（器件编程软件）、Srecord（文件格式转换工具）和 Programmers Notepad（文本编辑器）等多个有用工具。WinAVR 项目的 Web 地址是 http://sourceforge.net/projects/winavr，在这里可以下载最新的版本。

WinAVR 包含的程序包均属于 Linux 平台应用程序，因为 Cygwin 的模拟 Linux 软件的支持，GNU 软件可以在 Windows 环境下运行。Cygwin 是一个可安装在 Windows 上的 Linux 环境，是由一个动态链接库 cygwin1.dll 和一些模拟 Linux 命令的工具组成的。

7.2.2　安装 WinAVR 编译器

可以下载 WinAVR 在 Windows 下已经编译好的版本，它是一个以.exe 为扩展名的安装文件，安装方法与安装 Windows 应用程序类似。

（1）单击安装图标📀。

（2）进入安装语言选择界面，如图 7-24 所示。

（3）选择 English，单击 OK 按钮继续，进入如图 7-25 所示的 WinAVR 安装界面一。

图 7-24　WinAVR 安装语言选择界面

图 7-25　WinAVR 安装界面一

单击 Next（下一步）按钮继续，进入如图 7-26 所示的 WinAVR 安装界面二。

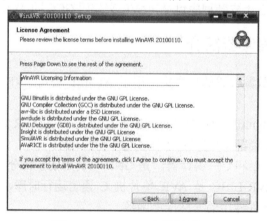

图 7-26　WinAVR 安装界面二

图 7-26 所示是许可协议的签署，单击 I Agree（我接受）按钮，进入安装目录选择界面，如图 7-27 所示。

视频教学

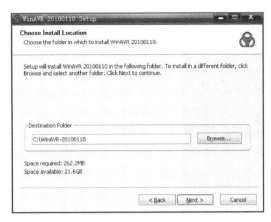

图 7-27　WinAVR 安装目录选择界面

单击 Next（下一步）按钮，进入功能选择安装界面，如图 7-28 所示。

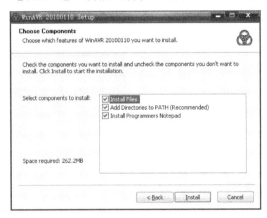

图 7-28　功能选择安装界面

选取欲安装的功能后，单击 Install（安装）按钮进入下一步，即进入安装进度显示界面如图 7-29 所示，可以单击 Show details（显示细节）按钮查看进度的详细信息。

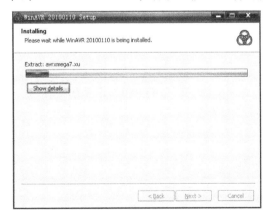

图 7-29　安装进度显示界面

当安装完成后即出现安装成功界面，如图 7-30 所示。

图 7-30　安装成功界面

安装成功后可以在"开始"菜单中启动 **WinAVR**，如图 7-31 所示。

图 7-31　在"开始"菜单中启动 WinAVR

7.2.3　WinAVR 的使用

下面针对 WinAVR 功能说明如何使用 WinAVR。

1．编译过程

先观察以下程序及其编译、连接过程，文件为 demo1.c：

```c
#include<avr/io.h>                  //系统提供的 I/O 专用寄存器定义文件
int main(void)
{
    unsigned char i,j,k;
    DDRA=0x01;                      //将 PA0 口设置为输出口
    while(1)
    {
      if(k)
        PORTA|=0x01;
      else
        PORTA&=0xFE;

      k=!k;                         //标记取反

      for(i=0;i<255;i++)//延时
```

```
        {
            for(j=0;j<255;j++)
        }
    }
}
```

这是一个使接在 PA0 口的 LED 发光管闪烁发光的程序。有了源文件 demo1.c，就可以进行编译。通过选择"开始"菜单→"运行"，在弹出的对话框中输入 command，打开控制台窗口，在命令行输入：

> avr － gcc － mmcu =atmega16 － c demo1.c

则会出现如图 7-32 所示的控制窗口。

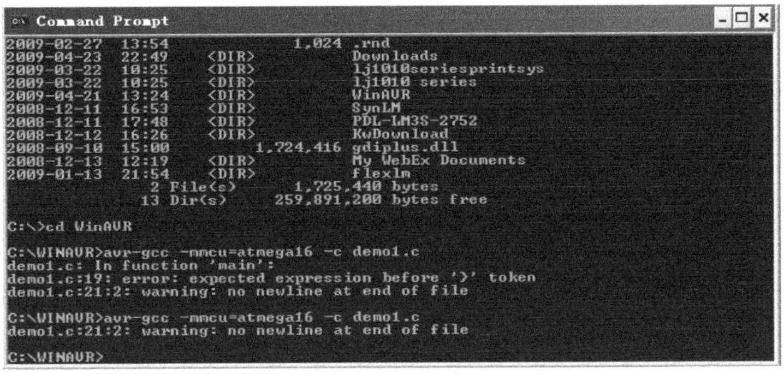

图 7-32 控制台窗口

此处必须告诉编译器程序的 MCU 类型，通过命令行选项-mmcu 来指定，指定器件为 atmega16。-c 选项告诉编译器编译完成后不连接。编译通过后，在工作目录会生成一个文件 demo1.o，这是一个目标文件。必须再使用连接器将其连接成可在器件上执行的二进制代码。在命令行输入：

> avr-gcc － mmcu=atmega16 － o demo1.elf demo1.o

之后在工作目录可以看见连接器生成的 demo1.elf。GCC 连接后，生成的文件为 ELF 格式，在命令行通常使用.elf 指定其扩展名。ELF 格式文件除了包含不同存储器的二进制格式内容外，还包含一些调试信息，故需要借助一个有用的工具 avr-objcopy 来提取单片机程序存储器内容。在命令行输入：

> avr-objcopy － j.text － j.data － o ihex demo1.elf demo1.hex

GCC 把不同类型的数据分到不同段落，相关程序存储器段有.text 和.data，用选项－j 指定要提取的段。选项－o 用于指定输出格式，这里指定为 ihex（intel HEX file）。

至此，得到了最终可写入单片机 ATmega1 Flash 存储器的 demo1.hex 文件，如图 7-33 所示。用编程器将 demo1.hex 写入单片机，或者写进 Proteus 仿真的微处理器，将会看到 PA0 口的 LED 不断闪烁。

以上是对一次编译过程的详细描述，说明了 GCC 编译 C 语言源程序的步骤。在实际中它是借助一个 make 项目管理工具来进行编译操作的。

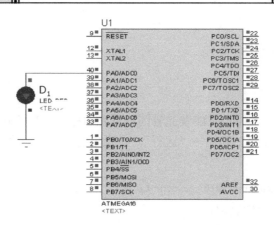

图 7-33　载入 demo1.hex 后的仿真

2．makefile 管理项目

　　makefile 管理项目通常由一个编译器（泛指高级语言编译器、汇编器、连接器等）、项目管理器和文本编辑器构成一个完整的编程环境。

　　其中，项目管理器负责为每一个源程序文件调用编译器，生成目标文件后使用连接器将它们组合在一起生成可执行文件。例如，Keil μ Vision 进行编译时，将项目中的每一个源程序文件进行编译后生成对应的.obj 文件，然后将这些目标文件连接到一起来生成可执行文件。WinAVR 编译的过程需要编写一个叫做 makefile 的文件来管理程序的编译连接。makefile 是一个脚本文件，一个标准的可执行文件 make.exe 负责进行解析，并且根据脚本内容来调用编译器、连接器或其他工具，最终生成可执行代码文件。每次调用 makefile 时，其会比较目标文件与源文件的更新时间。若源文件比目标文件新，则会执行 makefile 内的相关命令，且更新目标文件；若目标文件与源文件一样新，则其跳出这个源文件的编译以避免重复工作。

　　WinAVR 包中有一种简单的 makefile 生成工具，叫做 mfile，其运行界面如图 7-34 所示。

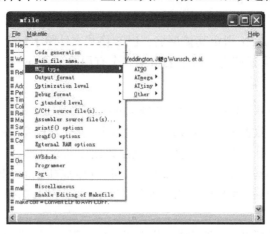

图 7-34　mfile 生成 makefile

　　Main file name 命令指定主程序文件，其将决定主源程序文件名及输出文件名。Output format 命令用于选择最终生成的可执行代码格式，通常选择 ihex 即可，也可根据编译器支持格式选择。Optimization level 命令项指定 C 代码的优先级，s 代表最小代码量编译。C/C++ source file(s)和 Assembler source file(s)命令用于在项目中添加其他 C/C++语言和汇编语言程序源文件。通常情况选择以上几项即可。在编写过程中往往需要在项目中添加源文件，只需要在生成 makefile 中的 SRC 变量后列出源文件名即可。

mfile 生成的 makefile 有四个目标供调用时指定，分别如下：

（1）all：编译程序生成可执行文件。在命令行当前目录下一个没有任何选项的 make 命令将执行此目标。

（2）clean：在当前目录清除编译生成的所有文件。

（3）coff：将 ELF 格式的调试文件转换成为 AVR Studio 3.x 中可调试的 AVR COFF 格式。

（4）extcoff：将 ELF 格式的调试文件转换成为 AVR Studio 4.07 扩展 COFF 格式。

此外，C 语言源文件名的后缀改为.s 后的目标指示将生成该源文件编译后的汇编代码文件（以.s 结尾）。

3. 软件环境

使用 GCC 编程，项目编译因为有了 makefile 而变得简单，只需要在命令行工作目录下输入命令 make 即可完成编译操作。而目前有很多代码编辑器支持在编辑环境下通过一个菜单或工具栏按钮调用编译器进行编译，WinAVR 包含的文本编辑器 Programmer's Notepad 就支持此选项功能。

下面介绍如何在 Programmer's Notepad 界面（见图 7-35）进行编程工作。假设工作目录为 WorkDir，下面是项目配置的步骤：

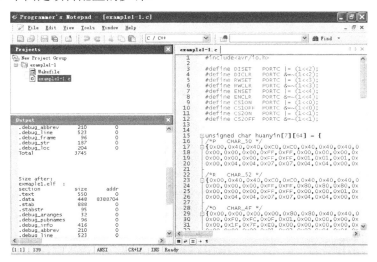

图 7-35　Programmer's Notepad 界面

（1）在工作目录下创建一个 Programmers Notepad 项目，选择 File→New→Project 命令，在 Project Location 对话框文件名输入区输入项目文件名，且保存至 WorkDir 中。

（2）创建或复制源文件（.c）到目录 WorkDir 中。可在 Programmer's Notepad 的 Projects 窗口中右击创建的项目，通过选择 Add Files 命令将源文件添加到项目中。虽然对于编译并非必要，但是有助于编辑源文件。

（3）使用 mfile 生成合适的 makefile 保存至 WorkDir。

（4）选择 Tools→[WinAVR]Make All 命令进行编译。

注意 makefile 文件必须和 C 语言源程序文件保存在与 Programmers Notepad 项目文件相同的目录下，因为 Tools→[WinAVR]Make All 只是在项目所在目录执行 make 指令。编译命令仍然由 makefile 控制。

4．Proteus 8 中使用 WinAVR

若选择 WinAVR 为 Proteus 8 的源代码编辑器，那么 Proteus 8 在编译源代码时会根据开发人员对单片机的选择自动生成 makefile 文件，无需直接进行 makefile 文件的编辑。开发人员无需掌握 makefile 文件的编辑即可生成 makefile 文件，不易出错的同时提高了工作效率。所以，在 Proteus 8 中的 WinAVR 在源代码输入完毕后，直接单击 Build（编译）→Build Project（编译工程）命令（见图 7-36），系统即自动生成 makefile 文件，并按照上文所述的过程编译（见图 7-37），生成所需的文件（见图 7-38）。

图 7-36　Proteus 8 中使用 WinAVR 编译

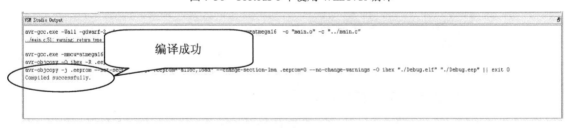

图 7-37　Proteus 8 中使用 WinAVR 编译成功

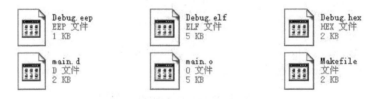

图 7-38　Proteus 8 中使用 WinAVR 编译生成的文件

注意 使用 WinAVR 生成的存放源代码的文件为 main.c，若要使用其他名称的.c 文件，需要对 makefile 进行设置，否则无法成功编译。

7.3 ATmega16 单片机概述

首先说明单片机的概念。单片机即单芯片微机系统，包括中央处理器（Control Processor Unit，CPU）、随机存储器（Random Access Memory，RAM）、只读存储器（Read Only Memory，ROM）和各种输入/输出（I/O）单元。

7.3.1 AVR 系列单片机特点

AVR 系列单片机源于精简计算指令集（Reduced Instruction Set Computing，RISC）。RISC 结构优先选取使用频率最高的简单指令，固定指令长度，减少指令格式和寻址方式种类，从而缩短指令周期，提高运行速度，避免复杂指令。AVR 系列单片机采用了 RISC 结构，使得其具备了 1Mips/MHz（百万条指令每秒/兆赫兹）的高速处理能力。

AVR 单片机，CPU 执行当前指令时取出将要执行的下一条指令放入指令寄存器中，加快了运行速度，从而避免了 MCS 51 系列单片机中的多指令周期的出现。

AVR 单片机吸收了 DSP 双总线的特点，采用了 Harvard 总线结构。故单片机的程序存储器与数据存储器是分离的，对具有相同地址的程序存储器和数据存储器可以进行独立寻址。

AVR 单片机寄存器是由 32 个通用工作寄存器组成的，且任何一个寄存器都可以充当累加器，从而有效避免了累加器的瓶颈效应（MCS 51 系列单片机所有数据处理基于一个累加器，累加器与程序存储器、数据存储器间数据交换的问题称为瓶颈效应），提高了系统的性能。

AVR 单片机具有良好的集成性能。AVR 系列的单片机均具有在线编程接口，其中 ATmega 系列还具有 JTAG 仿真与下载功能；包括片内看门狗电路、片内程序 Flash、同步串行接口 SPI；多数 AVR 单片机还内嵌 A/D 转换器、EEPROM、模拟比较器、PWM 定时器/计数器等多种功能；AVR 单片机的 I/O 口具有很强的驱动能力，灌电流可直接驱动 LED、继电器等器件。

AVR 单片机采用低功率、非挥发的 CMOS 工艺制造，具有低功耗、高密度、支持低电压联机 Flash、EEPROM 写入功能。

AVR 单片机具有多个系列，包括 ATtiny、AT90 和 ATmega。每个系列包括了多种产品，在功能和存储器容量方面各有不同，但是其基本结构与原理类似，编程方法也相同。AVR 单片机选型如表 7-1 所示。

表 7-1 AVR 单片机选型

型　　号	Flash/KB	EEPROM/KB	SRAM/B	频率/MHz	I/O	10 位 A/D	电压/V	8 位定时器	16 位定时器	其　　他
AT90S1200	1	0.0625		12	15		2.7~6.0	1		
AT90S2313	2	0.125	128	10	15		2.7~6.0	1	1	1 个 UART
ATtiny11	1			6	6		4.0~5.5	1		
ATtiny12	1	0.0625		8	6		4.0~5.5	1		掉电检测
ATtiny13	1	0.064	64	24	6	4	1.8~5.5	1		掉电检测
ATtiny15L	1	0.0625		1.6	6	4	2.7~5.5	2		掉电检测
ATtiny2313	2	0.128	128	20	18		1.8~5.5	1	1	掉电检测，1 个 UART

续表

型　号	Flash/KB	EEPROM/KB	SRAM/B	频率/MHz	I/O	10 位 A/D	电压/V	8 位定时器	16 位定时器	其　他
ATtiny26	2	0.125	128	16	16	11	4.5~5.5	2		掉电检测，1 个 USI
ATtiny26L	2	0.125	128	8	16	11	2.7~5.5	2		掉电检测，1 个 USI
ATtiny28V	2		32	1	11		1.8~5.5	1		
ATtiny28L	2		32	4	11		2.7~5.5	1		
ATmega48	4	0.256	512	24	23	8	1.8~5.5	2	1	掉电检测，2 个 SPI，UART，TWI
ATmega88	8	0.5	1024	24	23	8	1.8~5.5	2	1	掉电检测，2 个 SPI，UART，TWI
ATmega8	8	0.5	1024	16	23	8	4.5~5.5	2	1	掉电检测，SPI，UART，TWI
ATmega8L	8	0.5	1024	8	23	8	2.7~5.5	2	1	掉电检测，SPI，UART，TWI
ATmega8515	8	0.5	512	16	35		4.5~5.5	1	1	掉电检测，SPI，UART
ATmega8515L	8	0.5	512	8	35		2.7~5.5	1	1	掉电检测，SPI，UART
ATmega8535	8	0.5	512	16	32	8	4.5~5.5	2	1	掉电检测，SPI，UART，TWI
ATmega8535L	8	0.5	512	8	32	8	2.7~5.5	2	1	掉电检测，SPI，UART，TWI
ATmega162	16	0.5	1024	16	35		4.5~5.5	2	2	掉电检测，SPI，2 个 UART，TWI
ATmega162V	16	0.5	1024	1	35		1.8~3.6	2	2	掉电检测，SPI，2 个 UART，TWI
ATmega162L	16	0.5	1024	8	35		2.7~5.5	2	2	掉电检测，SPI，2 个 UART，TWI
ATmega16	16	0.5	1024	16	32	8	4.5~5.5	2	1	掉电检测，SPI，UART，TWI
ATmega16L	16	0.5	1024	8	32	8	2.7~5.5	2	1	掉电检测，SPI，UART，TWI
ATmega168	16	0.5	1024	24	23	16	1.8~5.5	2	1	掉电检测，2 个 SPI，UART，TWI
ATmega169	16	0.5	1024	16	54	8	4.5~5.5	2	1	掉电检测，SPI，UART，TWI，LCD
ATmega169V	16	0.5	1024	1	54	8	1.8~5.5	2	1	掉电检测，SPI，UART，TWI，LCD

续表

型　号	Flash/KB	EEPROM/KB	SRAM/B	频率/MHz	I/O	10 位 A/D	电压/V	8 位定时器	16 位定时器	其　他
ATmega169L	16	0.5	1024	8	54	8	2.7~3.6	2	1	掉电检测，SPI，UART，TWI，LCD
ATmega32	32	1	2048	16	32	8	4.0~5.5	2	1	掉电检测，SPI，UART，TWI
ATmega32L	32	1	2048	8	32	8	2.7~5.5	2	1	掉电检测，SPI，UART，TWI
ATmega64	64	2	4096	16	53	8	4.5~5.5	2	2	掉电检测，SPI，2个 UART，TWI
ATmega64L	64	2	4096	8	53	8	2.7~5.5	2	2	掉电检测，SPI，2个 UART，TWI
ATmega128	128	4	4096	16	53	8	4.5~5.5	2	2	掉电检测，SPI，2个 UART，TWI
ATmega128L	128	4	4096	8	53	8	2.7~5.5	2	2	

AVR 单片机支持 Basic 语言、C 语言等高级语言编程。采用高级语言对单片机系统进行开发是单片机的发展趋势。使用高级语言编程可以很容易实现系统移植，加快软件的开发过程。

7.3.2　ATmega16 总体结构

ATMEL 公司的 ATmega 系列单片机是一种基于 AVR 增强性能、RISC 结构、低功耗 CMOS 技术、8 位 Enhanced RISC Microcontrollers（微处理器）的单片机。目前有 ATmega8、ATmega16、ATmega32、ATmega128、ATmega48、ATmega88、ATmega168、ATmega103 等多种型号。本节将以 ATmega16 单片机的内部结构为主，介绍 AVR 系列单片机的系统结构。

1. ATmega16 特点

ATmega16 单片机是 AVR 系列单片机中内部接口丰富、功能比较齐全、性价比高的一个品种。

ATmega16 单片机具有 16KB 的系统内可编程 Flash（具有同时读/写的能力，即 RWW）；512B EEPROM；1KB SRAM；32 个通用 I/O 口线；32 个通用工作寄存器；用于边界扫描的 JTAG 接口；支持片内调试与编程；3 个具有比较模式的灵活的定时器/计数器（T/C），片内/外中断；可编程串行 USART；有起始条件检测器的通用串行接口；8 路 10 位具有可选差分输入级可编程增益（TQFP 封装）的 ADC；具有片内振荡器的可编程看门狗定时器；1 个 SPI 串行端口，以及 6 个可以通过软件进行选择的省电模式。

工作于空闲模式时，CPU 停止工作，而 USART、两线接口、A/D 转换器、SRAM、T/C、SP 端口及中断系统继续工作；掉电模式时，晶体振荡器停止振荡，所有功能除了中断和硬件复位之外都停止工作；在省电模式下，异步定时器继续运行，允许用户保持 1 个时间基准，而其余功能模块处于休眠状态；ADC 噪声抑制模式时，终止 CPU 和除了异步定时器与 ADC 以外所有 I/O 模块的工作，以降低 ADC 转换时的开关噪声；Standby 模式下，只有晶体或谐振振荡器运行，其余功能模块处于休眠状态，使得器件只消耗极少的电流，同时具有快速启动能力；扩展 Standby 模式下，则允许振荡器和异步定时器继续工作。

ATmega16 是以 Atmel 高密度非易失性存储器技术生产的。片内 ISP Flash 允许程序存储器通过 ISP 串行接口，或者通用编程器进行编程，也可以通过运行于 AVR 内核之中的引导程序进行编程。引导程序可以使用任意接口将应用程序下载到 ApplicationFlash Memory（应用 Flash 存储区）。在更新应用 Flash 存储区时 Boot Flash Memory（引导 Flash 区）的程序继续运行，实现了 RWW 操作。通过将 8 位 RISC CPU 与系统内可编程的 Flash 集成在一个芯片内，ATmega16 成为一个功能强大的单片机，为许多嵌入式控制应用提供了灵活而低成本的解决方案。

2. ATmega16 引脚

ATmega16 单片机引脚配置如图 7-39 所示。

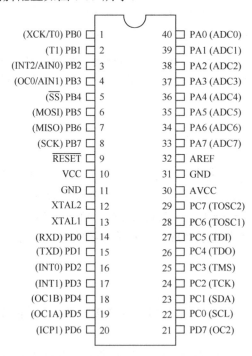

图 7-39　ATmega16 单片机引脚配置

（1）VCC 为电源正。

（2）GND 为电源地。

（3）端口 A（PA7～PA0）作为 A/D 转换器的模拟输入端。端口 A 为 8 位双向 I/O 口，具有可编程的内部上拉电阻。其输出缓冲器具有对称的驱动特性，可以输出和吸收大电流。作为输入使用时，若内部上拉电阻使能，端口被外部电路拉低时将输出电流。在复位过程中，即使系统时钟还未起振，端口 A 处于高阻状态。

（4）端口 B（PB7～PB0）为 8 位双向 I/O 口，具有可编程的内部上拉电阻。其输出缓冲器具有对称的驱动特性，可以输出和吸收大电流。作为输入使用时，若内部上拉电阻使能，端口被外部电路拉低时将输出电流。在复位过程中，即使系统时钟还未起振，端口 B 处于高阻状态。端口 B 也可以用做其他不同的特殊功能。

（5）端口 C（PC7～PC0）为 8 位双向 I/O 口，具有可编程的内部上拉电阻。其输出缓冲器具有对称的驱动特性，可以输出和吸收大电流。作为输入使用时，若内部上拉电阻使能，端口被外部电路拉低时将输出电流。在复位过程中，即使系统时钟还未起振，端口 C 处于高阻状态。如果 JTAG 接口使能，即使复位出现引脚 PC5（TDI）、PC3（TMS）与 PC2（TCK）的上拉电阻被激活。端口 C 也可以用做其他不同的特殊功能。

（6）端口 D（PD7～PD0）为 8 位双向 I/O 口，具有可编程的内部上拉电阻。其输出缓冲器具有对称的驱动特性，可以输出和吸收大电流。作为输入使用时，若内部上拉电阻使能，则端口被外部电路拉低时将输出电流。在复位过程中，即使系统时钟还未起振，端口 D 处于高阻状态，也可以用做其他不同的特殊功能。

（7）RESET 为复位输入引脚。持续时间超过最小门限时间的低电平将引起系统复位。持续时间小于门限时间的脉冲不能保证可靠复位。

（8）XTAL1 为反向振荡放大器与片内时钟操作电路的输入端。

（9）XTAL2 为反向振荡放大器的输出端。

（10）AVCC 是端口 A 与 A/D 转换器的电源。不使用 ADC 时，该引脚应直接与 VCC 连接；使用 ADC 时，应通过一个低通滤波器与 VCC 连接。

（11）AREF 为 A/D 的模拟基准输入引脚。

3．ATmega16 MCU 内核

为了获得最高的性能及并行性，ATmega16 采用了 Harvard 结构，具有独立的数据和程序总线。程序存储器里的指令通过一级流水线运行。CPU 在执行一条指令的同时读取下一条指令。这个概念实现了指令的单时钟周期运行。程序存储器是可以在线编程的 Flash。

ATmega16 单片机的 Flash 程序存储器空间分为两段：引导程序段与应用程序段。两个段的读/写保护可以通过设置对应的 Lock Bits（锁定位）实现。在引导程序段主流的引导程序中可以使用 SPM 指令，用以实现对应用程序段的更新操作。

4．ATmega16 复位与中断处理

ATmega16 的系统复位时所有的 I/O 寄存器都被设置为初始值，程序从复位向量处开始执行。复位向量处的指令必须是绝对跳转 JMP 指令，以使程序跳转到复位处理例程。如果程序永远不利用中断功能，中断向量可以由一般的程序代码所覆盖。

ATmega16 的 5 个复位源如下所示：

（1）上电复位。电源电压低于上电复位门限 VPOT 时，MCU 复位。

（2）外部复位。引脚 RESET 上的低电平持续时间大于最小脉冲宽度时 MCU 复位。

（3）看门狗复位。看门狗使能并且看门狗定时器溢出时复位发生。

（4）掉电检测复位。掉电检测复位功能使能，且电源电压低于掉电检测复位门限 VBOT 时 MCU 即复位。

（5）JTAG AVR 复位。复位寄存器为 1 时 MCU 复位。

ATmega16 的每个中断源与系统复位在程序存储器空间都会有一个独立的中断向量，每个中断事件均有各自的中断允许控制位。

5. ATmega16 存储器

ATmega16 单片机机内集成了 16KB 的可支持在线编程（ISP）和在线应用编程（IAP）的 Flash 存储器，用以存放程序指令代码。ATmega16 数据存储器（SRAM）由低端开始的 1120 个数据存储器空间依次分配给 32 个通用工作寄存器、64 个 I/O 寄存器和 1024B 的内部数据 SRAM。也就是首 96 个地址分配给通用工作寄存器组空间和 I/O 寄存器空间（映射）使用，接下来的 1024 个地址用于内部 SRAM。ATmega16 单片机内部有一个 512B 的 EEPROM 数据存储器，它们组成了一个单独的数据存储器空间，与 Flash 程序存储器空间和 SRAM 数据存储器空间相互独立。EEPROM 数据存储器空间的读/写是以单字节为单位的。EEPROM 的使用寿命为 100 000 次擦写循环。

ATmega16 单片机所有的 I/O 及外围设备的控制寄存器和数据寄存器都被置放于 I/O 寄存器空间中，通过 IN 和 OUT 指令可以直接对整个 I/O 寄存器空间的寄存器进行访问，这些指令用于 32 个通用寄存器与 I/O 空间的寄存器之间的数据交换。地址在 $00～$1F 之间的 I/O 寄存器均可以通过 SBI（置位 I/O 寄存器的指定位）和 CBI（清零 I/O 寄存器的指定位）指令实现位操作访问，而指令 SBIS 和 SBIC 则用于对这些寄存器的某位进行测试，判别该位是否为 1 或者 0。

使用 I/O 寄存器访问指令 IN（从 I/O 口输入）、OUT（输出到 I/O 口）时，要使用寄存器在 I/O 空间的地址 $00～$3F，而使用 LD 和 ST 指令，把 I/O 空间的寄存器作为 SRAM 寻址时，I/O 寄存器的地址要加上 $20，即使用 I/O 寄存器在 SRAM 空间的映射地址为 $0020～$005F。为将来可与器件兼容，I/O 寄存器中的保留位应置 0，I/O 寄存器空间的保留地址应避免写入操作。

6. ATmega16 时钟

ATmega16 的主时钟系统将产生以下几种用于驱动芯片的各个不同模块的时钟信号。

① CPU 时钟——CLK$_{CPU}$：CPU 时钟与操作 AVR 内核的子系统相连，如通用寄存器文件、状态寄存器及保存堆栈指针的数据存储器。终止 CPU 时钟将使内核停止工作和计算。

② I/O 时钟——CLK$_{I/O}$：I/O 时钟用于主要的 I/O 模块，如定时器/计数器、SPI 和 USART。I/O 时钟还用于外部中断模块。要注意的是：有些外部中断由异步逻辑检测，因此，即使 I/O 时钟停止了这些中断仍然可以得到监控。此外，USI 模块的起始条件检测在没有 CLK$_{I/O}$ 的情况下也是异步实现的，使得这个功能在任何睡眠模式下都可以正常工作。

③ Flash 时钟——CLKFlash：Flash 时钟控制 Flash 接口的操作。此时钟通常与 CPU 时钟同时挂起或激活。

④ 异步定时器时钟——CLKASY：异步定时器时钟允许异步定时器/计数器与 LCD 控制器直接由外部 32kHz 时钟晶体驱动。使得此定时器/计数器即使在睡眠模式下仍然可以为系统提供一个实时时钟。

⑤ ADC 时钟——CLK$_{ADC}$: ADC 具有专门的时钟。这样可以在 ADC 工作的时候停止 CPU 和 I/O 时钟以降低数字电路产生的噪声，从而提高 ADC 转换精度。

通过对 ATmega16 的 Flash 熔丝位 CKSEL 编程设置，器件选择如表 7-2 所示。选定时钟源的脉冲输入到 AVR 内部的时钟发生器，再分配到相应的模块。

表 7-2　时钟源选择

可选系统时钟源	熔　丝　位
外部晶体/陶瓷振荡器	1111～1010
外部低频晶振	1001
外部 RC 振荡器	1000～0101
标定的内部 RC 振荡器	0100～0001
外部时钟	0000

注意　"1"表示熔丝位不编程，"0"表示熔丝位被编程。

当 CPU 从停电或节电模式中被唤醒时，系统对选定的时钟源脉冲进行了延时计数，经过了若干个时钟脉冲后，再正式启动 CPU 进入工作，这样保证了在 CPU 正式开始执行指令前，振荡器已达到稳定工作状态。

当 CPU 从上电复位启动后到 CPU 正式开始执行指令前，也有额外的延时，以保证系统电源达到稳定的电平。看门狗振荡器被用做启动延时的定时器。看门狗振荡器启动延时周期数如表 7-3 所示。

表 7-3　看门狗振荡器启动延时周期数

典型的溢出时间（$V_{CC} = 5.0V$）/ms	典型的溢出时间（$V_{CC} = 3.0V$）/ms	时钟周期数
4.1	4.3	4K（4096）
65	69	64K（65 536）

1）晶体振荡器

晶体振荡器（晶振）XTAL1 与 XTAL2 分别用做片内振荡器的反向放大器的输入和输出，如图 7-40 所示。

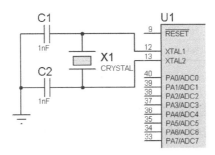

图 7-40　使用外部晶振

这个振荡器可以使用石英晶体，也可以使用陶瓷谐振器。熔丝位 CKOPT 用来选择这两种放大器模式的其中之一。当 CKOPT 被编程时，振荡器在输出引脚产生满幅度的振荡。这种模式适合于噪声环境，以及需要通过 XTAL2 驱动第二个时钟缓冲器的情况。而且这种模式的频率范围比较宽。当保持 CKOPT 为未编程状态时，振荡器的输出信号幅度比较小。其优点是大大降低了功耗，但是频率范围比较窄，而且不能驱动其他时钟缓冲器。对于谐振器，CKOPT 未编程时的最大频率为 8MHz，CKOPT 编程时为 16MHz。C1 和 C2 的数值要一样，不管使用的是晶体还是谐振器。最佳的数值与使用的晶体或谐振器有关，还与杂散电容和环境的电磁噪声有关。

振荡器可以工作于三种不同的模式，每一种都有一个优化的频率范围。工作模式通过熔丝位 CKSEL3..1 来选择，如表 7-4 所示。

表 7-4　振荡器的不同工作模式

熔 丝 位 CKOPT	工作频率方位/MHz CKSEL3..1	C1、C2 取值范围（使用石英晶体）/pF	
1	101	0.4~0.9	仅适合在陶瓷振荡器
1	110	0.9~3.0	12~22
1	111	3.0~8.0	12~22
0	101，110，111	≤1.0	12~22

此外，通过对 CKSEL0 熔丝位和 SUTL0 熔丝位的组合设置，可以选择系统唤醒的延时计数脉冲数和系统复位的延时时间，具体情况如表 7-5 所示。

表 7-5　使用外部晶振时的唤醒脉冲和延时时间的选择设定

熔 丝 位 CKSEL0	SUTL0	掉电和省电模式唤醒	复位延时启动时间 $(V_{CC}=5.0V)$ /ms	适 用 条 件
0	00	258CK	4.1	陶瓷振荡器快速上升电源
0	01	258CK	65	陶瓷振荡器快速上升电源
0	10	1K CK	—	陶瓷振荡器 BOD 方式
0	11	1K CK	4.1	陶瓷振荡器快速上升电源
1	00	1K CK	65	陶瓷振荡器慢速上升电源
1	01	16K CK	—	石英振荡器 BOD 方式
1	10	16K CK	4.1	石英振荡器快速上升电源
1	11	16K CK	65	石英振荡器快速上升电源

2）外部低频率晶振

低频晶体振荡器为了使用 32.768kHz 钟表晶体作为器件的时钟源，必须将熔丝位 CKSEL 设置为"1001"以选择低频晶体振荡器。晶体的连接方式如图 7-40 所示。通过对熔丝位 CKOPT 的编程，用户可以使能 XTAL1 和 XTAL2 的内部电容，从而去除外部电容。内部电容的标称数值为 36 pF。

选择了这个振荡器之后，启动时间由熔丝位 SUT 确定，如表 7-6 所示。

表 7-6　使用外部低频晶振时的唤醒脉冲和延时时间的选择设定

熔丝位 SUT1..0	掉电和省电模式唤醒	复位延时启动时间 (V_{CC}=5.0V) /ms	适用条件
00	1K CK	4.1	电源快速上升，或是 BOD 使能
01	1K CK	65	电源缓慢上升
10	32K CK	65	启动时频率已经稳定
11		保留	

3）外部 RC 振荡器

对于定时要求不高的应用，可以在外部使用 RC 振荡回路，如图 7-41 所示。

采用外部 RC 振荡器又有四种不同模式。每种模式对待定的频率范围进行了优化。通过对熔丝位 CKSEL3.0 的编程，可选择不同的工作模式，如表 7-7 所示。

表 7-7　使用外部 RC 振荡器的不同工作模式

熔丝位（CKSEL3..0）	工作频率范围/MHz
0101	≤0.9
0110	0.9~3.0
0111	3.0~8.0
1000	8.0~12.0

4）可校准的内部 RC 振荡器

可校准的内部 RC 振荡器提供了固定的 1.0MHz、2.0MHz、4.0MHz 或 8.0MHz 的时钟。这些频率都是 5V、25℃下的标称数值。这个时钟也可以作为系统时钟，只要按照表 7-8 所示对熔丝位 CKSEL 进行编程即可。选择这个时钟（此时不能对 CKOPT 进行编程）之后就无需外部器件了。复位时硬件将标定字节加载到 OSCCAL 寄存器，自动完成对 RC 振荡器的校准。在 5V、25℃和频率为 1.0MHz 时，这种标定可以提供标称频率±1%的精度。当使用这个振荡器作为系统时钟时，看门狗仍然使用自己的看门狗定时器作为溢出复位的依据。

表 7-8　使用内部 RC 振荡器的不同工作模式

熔丝位（CKSEL3..1）	工作频率/MHz
0001	1.0
0010	2.0
0011	4.0
0100	8.0

使用内部 RC 振荡器时，系统唤醒的延时计数脉冲数和系统复位的延时时间由熔丝位 SUT1..0 组合确定，具体如表 7-9 所示。

表 7-9　使用内部 RC 振荡器时的唤醒脉冲和延时时间的选择设定

熔丝位（SUT1..0）	掉电和省电模式唤醒	复位延时启动时间（V_{CC}=5.0V）/ms	适 用 条 件
00	6CK	—	BOD 方式
01	6CK	4.1	快速上升电源
10	6CK	65	慢速上升电源
11	保留		

振荡器校准寄存器 OSCAL 的定义如表 7-10 所示。

表 7-10　振荡器校准寄存器 OSCAL

BIT	7	6	5	4	3	2	1	0	
$31 （$0051）	CAL7	CAL6	CAL5	CAL4	CAL3	CAL2	CAL1	CAL0	OSCCAL
读/写	R/W	R/W	R/W	R/W	R/W	R/W	R/W	R/W	

将校准数据写入这个地址可以对内部振荡器进行调节以消除由于生产工艺所带来的振荡器频率偏差。复位时 1MHz 的标定数据（标识数据的高字节，地址为 0x00）自动加载到 OSCCAL 寄存器。如果需要内部 RC 振荡器工作于其他频率，校准数据必须人工加载：首先通过编程器读取标识数据，然后将标定数据保存到 Flash 或 EEPROM 中。这些数据可以通过软件读取，然后加载到 OSCCAL 寄存器。当 OSCCAL 为零时振荡器以最低频率工作。当对其写入不为零的数据时内部振荡器的频率将增长。写入 0xFF 即得到最高频率。校准的振荡器用来为访问 EEPROM 和 Flash 定时。有写 EEPROM 和 Flash 的操作时不要将频率校准到超过标称频率的 10%，否则写操作有可能失败。要注意振荡器只对 1.0MHz、2.0MHz、4.0MHz 和 8.0MHz 这四种频率进行了校准，其他频率则无法保证。内部 RC 振荡器频率范围如表 7-11 所示。

表 7-11　内部 RC 振荡器频率范围

OSCCAL 校准字	最低频率（与标称频率百分比）	最高频率（与标称频率百分比）
0x00	50%	100%
0x7F	75%	150%
0xFF	100%	200%

5）外部时钟源

可使用外部时钟源作为系统时钟，如图 7-42 所示。

外部时钟信号应从 XTAL1 输入。将 CKSEL 熔丝位编程为"0000"时，即选定系统使用外部时钟源。通过对熔丝位 CKOPT 的编程，可以使得芯片内部 XTAL1 与地之间的 35pF 电容有效。

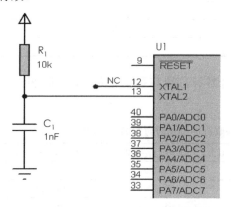
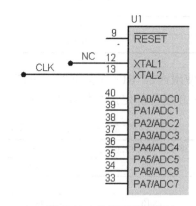

图 7-41　使用外部 RC 振荡器　　　　图 7-42　外部时钟源接法

当使用外部时钟源时，系统唤醒的延时计数脉冲数和系统复位的延时时间由熔丝位 SUTL0 的组合确定，具体如表 7-12 所示。

表 7-12　使用外部时钟源时的唤醒脉冲和延时时间的选择设定

熔丝位（SUT1..0）	掉电和省电模式唤醒	复位延时启动时间（V_{CC}=5.0V）/ms	适用条件
00	6CK	—	BOD 方式
01	6CK	4.1	快速上升电源
10	6CK	65	慢速上升电源
11	保留		

为保证 MCU 可以稳定工作，不能突然改变外部时钟源的振荡频率。这是因为工作频率突然变化超过 2%时将会出现异常现象。最好是在 MCU 保持复位状态时改变外部时钟的振荡频率。

6）定时器/计数器频率

对于有定时器/计数器振荡引脚（TOSC1 和 TOSC2）的 AVR 控制器，只需将晶振值选择到这两个引脚上，不需要外部电容。振荡器已对 32 768Hz 手表用的晶振进行了优化，最好不要直接从 TOSC1 引脚输入时钟信号。

7．ATmega16 系统复位

复位时所有的 I/O 寄存器都被设置为初始值，程序从复位向量处开始执行。复位向量处的指令必须是绝对跳转 JMP 指令，以使程序跳转到复位处理例程。如果程序永远不利用中断功能，中断向量可以由一般的程序代码覆盖。这个处理方法同样适用于当复位向量位于应用程序区，中断向量位于 Boot 区（或者反过来）的时候。

复位源有效时，I/O 端口立即复位为初始值。此时不要求任何时钟处于正常运行状态。所有的复位信号消失之后，芯片内部的一个延迟计数器被激活，将内部复位的时间延长。这种处理方式使得在 MCU 正常工作之前有一定的时间让电源达到稳定的电平。延迟计数器的溢出时间通过熔丝位 SUT 与 CKSEL 设定。

ATmega16 具有片内能隙基准源，用于掉电检测，或者是作为模拟比较器或 ADC 的输入。ADC 的 2.56V 基准电压由此片内能隙基准源产生。

基准电压使能信号和启动时间电压基准的启动时间可能影响其工作方式。启动时间如表 7-13 所示。

表 7-13　内部参考电压源特性

符　　号	参　　数	最　小　值	典　型　值	最　大　值	单　　位
VBG	能隙基准源电压	1.15	1.23	1.35	V
tBG	能隙基准源启动时间		40	70	μs
IBG	能隙基准源功耗		10		μA

为了降低功耗，可以控制基准源仅在如下情况下打开：

（1）BOD 使能（熔丝位 BODEN 被编程）。

（2）能隙基准源连接到模拟比较器（ACSR 寄存器的 ACBG 置位）。

（3）ADC 使能。

因此，当 BOD 被禁止时，置位 ACBG 或使能 ADC 后要启动基准源。为了降低掉电模式的功耗，用户可以禁止上述三种条件，并在进入掉电模式之前关闭基准源。

7.4   I/O 端口及其第二功能

ATmega16 单片机有 4 个 8 位的 I/O 端口，分别是端口 A、端口 B、端口 C 和端口 D。这 32 个引脚可以使用程序来设定为输入口或者输出口。同时这些端口还具有第二功能。

每个端口都有三个 I/O 存储器地址：数据寄存器——PORTx、数据方向寄存器——DDRx 和端口输入引脚——PINx（小写的"x"表示端口的序号，而小写的"n"代表位的序号）。数据寄存器和数据方向寄存器为读/写寄存器，而端口输入引脚为只读寄存器。但是需要特别注意的是：对 PINx 寄存器某一位写入逻辑"1"将造成数据寄存器相应位的数据发生"0"与"1"的交替变化。当寄存器 MCUCR 的上拉禁止位 PUD 置位时所有端口引脚的上拉电阻都被禁止。

注意   DDxn 位于 DDRx 寄存器，PORTxn 位于 PORTx 寄存器，PINxn 位于 PINx 寄存器。

DDxn 用来选择引脚的方向。DDxn 为"1"时，Pxn 配置为输出，否则配置为输入。引脚配置为输入时，若 PORTxn 为"1"，上拉电阻将使能。如果需要关闭这个上拉电阻，可以将 PORTxn 清零，或者将这个引脚配置为输出。复位时各引脚为高阻态，即使此时并没有时钟在运行。

当引脚配置为输出时，若 PORTxn 为"1"，引脚输出高电平（"1"），否则输出低电平（"0"）。

在高阻态三态（{DDxn, PORTxn} = 0b00）与输出高电平（{DDxn, PORTxn} = 0b11）两种状态之间进行切换时，上拉电阻使能（{DDxn, PORTxn} = 0b01）或输出低电平（{DDxn, PORTxn} = 0b10）这两种模式必然会有一个发生。通常，上拉电阻使能是完全可以接受的，因为高阻环境不在意是强高电平输出还是上拉输出。如果使用情况不是这样，可以通过置位 SFIOR 寄存器的 PUD 来禁止所有端口的上拉电阻。

7.4.1   端口 A 的第二功能

端口 A 作为 ADC 模拟输入的第二功能如表 7-14 所示。若端口 A 的部分引脚置为输出，在转换过程中不可切换，否则将会影响到转换结果。

视频教学

表 7-14　端口 A 第二功能

端口引脚	第二功能
PA7	ADC7（ADC 输入通道 7）
PA6	ADC6（ADC 输入通道 6）
PA5	ADC5（ADC 输入通道 5）
PA4	ADC4（ADC 输入通道 4）
PA3	ADC3（ADC 输入通道 3）
PA2	ADC2（ADC 输入通道 2）
PA1	ADC1（ADC 输入通道 1）
PA0	ADC0（ADC 输入通道 0）

7.4.2　端口 B 的第二功能

端口 B 的第二功能如表 7-15 所示。

表 7-15　端口 B 的第二功能

端口引脚	第二功能	备　注
PB7	SCK（SPI 总线的串行时钟）	SPI 通道的主机时钟输出，从机时钟输入端口。工作于从机模式时，不论 DDB7 设置如何，这个引脚都将设置为输入；工作于主机模式时，这个引脚的数据方向由 DDB7 控制。设置为输入后，上拉电阻由 PORTB7 控制
PB6	MISO（SPI 总线的主机输入/从机输出信号）	SPI 通道的主机数据输入，从机数据输出端。工作于主机模式时，不论 DDB6 设置如何，这个引脚都将设置为输入；工作于从机模式时，这个引脚的数据方向由 DDB6 控制。设置为输入后，上拉电阻由 PORTB6 控制
PB5	MOSI（SPI 总线的主机输出/ 从机输入信号）	SPI 通道的主机数据输出，从机数据输入端口。工作于从机模式时，不论 DDB5 设置如何，这个引脚都将设置为输入；工作于主机模式时，这个引脚的数据方向由 DDB5 控制。设置为输入后，上拉电阻由 PORTB5 控制
PB4	SS（SPI 从机选择引脚）	从机选择输入。工作于从机模式时，不论 DDB4 设置如何，这个引脚都将设置为输入，当此引脚为低时 SPI 被激活；工作于主机模式时，这个引脚的数据方向由 DDB4 控制。设置为输入后，上拉电阻由 PORTB4 控制
PB3	AIN1（模拟比较负输入）OC0（T/C0 输出比较匹配输出）	AIN1 模拟比较负输入。配置该引脚为输入时，切断内部上拉电阻，防止数字端口功能与模拟比较器功能相冲突。OC0 输出比较匹配输出 PB3 引脚可作为 T/C0 比较匹配的外部输出。实现该功能时，PB3 引脚必须配置为输出（设 DDB3 为 1）。在 PWM 模式的定时功能中，OC0 引脚作为输出
PB2	AIN0（模拟比较正输入）INT2（外部中断 2 输入）	AIN0 模拟比较正输入。配置该引脚为输入时，切断内部上拉电阻，防止数字端口功能与模拟比较器功能相冲突。 INT2 外部中断源 2，PB2 引脚作为 MCU 的外部中断源
PB1	T1（T/C1 外部计数器输入）	T/C1 计数器源
PB0	T0（T/C0 外部计数器输入）XCK（USART 外部时钟输入/输出）	T/C0 计数器源 USART 外部时钟。数据方向寄存器（DDB0）控制时钟为输出（DDB0 置位）还是输入（DDB0 清零）。只有当 USART 工作在同步模式时，XCK 引脚激活

7.4.3　端口 C 的第二功能

端口 C 的第二功能如表 7-16 所示，若 JTAG 接口使能，即使会出现复位，引脚 PC5、PC3、PC2 的上拉电阻将被激活。

表 7-16　端口 C 的第二功能

端口引脚	第二功能	备　注
PC7	TOSC2（定时振荡器引脚2）	定时振荡器引脚 2。当寄存器 ASSR 的 AS2 位置 1，使能 T/C2 的异步时钟，引脚 PC7 与端口断开，成为振荡器放大器的反向输出。在这种模式下，晶体振荡器与该引脚相连，该引脚不能作为 I/O 引脚
PC6	TOSC1（定时振荡器引脚1）	定时振荡器引脚 1。当寄存器 ASSR 的 AS2 位置 1，使能 T/C2 的异步时钟，引脚 PC6 与端口断开，成为振荡器放大器的反向输出。在这种模式下，晶体振荡器与该引脚相连，该引脚不能作为 I/O 引脚
PC5	TDI（JTAG测试数据输入）	JTAG 测试数据输入。串行输入数据移入指令寄存器或数据寄存器（扫描链）。当 JTAG 接口使能，该引脚不能作为 I/O 引脚
PC4	TDO（JTAG测试数据输出）	JTAG 测试数据输出。串行输入数据移入指令寄存器或数据寄存器（扫描链）。当 JTAG 接口使能，该引脚不能作为 I/O 引脚。TDO 引脚除 TAP 状态情况外为三态，进入移出数据状态
PC3	TMS（JTAG测试模式选择）	JTAG 测试模式选择。该引脚作为 TAP 控制器状态工具的定位。当 JTAG 接口使能，该引脚不能作为 I/O 引脚
PC2	TCK（JTAG测试时钟）	JTAG 测试时钟。JTAG 工作在同步模式下，当 JTAG 接口使能，该引脚不能作为 I/O 引脚
PC1	SDA（两线串行总线数据输入/输出线）	两线串行接口数据。当寄存器 TWCR 的 TWEN 位置 1 使能两线串行接口，引脚 PC1 不与端口相连，且成为两线串行接口的串行数据 I/O 引脚。在该模式下，在引脚处使用窄带滤波器抑制低于 50ns 的输入信号，且该引脚由斜率限制的开漏驱动器驱动。当该引脚使用两线串行接口，仍可由 PORTC1 位控制上拉
PC0	SCL（两线串行总线时钟线）	两线串行接口时钟。当 TWCR 寄存器的 TWEN 位置 1 使能两线串行接口，引脚 PC0 未与端口连接，成为两线串行接口的串行时钟 I/O 引脚。在该模式下，在引脚处使用窄带滤波器抑制低于 50ns 的输入信号，且该引脚由斜率限制的开漏驱动器驱动。当该引脚使用两线串行接口，仍可由 PORTC0 位控制上拉

7.4.4　端口 D 的第二功能

端口 D 的第二功能如表 7-17 所示。

表 7-17　端口 D 的第二功能

端口引脚	第二功能	备　注
PD7	OC2（T/C2输出比较匹配输出）	T/C2 输出比较匹配输出。PD7 引脚作为 T/C2 输出比较外部输入。在该功能下引脚作为输出（DDD7 置 1）。在 PWM 模式的定时器功能中，OC2 引脚作为输出

续表

端口引脚	第二功能	备　　注
PD6	ICP1（T/C1 输入捕捉引脚）	输入捕捉引脚。PD6 作为 T/C1 的输入捕捉引脚
PD5	OC1A（T/C1 输出比较 A 匹配输出）	T/C1 输出比较匹配 A 输出。PD5 引脚作为 T/C1 输出比较 A 外部输入。在该功能下引脚作为输出（DDD5 置 1）。在 PWM 模式的定时器功能中，OC1A 引脚作为输出
PD4	OC1B（T/C1 输出比较 B 匹配输出）	T/C1 输出比较匹配 B 输出。PD4 引脚作为 T/C1 输出比较 B 外部输入。在该功能下引脚作为输出（DDD4 置 1）。在 PWM 模式的定时器功能中，OC1B 引脚作为输出
PD3	INT1（外部中断 1 的输入）	外部中断 1。PD3 引脚作为 MCU 的外部中断源
PD2	INT0（外部中断 0 的输入）	外部中断 0。PD2 引脚作为 MCU 的外部中断源
PD1	TXD（USART 输出引脚）	TXD 是 USART 的数据发送引脚。当使能了 USART 的发送器后，这个引脚被强制设置为输出，此时 DDD1 不起作用
PD0	RXD（USART 输入引脚）	RXD 是 USART 的数据接收引脚。当使能了 USART 的接收器后，这个引脚被强制设置为输出，此时 DDD0 不起作用，但是 PORTD0 仍然控制上拉电阻

实例 7-1　使用 Proteus 仿真键盘控 LED

使用 Proteus 仿真键盘控 LED 实例中，对于 DDRx、PORTx、PINx 三个寄存器灵活运用，配合 7 段数码管，实现键盘控制显示的功能。

结果文件——附带光盘"Ch7\实例 7-1"文件夹。

动画演示——附带光盘"AVI\7-1.avi"文件。

（1）单片机系统中常用到的键盘分为以下三种：

① 独立式按键。独立式按键的一脚通过电阻接电源端或者地端，另一脚接单片机的 I/O 口，其结构如图 7-43 所示。

在按键没有按下和被按下时，I/O 口的电平刚好相反。通过检测 I/O 口电平即可判断哪个按键被按下。此类键盘的特点是按键电路配置灵活，按键状态识别简单，但是每个按键独占一个 I/O 口，资源占用率高，当按键的数量不是很多或者系统有较多的 I/O 口资源时，可采用此类设计。

② 矩阵扫描键盘。矩阵扫描键盘由行线与列线组成。按键位于行列线的交叉点之上，结构如图 7-44 所示。其使用的元器件如元器件表 7-1 所示。

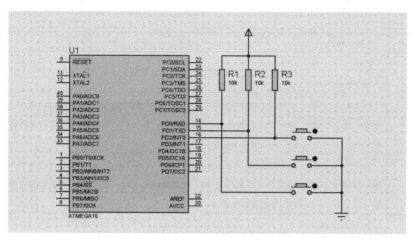

图 7-43 独立式键盘结构原理图

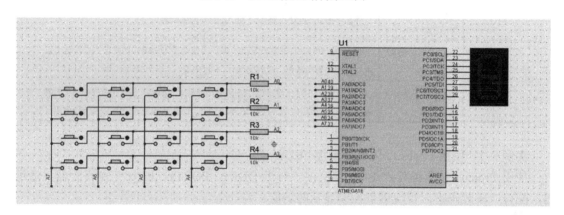

图 7-44 矩阵扫描键盘原理图

元器件表 7-1 矩阵扫描键盘原理图

Reference	Type	Value	Package
R1	RES	10k	RES40
R2	RES	10k	RES40
R3	RES	10k	RES40
R4	RES	10k	RES40
U1	ATMEGA16	ATMEGA16	DIL40

按键设置在行列线的交叉点上，行列线分别接至按键开关的两端。列线通过上拉电阻接至+5V 上。当平时无按键按下时。列线处于高电平状态；当有按键按下时，行列线导通。故列线的电平状态将由与此相连的行线的电平状态决定。而行列线和多个按键相连接，各个按键按下与否都将影响该键所在的行列线的电平。行列线配合起来进行适当的处理，即可确定按键的位置。

此类按键可以节省很多 I/O 口，适用于按键数量较多的场合。

③ PS/2 接口键盘。PS/2 接口是由 IBM 公司所发明的一种计算机接口，计算机上的鼠标与键盘使用的就是此种接口。PS/2 键盘为每一个按键分配唯一的编码。键盘内的处理器对矩阵键盘进行扫描。当发现有按键按下或释放时，处理器发送扫描码至计算机。扫描码

分为两种不同的类型：通码和断码。当按键被按下时，发送的是通码；当键盘释放时，发送的是断码。通过查找扫描码表即可确定按键。现在广泛使用的是第二套扫描码。PS/2 接口采用双向串行数据传输协议。每字节为一帧，包含 11 位（1 位起始位、8 位数据位、1 位奇偶检验位和 1 位停止位）。

此类键盘特点是集成度高，使用灵活，且由于使用了串行数据传输技术，仅需要使用两个 I/O 端口即可（由于程序设计的原因，其中一个端口通常需要占用一个外部中断端口），但是成本较高，且不易集成在系统内部。

本例中使用矩阵扫描键盘。键盘为 4×4 规格。

（2）显示使用 7 段数码管。矩阵扫描的原理是设置单片机一路 I/O 口，此处是将 A 路低四位 I/O 口作为输出口，高四位作为输入口。每次低四位任一路低电平，另外三路高电平，轮流扫描，同时检测高四位是否出现某位低电平，若出现则说明有某一个按键被按下，然后针对其扫描码进行处理，则可以判断是哪一个按键被按下。程序如下所示：

```
#include<avr/io.h>                      //系统提供的I/O专用寄存器定义文件

#define KEY_X_1 0b00001110              //PA0口置0，其他位置1，扫描第一行
#define KEY_X_2 0b00001101              //PA1口置0，其他位置1，扫描第二行
#define KEY_X_3 0b00001011              //PA2口置0，其他位置1，扫描第三行
#define KEY_X_4 0b00000111              //PA3口置0，其他位置1，扫描第四行

#define KEY_SCAN 0b11110000             //用于与PINA（端口输入引脚）相与以确定按键按下

#define KEY_Y_1 0b11100000              //PA4口"0"，证明第一列有按键按下
#define KEY_Y_2 0b11010000              //PA5口"0"，证明第二列有按键按下
#define KEY_Y_3 0b10110000              //PA6口"0"，证明第三列有按键按下
#define KEY_Y_4 0b01110000              //PA7口"0"，证明第四列有按键按下

unsigned char table[16]={0x3f,0x06,0x5b,0x4f,0x66,0x6d,0x7d,0x07,
0x7f,0x6f,0x77,0x7c,0x39,0x5e,0x79,0x71}; //7段数码管显示编码

void delay(unsigned char t)             //延时子函数
{
   volatile unsigned char a;
   for(;t>0;t--)
   {
       for(a=255;a>0;a--);
   }
}

unsigned char getkey(void)              //获取按键信息子函数，内含延时子函数是为了消除抖动
```

```
{
    PORTA=KEY_X_1;
    if((PINA & KEY_SCAN)==KEY_Y_1){delay(10);if((PINA & KEY_SCAN)==KEY_Y_1) return 1;}
    if((PINA & KEY_SCAN)==KEY_Y_2){delay(10);if((PINA & KEY_SCAN)==KEY_Y_2) return 2;}
    if((PINA & KEY_SCAN)==KEY_Y_3){delay(10);if((PINA & KEY_SCAN)==KEY_Y_3) return 3;}
    if((PINA & KEY_SCAN)==KEY_Y_4){delay(10);if((PINA & KEY_SCAN)==KEY_Y_4) return 4;}
    PORTA=KEY_X_2;
    if((PINA & KEY_SCAN)==KEY_Y_1){delay(10);if((PINA & KEY_SCAN)==KEY_Y_1) return 5;}
    if((PINA & KEY_SCAN)==KEY_Y_2){delay(10);if((PINA & KEY_SCAN)==KEY_Y_2) return 6;}
    if((PINA & KEY_SCAN)==KEY_Y_3){delay(10);if((PINA & KEY_SCAN)==KEY_Y_3) return 7;}
    if((PINA & KEY_SCAN)==KEY_Y_4){delay(10);if((PINA & KEY_SCAN)==KEY_Y_4) return 8;}
    PORTA=KEY_X_3;
    if((PINA & KEY_SCAN)==KEY_Y_1){delay(10);if((PINA & KEY_SCAN)==KEY_Y_1) return 9;}
    if((PINA & KEY_SCAN)==KEY_Y_2){delay(10);if((PINA & KEY_SCAN)==KEY_Y_2) return 10;}
    if((PINA & KEY_SCAN)==KEY_Y_3){delay(10);if((PINA & KEY_SCAN)==KEY_Y_3) return 11;}
    if((PINA & KEY_SCAN)==KEY_Y_4){delay(10);if((PINA & KEY_SCAN)==KEY_Y_4) return 12;}
    PORTA=KEY_X_4;
    if((PINA & KEY_SCAN)==KEY_Y_1){delay(10);if((PINA & KEY_SCAN)==KEY_Y_1) return 13;}
    if((PINA & KEY_SCAN)==KEY_Y_2){delay(10);if((PINA & KEY_SCAN)==KEY_Y_2) return 14;}
    if((PINA & KEY_SCAN)==KEY_Y_3){delay(10);if((PINA & KEY_SCAN)==KEY_Y_3) return 15;}
    if((PINA & KEY_SCAN)==KEY_Y_4){delay(10);if((PINA & KEY_SCAN)==KEY_Y_4) return 16;}
    return 0;
}

void main()
{
    unsigned char a;
    DDRA=0x0f;                              //设置 PA 口低四位输出，高四位输入
    DDRC=0xff;                              //设置 PC 口全部输出，外接 7 段数码管
    while(1)
    {
        if((a=getkey())!=0)
        PORTC=table[a-1];                   //根据键盘扫描子函数对应显示相应的字形
    }
}
```

（3）本实例的仿真效果如图 7-45 与图 7-46 所示。

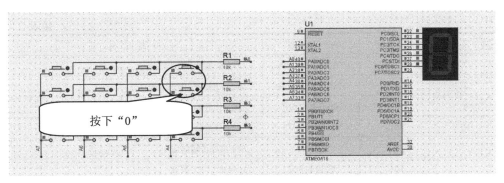

图 7-45　矩阵扫描键盘控 LED 仿真图（1）

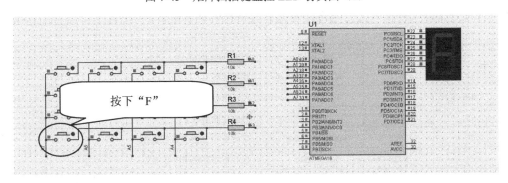

图 7-46　矩阵扫描键盘控 LED 仿真图（2）

7.5　中断处理

所谓中断，即暂时不执行现在的程序，转而去执行更为重要的程序。引起中断发生的事件被称为中断源，中断源用于打断现有程序的执行。中断后继续回到原程序中断发生点继续程序的执行。中断可以被屏蔽，屏蔽可以针对某个特定的中断源，也可以是针对所有中断源的。然而引起中断的事件可以继续维持，等待中断的响应。

7.5.1　ATmega16 中断源

完整的复位和中断向量表如表 7-18 所示。

表 7-18　复位和中断向量表

向 量 号	程序地址	中 断 源	中 断 定 义
1	$000(1)	RESET	外部引脚电平引发的复位，上电复位，掉电测复位，看门狗复位，以及 JTAG、AVR 复位
2	$002	INT0	外部中断请求 0
3	$004	INT1	外部中断请求 1
4	$006	TIMER2 COMP	定时/计数器 2 比较匹配
5	$008	TIMER2 OVF	定时/计数器 2 溢出
6	$00A	TIMER1 CAPT	定时/计数器 1 事件捕捉

视频教学

续表

向 量 号	程序地址	中 断 源	中 断 定 义
7	$00C	TIMER1 COMPA	定时/计数器 1 比较匹配 A
8	$00E	TIMER1 COMPB	定时/计数器 1 比较匹配 B
9	$010	TIMER1 OVF	定时/计数器 1 溢出
10	$012	TIMER0 OVF	定时/计数器 0 溢出
11	$014	SPI,STC	SPI 串行传输结束
12	$016	USART, RXC	USART，Rx 结束
13	$018	USART, UDRE	USART 数据寄存器空
14	$01A	USART, TXC	USART，Tx 结束
15	$01C	ADC	ADC 转换结束
16	$01E	EE_RDY	EEPROM 就绪
17	$020	ANA_COMP	模拟比较器
18	$022	TWI	两线串行接口
19	$024	INT2	外部中断请求 2
20	$026	TIMER0 COMP	定时器/计数器 0 比较匹配
21	$028	SPM_RDY	保存程序存储器内容就绪

注意 中断向量表中，处于低地址的中断具有高的优先级，故系统复位 RESET 具有最高优先级。

7.5.2 与中断相关的 I/O 寄存器

以下将介绍与中断相关的 I/O 寄存器。

1. 通用中断控制寄存器——GICR

通用中断控制寄存器——GICR 的定义如表 7-19 所示。

表 7-19 通用中断控制寄存器——GICR 的定义

bit	7	6	5	4	3	2	1	0	
读/写	R/W	R/W	R/W	R	R	R	R/W	R/W	GICR
名称	INT1	INT0	INT2	—	—	—	IVSEL	IVCE	

1）IVSEL: 中断向量选择

当 IVSEL 为"0"时，中断向量位于 Flash 存储器的起始地址；当 IVSEL 为"1"时，中断向量转移到 Boot 区的起始地址。实际的 Boot 区起始地址由熔丝位 BOOTSZ 确定。为了防止无意识地改变中断向量表，修改 IVSEL 时需要遵照如下过程：

（1）置位中断向量修改使能位 IVCE。

（2）在紧接的四个时钟周期里将需要的数据写入 IVSEL，同时对 IVCE 写"0"执行上述序列时中断自动被禁止。其实，在置位 IVCE 时中断就被禁止了，并一直保持到写 IVSEL 操作之后的下一条语句。如果没有 IVSEL 写操作，则中断在置位 IVCE 之后的四个时钟周期保持禁止。需要注意的是：虽然中断被自动禁止，但状态寄存器的 I 标志的值并不受此操作的影响。

2）IVCE：中断向量修改使能

改变 IVSEL 时 IVCE 必须置位。在 IVCE 或 IVSEL 写操作之后四个时钟周期，IVCE 被硬件清零。如前面所述，置位 IVCE 将禁止中断。

3）INT1：使能外部中断请求 1

当 INT1 为 "1"，而且状态寄存器 SREG 的 I 标志置位，相应的外部引脚中断就使能了。

注意 外部中断请求 1 受 MCU 通用控制寄存器 MCUCR 控制。通用控制寄存器 MCUCR 的中断敏感电平控制 1 位 1/0（ISC11 与 ISC10）决定中断是由上升沿、下降沿，还是 INT1 电平触发的。只要使能，即使 INT1 引脚被配置为输出，只要引脚电平发生了相应的变化，中断可产生。

4）INT0：使能外部中断请求 0

当 INT0 为 "1"，而且状态寄存器 SREG 的 I 标志置位，相应的外部引脚中断就使能了。

注意 外部中断请求 0 受 MCU 通用控制寄存器 MCUCR 控制。通用控制寄存器 MCUCR 的中断敏感电平控制 0 位 1/0（ISC01 与 ISC00）决定中断是由上升沿、下降沿，还是 INT0 电平触发的。只要使能，即使 INT0 引脚被配置为输出，只要引脚电平发生了相应的变化，中断就产生。

5）INT2：使能外部中断请求 2

当 INT2 为 "1"，而且状态寄存器 SREG 的 I 标志置位，相应的外部引脚中断就使能了。

注意 外部中断请求 2 受 MCU 通用控制寄存器 MCUCR 控制。通用控制寄存器 MCUCR 的中断敏感电平控制 2 位 1/0（ISC2）决定中断是由上升沿、下降沿，还是 INT2 电平触发的。只要使能，即使 INT2 引脚被配置为输出，只要引脚电平发生了相应的变化，中断就产生。

2. 通用中断标志寄存器——GIFR

通用中断标志寄存器——GIFR 的定义如表 7-20 所示。

表 7-20　通用中断标志寄存器——GIFR 的定义

bit	7	6	5	4	3	2	1	0	
读/写	R/W	R/W	R/W	R	R	R	R	R	GIFR
名称	INT1	INT0	INT2	—	—	—	—	—	

1）INT1：外部中断标志 1

INT1 引脚电平发生跳变时触发中断请求，并置位相应的中断标志 INT1。如果 SREG 的位 I，以及 GICR 寄存器相应的中断使能位 INT1 为 "1"，MCU 即跳转到相应的中断向量。进入中断服务程序之后该标志自动清零。此外，标志位也可以通过写入 "1" 来清零。

2）INT0：外部中断标志 0

INT0 引脚电平发生跳变时触发中断请求，并置位相应的中断标志 INT0。如果 SREG 的位 I，以及 GICR 寄存器相应的中断使能位 INT0 为"1"，MCU 即跳转到相应的中断向量。进入中断服务程序之后该标志自动清零。此外，标志位也可以通过写入"1"来清零。

3）INT2：外部中断标志 2

INT2 引脚电平发生跳变时触发中断请求，并置位相应的中断标志 INT2。如果 SREG 的位 I，以及 GICR 寄存器相应的中断使能位 INT2 为"1"，MCU 即跳转到相应的中断向量。进入中断服务程序之后该标志自动清零。此外，标志位也可以通过写入"1"来清零。

注意 当 INT2 中断禁用进入某些休眠模式时，该引脚的输入缓冲将禁用。这会导致 INT2 标志设置信号的逻辑变化。

3. 定时器/计数器中断屏蔽寄存器——TIMSK

定时器/计数器中断屏蔽寄存器——TIMSK 的定义如表 7-21 所示。

表 7-21 定时器/计数器中断屏蔽寄存器——TIMSK 的定义

bit	7	6	5	4	3	2	1	0	
读/写	R/W	R/W	R/W	R/W	R/W	R/W	R/W	R/W	TIMSK
名称	OCIE2	TOIE2	TICIE1	OCIE1A	OCIE1B	TOIE1	OCIE0	TOIE0	

1）OCIE2：T/C2 输出比较匹配中断使能

当 OCIE2 和状态寄存器的全局中断使能位 I 都为"1"时，T/C2 的输出比较匹配 A 中断使能。当 T/C2 的比较匹配发生，即 TIFR 中的 OCF2 置位时，中断服务程序得以执行。

2）TOIE2：T/C2 溢出中断使能

当 TOIE2 和状态寄存器的全局中断使能位 I 都为"1"时，T/C2 的溢出中断使能。当 T/C2 发生溢出，即 TIFR 中的 TOV2 位置位时，中断服务程序得以执行。

3）TICIE1：T/C1 输入捕捉中断使能

当该位被设为"1"，且状态寄存器中的 I 位被设为"1"时，T/C1 的输入捕捉中断使能。一旦 TIFR 的 ICF1 置位，CPU 即开始执行 T/C1 输入捕捉中断服务程序。

4）OCIE1A：输出比较 A 匹配中断使能

当该位被设为"1"，且状态寄存器中的 I 位被设为"1"时，T/C1 的输出比较 A 匹配中断使能。一旦 TIFR 上的 OCF1A 置位，CPU 即开始执行 T/C1 输出比较 A 匹配中断服务程序。

5）OCIE1B：T/C1 输出比较 B 匹配中断使能

当该位被设为"1"，且状态寄存器中的 I 位被设为"1"时，T/C1 的输出比较 B 匹配中断使能。一旦 TIFR 上的 OCF1B 置位，CPU 即开始执行 T/C1 输出比较 B 匹配中断服务程序。

6）TOIE1：T/C1 溢出中断使能

当该位被设为"1"，且状态寄存器中的 I 位被设为"1"时，T/C1 的溢出中断使能。一旦 TIFR 上的 TOV1 置位，CPU 即开始执行 T/C1 溢出中断服务程序。

7）OCIE0：T/C0 输出比较匹配中断使能

当 OCIE0 和状态寄存器的全局中断使能位 I 都为"1"时，T/C0 的输出比较匹配中断使能。当 T/C0 的比较匹配发生，即 TIFR 中的 OCF0 置位时，中断服务程序得以执行。

8）TOIE0：T/C0 溢出中断使能

当 TOIE0 和状态寄存器的全局中断使能位 I 都为"1"时，T/C0 的溢出中断使能。当 T/C0 发生溢出，即 TIFR 中的 TOV0 位置位时，中断服务程序得以执行。

4．定时器/计数器中断标志寄存器——TIFR

定时器/计数器中断标志寄存器——TIFR 的定义如表 7-22 所示。

表 7-22　定时器/计数器中断标志寄存器——TIFR 的定义

bit	7	6	5	4	3	2	1	0	
读/写	R/W	R/W	R/W	R/W	R/W	R/W	R/W	R/W	TIFR
名称	OCF2	TOV2	ICF1	OCF1A	OCF1B	TOV1	OCF0	TOV0	

1）OCF2：输出比较标志 2

当 T/C2 与 OCR2（输出比较寄存器 2）的值匹配时，OCF2 置位。此位在中断服务程序里硬件清零，也可以通过对其写"1"来清零。当 SREG 中的位 I、OCIE2 和 OCF2 都置位时，中断服务程序得到执行。

2）TOV2：T/C2 溢出标志

当 T/C2 溢出时，TOV2 置位。执行相应的中断服务程序时此位硬件清零。此外，TOV2 也可以通过写"1"来清零。当 SREG 中的位 I、TOIE2 和 TOV2 都置位时，中断服务程序得到执行。在 PWM 模式中，当 T/C2 在 0x00 改变记数方向时，TOV2 置位。

3）ICF1：T/C1 输入捕捉标志位

外部引脚 ICP1 出现捕捉事件时 ICF1 置位。此外，当 ICR1 作为计数器的 TOP 值时，一旦计数器值达到 TOP，ICF1 也置位。执行输入捕捉中断服务程序时 ICF1 自动清零。也可以对其写入逻辑"1"来清除该标志位。

4）OCF1A：T/C1 输出比较 A 匹配标志位

当 TCNT1 与 OCR1A 匹配成功时，该位被设为"1"。强制输出比较（FOC1A）不会置位 OCF1A。执行强制输出比较匹配 A 中断服务程序时 OCF1A 自动清零。也可以对其写入逻辑"1"来清除该标志位。

5）OCF1B：T/C1 输出比较 B 匹配标志位

当 TCNT1 与 OCR1B 匹配成功时，该位被设为"1"。强制输出比较（FOC1B）不会置位 OCF1B。执行强制输出比较匹配 B 中断服务程序时 OCF1B 自动清零。也可以对其写入逻辑"1"来清除该标志位。

6）TOV1: T/C1 溢出标志

该位的设置与 T/C1 的工作方式有关。工作于普通模式和 CTC 模式时，T/C1 溢出时 TOV1 置位。对工作在其他模式下的 TOV1 标志位置位。

7）OCF0: 输出比较标志 0

当 T/C0 与 OCR0（输出比较寄存器 0）的值匹配时，OCF0 置位。此位在中断服务程序里硬件清零，也可以对其写 1 来清零。当 SREG 中的位 I，OCIE0（T/C0 比较匹配中断使能）和 OCF0 都置位时，中断服务程序得到执行。

8）TOV0: T/C0 溢出标志

当 T/C0 溢出时，TOV0 置位。执行相应的中断服务程序时此位硬件清零。此外，TOV0 也可以通过写 1 来清零。当 SREG 中的位 I、TOIE0（T/C0 溢出中断使能）和 TOV0 都置位时，中断服务程序得到执行。在相位修正 PWM 模式中，当 T/C0 在 0x00 改变记数方向时，TOV0 置位。

7.5.3 中断处理

中断按照其紧急程度被单片机排序称为中断优先级，优先级较高的中断将会被优先执行。正在执行的低级中断可以被高级中断打断，高级中断执行完后再执行优先级较低的中断。

由中断优先级的优先级介绍可知，在一个中断执行的过程中还可以再次发生其他中断，如低级中断可以被较高级中断打断。这种中断执行过程中又出现中断的现象称为"中断嵌套"。中断嵌套的发生条件是嵌套中断优先级必须高于执行中的中断优先级，优先级低于执行中的中断都不可以将其打断。

使用中断需要注意的事项有以下几点。

1）中断可能会增加某段软件的执行时间

由于中断的插入，某段软件的执行时间计算将变得复杂起来。举例说明，假设在嵌套中断没有中断发生的情况下，主程序从指令 1 执行到指令 n 共需要 10ms，执行中断"I"和"II"的发生都有可能加长主程序指令 1 到指令 n 的执行时间，对于这种情况，只可以算出最长和最短的执行时间。

① 最短执行时间——没有中断发生时的执行时间，10ms。

② 最长执行时间——两个中断嵌套发生时的执行时间，18ms。

③ 至于实际运行的执行时间会介于两者之间。

2）中断可能抢占正在使用的资源

由于中断源的发生时间决定了中断服务程序何时被执行，这使得中断服务程序的执行顺序相对主程序看并不固定，故在编写程序时需要注意保护正在使用的重要资源，如变量、端口状态、寄存器等，避免被中断"搅乱"。

3）嵌套较深的中断可能要求更大的软硬件堆栈空间

每进入一个中断的服务程序名，单片机都需要进行现场保护的工作。现场保护工作需要记住许多当前的状态，而这些数据都是保存在软件或者硬件堆栈里面的。然而使用 C 语言进行程序开发的用户不一定能够直接看到这些过程，但是应该意识到，过深的中断嵌套可能造成堆栈溢出，表现为发生中断后，程序"死机"或者"混乱"。

除了中断这个特殊的方式，查询也是单片机得知某事件发生的基本方式。一个程序是使用中断还是查询常常是初学者难以抉择的问题。表 7-23 所示是两者的比较。

表 7-23　中断与查询特性比较

特　性	中　断	查　询
对时间的占用	在没有发生中断时不会占用程序的执行时间	会占用一定的程序执行时间，若查询算法没有超时间保护，单片机会在查询上消耗所有程序时间
对事件的响应速度	只要中断被允许，事件可以立即响应	取决于查询的频繁程度，若单片机花费所有时间查询某个事件的发生，其响应速度将取决于单片机查询的间隔时间。某些时候，查询方式对事件的响应速度会比中断方式更快
对初学者的难易程度	比较抽象	容易理解

实例 7-2　使用 Proteus 仿真中断唤醒的键盘

本实例仿真外部中断唤醒的键盘，以了解外部中断与单片机休眠功能的设置。

结果文件——附带光盘"Ch7\实例 7-2"文件夹。

动画演示——附带光盘"AVI\7-2.avi"文件。

（1）平常使用的计算机如果一段时间没有对其进行操作，会自动转入休眠节电模式，若此时按动鼠标或键盘，计算机将立即恢复工作状态，此种休眠方式可以节省电能。ATmega16 单片机同样有这种休眠功能。睡眠模式可以使应用程序关闭 MCU 中没有使用的模块，从而降低功耗。AVR 具有不同的睡眠模式，允许用户根据自己的应用要求实施剪裁。

进入睡眠模式的条件是置位寄存器 MCUCR 的 SE，然后执行 SLEEP 指令。具体哪一种模式（空闲模式、ADC 噪声抑制模式、掉电模式、省电模式、Standby 模式和扩展 Standby 模式）由 MCUCR 的 SM2、SM1 和 SM0 决定，如表 7-24 及表 7-25 所示。使能的中断可以将进入睡眠模式的 MCU 唤醒。经过启动时间，外加四个时钟周期后，MCU 就可以运行中断例程了。然后返回到 SLEEP 的下一条指令。唤醒时不会改变寄存器文件和 SRAM 的内容。如果在睡眠过程中发生了复位，则 MCU 唤醒后从中断向量开始执行。

表 7-24　MCU 控制寄存器——MCUCR 的定义

bit	7	6	5	4	3	2	1	0	
读/写	R/W	R/W	R/W	R/W	R/W	R/W	R/W	R/W	MCUCR
名称	SM2	SE	SM1	SM0	ISC11	ISC10	ISC01	ISC00	

表 7-25　休眠模式选择

SM2	SM1	SM0	休眠模式
0	0	0	空闲模式
0	0	1	ADC 噪声抑制模式
0	1	0	掉电模式
0	1	1	省电模式
1	0	0	保留
1	0	1	保留
1	1	0	Standby 模式
1	1	1	扩展 Standby 模式

为了使 MCU 在执行 SLEEP 指令后进入休眠模式，SE 必须置位。为了确保进入休眠模式是程序员的有意行为，建议仅在 SLEEP 指令的前一条指令置位 SE。MCU 一旦唤醒立即清除 SE。

（2）本例需要一个简单的计时模块，采用循环计数实现，严格要求的话可以考虑定时器/计数器的使用，后面会展开讲解。计时模块是为了休眠单片机。此处休眠单片机的模式是掉电模式，此种模式下单片机的时钟将会停止振荡，可以让单片机退出这种模式的只有外部中断（INT0/INT1/INT2）（仅限于电平中断模式）、TWI 总线地址匹配中断、看门狗复位、BOD 复位。当使用外部电平中断方式将 MCU 从掉电模式唤醒时，必须将外部电平保持一定时间。

（3）启动 Proteus ISIS，进入界面后按照图 7-47 所示电路图进行原理图绘制。其使用的元器件如元器件表 7-2 所示。

此处关键的是矩阵扫描键盘必须接至中断口 INT0 与 INT1。矩阵扫描键盘通过按钮接通触发中断事件。

元器件表 7-2　外部中断唤醒的键盘电路

Reference	Type	Value	Package
R1	RES	10k	RES40
R2	RES	10k	RES40
U1	ATMEGA16	ATMEGA16	DIL40

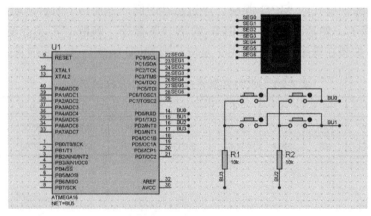

图 7-47　外部中断唤醒的键盘电路原理图

（4）程序如下：

```c
#include<avr/io.h>
#include<avr/interrupt.h>
#include<avr/signal.h>
#define KEY_X_1 0b00000010
#define KEY_X_2 0b00000001
#define KEY_SCAN 0b00001100
#define KEY_Y_1 0b00001000
#define KEY_Y_2 0b00000100
unsigned char table[16]={0x3f,0x06,0x5b,0x4f,0x66,0x6d,0x7d,0x07,0x7f,0x6f,0x77,0x7c,0x39,0x5e,0x79,0x71};
void delay(unsigned char t)                    //延时子程序
{
    volatile unsigned char a;
    for(;t>0;t--)
    {
        for(a=255;a>0;a--);
    }
}
unsigned char getkey(void)
{
    PORTD=KEY_X_1;
    if((PIND & KEY_SCAN)==KEY_Y_1){delay(10);if((PIND & KEY_SCAN)==KEY_Y_1) return 1;}
    if((PIND & KEY_SCAN)==KEY_Y_2){delay(10);if((PIND & KEY_SCAN)==KEY_Y_2) return 2;}
    PORTD=KEY_X_2;
    if((PIND & KEY_SCAN)==KEY_Y_1){delay(10);if((PIND & KEY_SCAN)==KEY_Y_1) return 3;}
    if((PIND & KEY_SCAN)==KEY_Y_2){delay(10);if((PIND & KEY_SCAN)==KEY_Y_2) return 4;}
    return 0;
}
SIGNAL(SIG_INTERRUPT0)                    //外部中断 INT0 的处理
{
    MCUCR &= ~_BV(SE);                    //禁止休眠功能，以免误触发
    GICR &= ~_BV(INT0)|~_BV(INT1);        //禁止引脚电平变化中断，以免影响键盘扫描程序的运行
}
SIGNAL(SIG_INTERRUPT1)                    //外部中断 INT1 的处理
{
    MCUCR &= ~_BV(SE);                    //禁止休眠功能，以免误触发
    GICR &= ~_BV(INT0)|~_BV(INT1);        //禁止引脚电平变化中断，以免影响键盘扫描程序的运行
}
void main()
{
    unsigned char a;
    int sleeptime=0;
    DDRD=0x03;
```

```
            DDRC=0xff;
sei();    PORTC=0Xff;
while(1)
{
    if((a=getkey())!=0)
    {
     sleeptime=0;                    //清零休眠计时器并显示按键值
     PORTC=table[a-1];
    }
    else
    {
     sleeptime++;                    //当没有按键按下时，计算连续未操作的时间，休眠
                                     //计时器自加以实现计时
     if(sleeptime>10000)            //超过一定时限
     {
      sleeptime=0;                   //清零休眠计时器,以便唤醒后继续计时
      PORTC=0x00;
      PORTD=0x00;                    //关闭数码管显示驱动以节省电能
      GICR = _BV(INT1) | _BV(INT0);  //使能外部中断 INT0 与 INT1
      MCUCR =_BV(SE)|_BV(SM1);       //设置掉电状态并使能休眠功能
      asm("SLEEP");                  //休眠单片机，进入掉电状态
      PORTD=0X00;                    //休眠唤醒后将 PC 端口重置回初始化状态
     }
    }
}
}
```

　　程序段中出现有 SIGNAL（signame）子程序以及 signal.h 头文件，这是 AVRGCC 为重写中断例程提供的两个宏，解决细节问题，分别是 SIGNAL（signame）和 INTERRUPT（signame），参数 signame 为中断名称，其定义在 io.h 中包含。SIGNAL 宏与 INTERRUPT 宏的区别在于 SIGNAL 宏执行时全局中断触发位被清除，其他中断被禁止；INTERRUPT 执行时全局中断触发位被置位，其他中断可嵌套执行。表 7-26 列出了 signame 的定义。

表 7-26　signame 的定义

signame	中断类型	siganme	中断类型
SIG_INTERRUPT0	外部中断 INT0	SIG_INTERRUPT1	外部中断 INT1
SIG_OUTPUT_COMPARE2	定时器/计数器比较匹配中断	SIG_OVERFLOW2	定时器/计数器 2 溢出中断
SIG_INPUT_CAPTURE1	定时器/计数器 2 输入捕获中断	SIG_OUTPUT_COMPARE1A	定时器/计数器 1 比较匹配 A
SIG_OUTPUT_COMPARE1B	定时器/计数器 1 比较匹配 B	SIG_OVERFLOW1	定时器/计数器 1 溢出中断
SIG_OVERFLOW0	定时器/计数器 0 溢出中断	SIG_SPI	SPI 操作完成中断

视频教学

续表

signame	中断类型	siganme	中断类型
SIG_UART_RECV	USART 接收完成	SIG_UART_DATA	USART 寄存器空
SIG_UART_TRANS	USART 传送完成	SIG_ADC	ADC 转换完成
SIG_EEPROM_READY	EEPROM 准备就绪	SIG_COMPARATOR	模拟比较器中断
SIG_2WIRE_SERIAL	TWI 中断	SIG_SPM_READY	写程序存储器准备好

此外，avrlib 提供了两个 API 函数用于置位和清零全局中断触发位，分别是 void sei（void）和 void cli（void）。

（5）编译生成.hex 可执行文件，在微处理器中加载，开启仿真。效果如图 7-48～图 7-50 所示。

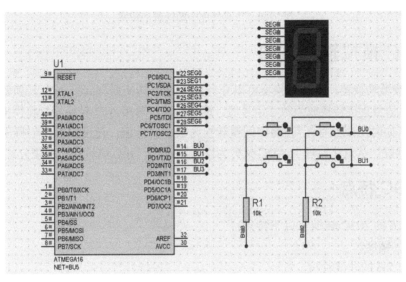

图 7-48　开始时显示"8"字

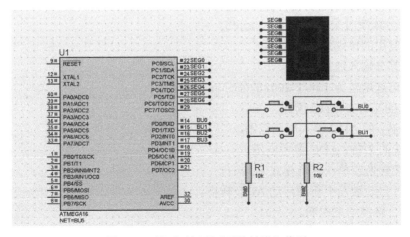

图 7-49　计时时间到后无按键进入休眠

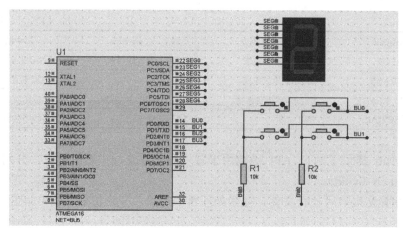

图 7-50　仿真外部中断唤醒的键盘

7.6　ADC 模拟输入接口

ADC 即模数转换器，A/D 转换器可以分为直接 A/D 转换器与间接 A/D 转换器。直接 A/D 转换器将模拟信号直接转换成为数字信号值，速度较快。间接 A/D 转换器先将模拟信号转换为某种中间量（如时间或频率），再将中间量转换为数字信号值，速度较慢，但抗干扰能力比直接 A/D 转换器好。从量化原理上 ADC 又分为逐次比较式、并行比较式、双积分式等类型。

7.6.1　ADC 特点

ATmega16 的 ADC 转换有以下特点：

（1）10 位精度。

（2）0.5 LSB 的非线性度。

（3）±2LSB 的绝对精度。

（4）65～260μs 的转换时间。

（5）最高分辨率时采样率高达 15 kSPS。

（6）8 路复用的单端输入通道。

（7）7 路差分输入通道。

（8）2 路可选增益为 10× 与 200× 的差分输入通道。

（9）可选的左对齐 ADC 读数。

（10）0～V_{CC} 的 ADC 输入电压范围。

（11）可选的 2.56V ADC 参考电压。

（12）连续转换或单次转换模式。

（13）通过自动触发中断源启动 ADC 转换。

（14）ADC 转换结束中断。

（15）基于睡眠模式的噪声抑制器。

ATmega16 有一个 10 位的逐次逼近型 ADC。ADC 与一个 8 通道的模拟多路复用器连接，从而能对来自端口 A 的 8 路单端输入电压进行采样。单端电压输入以 0V（GND）为基准。器件还支持 16 路差分电压输入组合。两路差分输入（ADC1、ADC0 与 ADC3、ADC2）有可编程增益级，在 A/D 转换前给差分输入电压提供 0dB(1×)、20dB(10×)或 46dB(200×)的放大级。7 路差分模拟输入通道共享一个通用负端（ADC1），而其他任何 ADC 输入可作为正输入端。如果使用 1×或 10×增益，可得到 8 位分辨率。如果使用 200×增益，可得到 7 位分辨率。ADC 包括一个采样保持电路，以确保在转换过程中输入 ADC 的电压保持恒定。ADC 由 AVCC 引脚单独提供电源。AVCC 与 VCC 之间的偏差不能超过 ±0.3V。标称值为 2.56V 的基准电压以及 AVCC 都位于器件之内。基准电压可以通过在 AREF 引脚上加一个电容进行解耦，以更好地抑制噪声。

7.6.2 ADC 的工作方式

ADC 可分为两种模式：一次转换模式和自由运行模式。在一次转换模式下，必须启动每一次转换；在自由运行模式下，ADC 会连续采样并更新 ADC 数据寄存器。

ADC 由 ADCSRA 的 ADEN 位控制使能。使能 ADC 后，第一次转换将引发一次哑转换过程，以初始化 ADC，然后才真正进行 A/D 转换。对于用户而言，此次转换过程比其他转换过程要多占 12 个 ADC 时钟周期。

ADSC 置位将启动 A/D 转换。在转换过程中，ADSC 位一直保持为高，转换结束后，ADSC 硬件清零。若在转换过程中通道改变了，则 ADC 首先要完成当前的转换，然后通道才可以改变。

ADC 产生 10 位的结果，存放于 ADCH 和 ADCL 中。为保证正确读取数据，系统读数据时首先读取 ADCL 的保护逻辑。一旦开始读取 ADCL 中的数据，ADC 对数据寄存器的访问就被禁止了。如果读取了 ADCL，则在读 ADCH 之前另一次 ADC 结束了，2 个寄存器的值不会更新，此次转换的数据将丢失。读完 ADCH 之后，ADC 才可以继续对 ADCH 和 ADCL 进行访问。

ADC 结束后会置位 ADIF，即使发生如上所述的情况，由于 ADCH 未被读取而丢失转换数据，ADC 结束中断仍将触发。

7.6.3 ADC 预分频器

ADC 预分频器的结构图如图 7-51 所示。

在默认条件下，逐次逼近电路需要一个 50～200kHz 的输入时钟以获得最大精度。如果所需的转换精度低于 10 位，那么输入时钟频率可以高于 200kHz，以达到更高的采样率。

ADC 模块包括一个预分频器，它可以由任何超过 100kHz 的 CPU 时钟来产生可接受的 ADC 时钟。预分频器通过 ADCSRA 寄存器的 ADPS 进行设置。置位 ADCSRA 寄存器的 ADEN 将使能 ADC，预分频器开

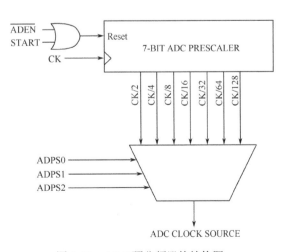

图 7-51 ADC 预分频器的结构图

始计数。只要 ADEN 为 1，预分频器就持续计数，直到 ADEN 清零。

ADCSRA 寄存器的 ADSC 置位后，单端转换在下一个 ADC 时钟周期的上升沿开始启动。正常转换需要 13 个 ADC 时钟周期。为了初始化模拟电路，ADC 使能（ADCSRA 寄存器的 ADEN 置位）后的第一次转换需要 25 个 ADC 时钟周期。在普通的 ADC 转换过程中，采样保持在转换启动之后的 1.5 个 ADC 时钟开始；而第一次 ADC 转换的采样保持则发生在转换启动之后的 13.5 个 ADC 时钟。转换结束后，ADC 结果被送入 ADC 数据寄存器，且 ADIF 标志置位。ADSC 同时清零（单次转换模式）。之后软件可以再次置位 ADSC 标志，从而在 ADC 的第一个上升沿启动一次新的转换。使用自动触发时，触发事件发生将复位预分频器。这保证了触发事件和转换启动之间的延时是固定的。在此模式下，采样保持在触发信号上升沿之后的 2 个 ADC 时钟发生。为了实现同步逻辑需要额外的 3 个 CPU 时钟周期。如果使用差分模式，加上不是由 ADC 转换结束实现的自动触发，每次转换需要 25 个 ADC 时钟周期。因为每次转换结束后都要关闭 ADC 然后又启动它。在连续转换模式下，当 ADSC 为 1 时，只要转换一结束，下一次转换立即开始。

ADC 转换时序如表 7-27 所示。

表 7-27 ADC 转换时序

条　件	采样与保持（启动转换后的时钟周期数）	转换时间（周期数）
首次转换	14.5	25
正常转换，单端	1.5	13
自动触发的转换	2	13.5
正常转换，差分	1.5/2.5	13/14

首次转换的时序、单次转换的时序和自动触发的时序分别如图 7-52～图 7-54 所示。

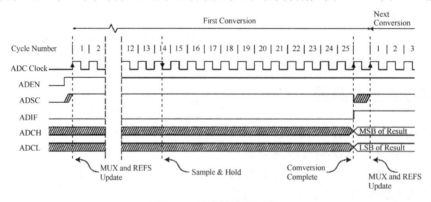

图 7-52 首次转换的时序

差分转换与内部时钟 CKADC2 同步等于 ADC 时钟的一半。同步是当 ADC 接口在 CKADC2 边沿出现采样与保持时自动实现的。当 CKADC2 为低时，通过用户启动转换（即所有的单次转换与第一次连续转换）将与单端转换使用的时间（接着的预分频后的 13 个 ADC 时钟周期）。当 CKADC2 为高时，由于同步机制，将会使用 14 个 ADC 时钟周期。在连续转换模式时，一次转换结束后立即启动新的转换，而由于 CKADC2 此时为高，所有的自动启动（即除第一次外）将使用 14 个 ADC 时钟周期。在所有的增益设置中，当带宽为 4kHz 时增益级最优。更高的频率可能会造成非线性放大。当输入信号包含高于增益级带宽的频率时，应在输入前加入低通滤波器。

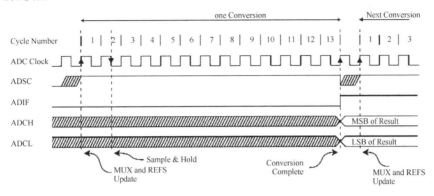

图 7-53　单次转换的时序

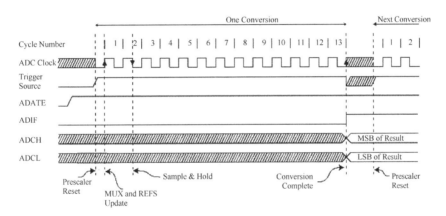

图 7-54　自动触发的时序

　　注意　ADC 时钟频率不受增益级带宽限制。例如，不管通道带宽是多少，ADC 时钟周期总为 6μs，允许通道采样率为 12 kSPS。如果使用差分增益通道且通过自动触发启动转换，在转换时 ADC 必须关闭。当使用自动触发时，ADC 预分频器在转换启动前复位。由于在转换前的增益级依靠稳定的 ADC 时钟，所以该转换无效。在每次转换（在寄存器 ADCSRA 的 ADEN 位中写 "0"，接着为 "1")时，通过禁用然后重新使能 ADC，只执行扩展转换。扩展转换结果有效。

7.6.4　ADC 的噪声抑制

　　ADC 的噪声抑制器使其可以在睡眠模式下进行转换，从而降低由于 CPU 及外围 I/O 设备噪声引入的影响。噪声抑制器可在 ADC 降噪模式及空闲模式下使用。为了使用这一特性，应采用如下步骤：

　　（1）确定 ADC 已经使能，且没有处于转换状态。工作模式应该为单次转换，并且 ADC 转换结束中断使能。

　　（2）进入 ADC 降噪模式（或空闲模式）。一旦 CPU 被挂起，ADC 便开始转换。

（3）如果在 ADC 转换结束之前没有其他中断产生，那么 ADC 中断将唤醒 CPU 并执行 ADC 转换结束中断服务程序。如果在 ADC 转换结束之前有其他的中断源唤醒了 CPU，对应的中断服务程序得到执行。ADC 转换结束后产生 ADC 转换结束中断请求。CPU 将工作到新的休眠指令得到执行。

进入除空闲模式及 ADC 降噪模式之外的其他休眠模式时，ADC 不会自动关闭。在进入这些休眠模式时，建议将 ADEN 清零以降低功耗。如果 ADC 在该休眠模式下使能，且用户要完成差分转换，建议关闭 ADC 且在唤醒后促使外部转换得到有效值。

7.6.5　与 ADC 相关的 I/O 寄存器

本节将介绍与 ADC 相关的 I/O 寄存器。

1．ADC 多工选择寄存器——ADMUX

ADC 多工选择寄存器——ADMUX 的定义如表 7-28 所示。

表 7-28　ADC 多工选择寄存器——ADMUX 的定义

bit	7	6	5	4	3	2	1	0	
读/写	R/W	R/W	R/W	R/W	R/W	R/W	R/W	R/W	ADMUX
名称	REFS1	REFS0	ADLAR	MUX4	MUX3	MUX2	MUX1	MUX0	

1）REFS1:0: 参考电压选择

参见表 7-29，通过这几位可以选择参考电压。如果在转换过程中改变了它们的设置，只有等到当前转换结束（ADCSRA 寄存器的 ADIF 置位）之后改变才会起作用。如果在 AREF 引脚上施加外部参考电压，内部参考电压就不能被选用。

表 7-29　ADC 参考电压选择

REFS1	REFS0	参考电压选择
0	0	AREF，内部 Vref 关闭
0	1	AVCC，AREF 引脚外加滤波电容
1	0	保留
1	1	2.56V 的片内基准电压源，AREF 引脚外加滤波电容

2）ADLAR: ADC 转换结果左对齐

ADLAR 影响 ADC 转换结果在 ADC 数据寄存器中的存放形式。ADLAR 置位时转换结果为左对齐，否则为右对齐。ADLAR 的改变将立即影响 ADC 数据寄存器的内容，不论是否有转换正在进行。

3）MUX4:0: 模拟通道与增益选择位

通过这几位的设置，可以对连接到 ADC 的模拟输入进行选择。也可对差分通道增益进行选择。如果在转换过程中改变这几位的值，那么只有到转换结束（ADCSRA 寄存器的 ADIF 置位）后新的设置才有效。

2．ADC 控制和状态寄存器 A——ADCSRA

ADC 控制和状态寄存器 A——ADCSRA 的定义如表 7-30 所示。

表 7-30　ADC 控制和状态寄存器 A——ADCSRA 的定义

bit	7	6	5	4	3	2	1	0	
读/写	R/W	R/W	R/W	R/W	R/W	R/W	R/W	R/W	ADCSRA
名称	ADEN	ADSC	ADATE	ADIF	ADIE	ADPS2	ADPS1	ADPS0	

1）ADEN：ADC 使能

ADEN 置位即启动 ADC，否则 ADC 功能关闭。在转换过程中关闭 ADC 将立即中止正在进行的转换。

2）ADSC：ADC 开始转换

在单次转换模式下，ADSC 置位将启动一次 ADC 转换。在连续转换模式下，ADSC 置位将启动首次转换。第一次转换（在 ADC 启动之后置位 ADSC，或者在使能 ADC 的同时置位 ADSC）需要 25 个 ADC 时钟周期，而不是正常情况下的 13 个。第一次转换执行 ADC 初始化的工作。在转换进行过程中读取 ADSC 的返回值为"1"，直到转换结束。ADSC 清零不产生任何动作。

3）ADATE：ADC 自动触发使能

ADATE 置位将启动 ADC 自动触发功能。触发信号的上跳沿启动 ADC 转换。触发信号源通过 SFIOR 寄存器的 ADC 触发信号源选择位 ADTS 设置。

4）ADIF：ADC 中断标志

在 ADC 转换结束，且数据寄存器被更新后，ADIF 置位。如果 ADIE 及 SREG 中的全局中断使能位 I 也置位，ADC 转换结束中断服务程序即得以执行，同时 ADIF 硬件清零。此外，还可以通过向此标志写 1 来清零 ADIF。要注意的是：如果对 ADCSRA 进行读——修改——写操作，那么待处理的中断会被禁止。这也适用于 SBI 及 CBI 指令。

5）ADIE：ADC 中断使能

若 ADIE 及 SREG 的位 I 置位，ADC 转换结束中断即被使能。

6）ADPS2:0：ADC 预分频器选择位

由这几位来确定 XTAL 与 ADC 输入时钟之间的分频因子。具体如表 7-31 所示。

表 7-31　ADC 预分频选择

ADPS2	ADPS1	ADPS0	分 频 因 子
0	0	0	2
0	0	1	2
0	1	0	4
0	1	1	8
1	0	0	16
1	0	1	32
1	1	0	64
1	1	1	128

3. ADC 数据寄存器——ADCL 及 ADCH

ADC 数据寄存器——ADCL 及 ADCH 的定义如表 7-32 及表 7-33 所示。

表 7-32　ADLAR=0 时 ADC 数据寄存器——ADCL 及 ADCH 的定义

bit	15	14	13	12	11	10	9	8	
读/写	R	R	R	R	R	R	R	R	ADCH
名称	—	—	—	—	—	—	ADC9	ADC8	
BIT	7	6	5	4	3	2	1	0	
读/写	R	R	R	R	R	R	R	R	ADCL
名称	ADC7	ADC6	ADC5	ADC4	ADC3	ADC2	ADC1	ADC0	

表 7-33　ADLAR=1 时 ADC 数据寄存器——ADCL 及 ADCH 的定义

bit	15	14	13	12	11	10	9	8	
读/写	R	R	R	R	R	R	R	R	ADCH
名称	ADC9	ADC8	ADC7	ADC6	ADC5	ADC4	ADC3	ADC2	
BIT	7	6	5	4	3	2	1	0	
读/写	R	R	R	R	R	R	R	R	ADCL
名称	ADC1	ADC0	—	—	—	—	—	—	

ADC 转换结束后，转换结果存于这两个寄存器中。如果采用差分通道，结果由 2 的补码形式表示。读取 ADCL 之后，ADC 数据寄存器一直要等到 ADCH 也被读出才可以进行数据更新。因此，如果转换结果为左对齐，且要求的精度不高于 8bit，那么仅需读取 ADCH 就足够了。否则必须先读出 ADCL 再读 ADCH。

ADMUX 寄存器的 ADLAR 及 MUXn 会影响转换结果在数据寄存器中的表示方式。如果 ADLAR 为 1，那么结果为左对齐；反之（系统默认设置），结果为右对齐。

4. 特殊功能 I/O 寄存器——SFIOR

特殊功能 I/O 寄存器——SFIOR 的定义如表 7-34 所示。

表 7-34　特殊功能 I/O 寄存器——SFIOR 的定义

bit	7	6	5	4	3	2	1	0	
读/写	R/W	R/W	R/W	R	R/W	R/W	R/W	R/W	SFIOR
名称	ADTS2	ADTS1	ADTS0	—	ACME	PUD	PSR2	PSR10	

1）ADTS2:0：ADC 自动触发源

若 ADCSRA 寄存器的 ADATE 置位，ADTS 的值将确定触发 ADC 转换的触发源，否则 ADTS 的设置没有意义。被选中的中断标志在其上升沿触发 ADC 转换。从一个中断标志清零的触发源切换到中断标志置位的触发源会使触发信号产生一个上升沿。如果此时 ADCSRA 寄存器的 ADEN 为 1，ADC 转换即被启动。切换到连续运行模式（ADTS [2:0]=0）时，即使 ADC 中断标志已经置位也不会产生触发事件。ADC 自动触发源选择如表 7-35 所示。

表 7-35　ADC 自动触发源选择

ADTS2	ADTS1	ADTS0	触 发 源
0	0	0	连续转换模式
0	0	1	模拟比较器
0	1	0	外部中断请求 0
0	1	1	定时器/计数器 0 比较匹配
1	0	0	定时器/计数器 0 溢出
1	0	1	定时器/计数器比较匹配 B
1	1	0	定时器/计数器 1 溢出
1	1	1	定时器/计数器 1 捕捉事件

2）Res：保留位

这一位保留。为了与以后的器件相兼容，在写 SFIOR 时这位应写 0。

7.6.6　ADC 噪声消除技术

ATmega16 的内外部数字电路会产生 EMI 电磁干扰，从而影响模拟测量精度。若转换精度要求很高，则需要应用以下技术以减少噪声：

（1）模拟部分及其他模拟器件在 PCB 上要有独立的地线层。模拟地线与数字地线单点相连。

（2）使模拟信号通路尽量短。要使模拟走线在模拟地上通过，并且尽量远离高速数字通路。

（3）AVCC 要通过一个 RC 网络连接到 VCC。

（4）利用 ADC 的噪声消除技术减少 CPU 引入的噪声。

（5）若某些引脚用做数字输出口，则在 ADC 转换过程中不要改变其状态。

实例 7-3　使用 Proteus 仿真简易电量计

本实例仿真简易电量计，以了解 ADC 功能设置。

 结果文件 ——附带光盘"Ch7\实例 7-3"文件夹

 动画演示 ——附带光盘"AVI\7-3.avi"文件

（1）电量计通过测量电池的电压来告知用户电池剩余容量。通常来说，电池两端的电压在一定程度上表征了电池内剩余电量的多少。这里先做一个粗略的近似，认为电压与电量呈简单的线性关系，测量电量实际上就是测量电池两端的电压。本例中，通过不同的 LED 灯显示电压范围的大小，同时使用 7 段数码管进行显示。

（2）启动 Proteus ISIS，按照图 7-55 所示电路图编辑电路原理图。所使用的元器件如元器件表 7-3 所示。

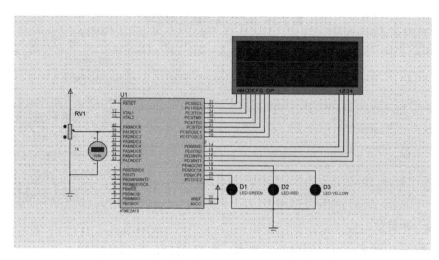

图 7-55　Proteus 仿真电量计电路原理图

元器件表 7-3　Proteus 仿真电量计电路

Reference	Type	Value	Package
D1	LED-GREEN	LED-GREEN	missing
D2	LED-RED	LED-RED	missing
D3	LED-YELLOW	LED-YELLOW	missing
RV1	POT-LIN	1k	missing
U1	ATMEGA16	ATMEGA16	DIL40

（3）7 段数码管是四位集成 7 段数码管，ABCDEFG 位是段码，1234 是位码，通过不断地扫描位 1、位 2、位 3、位 4 即显示相应的段码，只要扫描时间足够短，即可造成在人眼中形成视觉停留，认为所有数码管全亮。D2 是红色 LED，显示电压高于 4V 的情况；D3 是黄色 LED，显示电压处于 2.5～4V 的情况；D4 是绿色 LED，显示电压低于 2.5V 的情况。RV1 是可调电阻，可调端接于 PA1，即 ADC1 通道，通过测量可调端的电压实现其功能。

（4）程序部分，涉及 ADC 的软件滤波技术，在高端的要求中，由于 A/D 输入端上除了需要测量的电压之外，还有干扰，需要使用硬件滤波与软件滤波。

软件滤波算法有队列类和过滤类两大类。队列类算法着重于将收到的数据以队列的形式组织起来进行存储和加工。利用队列的组织形式对一组数据进行加工是该算法的关键。队列类算法通常采用一个定长的队列来存放数据，然后对队列进行排序并选取中间的数值。经过计算后得到的数值可以作为新的结果被存放到专门的变量中或添加到另外一个用于记录变化趋势的队列中。这种算法通常用于滤除周期性的干扰，系统开支大、速度慢、灵敏度低，过滤类算法是根据事先设定的一些条件，对输入的数据进行筛选，过滤剔除某些数据。常用的过滤条件有数值的范围、前后两个数值的最大差值、某种特征序列等。过滤类算法是一类基于条件判断的算法。当指定的条件满足时，数据被接受并且得到处理；条件不满足时，则根据一项原则选取替代品。

队列类算法中常见的基本算法：

① 算术均值滤波。所谓算术均值滤波，是在每收到了固定数量的采样数据以后就计算一次这些数据的平均值，并且将这些平均值作为处理后得到的结果输出。完成一次计算

后，通常将存储采样数值的队列清空，并将计数器清零，开始下一轮的处理。

② 滑动窗口均值滤波。所谓滑动窗口均值滤波，实际上是对算术均值滤波的一种改进。算术均值滤波中，每采集一固定数量的数据才进行一次处理、输出一次数据，原本就很离散的数据经过这种处理后，输出的结果在时间上的间隔就更大了。为修正这种扩大的时间间隔，每采集一个数据就对整个队列进行一次处理，也就是说，每次处理后都不清空队列。

③ 中值滤波。中值滤波实际上是滑动窗口均值滤波的一个姐妹算法。唯一不同于滑动窗口均值滤波算法的是中值滤波并不对队列中的元素进行算术平均，而是将其排序，取中间值作为结果输出。

过滤类算法中常见的基本算法：

① 限幅滤波。限幅算法的基本思想是对输入数据的大小设置了一定的门限，可以是上限，也可以是下限，也可以两者都有。对于超过限度的输入量，采用一定额替代策略。

② K 限幅滤波。对于一个相对稳定变化缓慢的信号源，采样的结果也应该是相对稳定且变化缓慢的，但是从采样的结果中，往往发现偶尔会有一两个很强的噪声，在波形中表现为短暂尖峰。对于这类噪声，如果应用中不允许使用深度较大的均值滤波，最好的方法是监测前后两个波形的变化率，也就是斜率 K。对于造成过大斜率的数值，直接丢弃，采用上一次的有效结果作为结果输出。

③ 一阶滞后滤波。所谓一阶滞后滤波，实际上就是一个针对前后两个采样结果的加权平均算法。关于权值，规定新来的数据有一个较高的权值，上次的权值较低，所有的权值之和为 1。

本例中采用了队列类算法。低端应用时，结果好，速度快。程序如下：

```c
#include<avr/io.h>
#define uchar unsigned char
#define uint unsigned int
static uint advalue[8];
unsigned char table[16]={0x3f,0x06,0x5b,0x4f,0x66,0x6d,0x7d,0x07,0x7f,0x6f,0x77,0x7c,0x39,0x5e,0x79,0x71};
unsigned char saomiao[4]={0x01,0x02,0x04,0x08};

void delay(uchar shu)
{
    volatile uchar i;
    for(;shu>0;shu--)
      for(i=5;i>0;i--);
}

uint ADConvert(void)
{
    uchar i;
    uint ret;
```

```
        uchar max_id,min_id,max_value,min_value;

        ADMUX=0x41;                    //内部 2.56V 参考电压，0 通道
        ADCSRA=_BV(ADEN);              //使能 ADC，单次转换模式
        //连续转换 8 次
        for(i=0;i<8;i++)
        {
            ADCSRA|=_BV(ADSC);         //ADC 转换开始
            delay(6);
            while(ADCSRA & _BV(ADSC))  //在转换过程中读取 ADSC 的返回值为 "1"，直到转换
                                       //结束，ADSC 清零不产生任何动作
              delay(6);
            ret = ADCL;                //获取 ADC 转换完成后的低位数据
            ret|=(uint)(ADCH<<8);      //获取 ADC 转换完成后的高位数据
            //ret = ADC;
            advalue[i] = ret;
        }
        ret = 0;
        for(i=1;i<8;i++)
    ret+=advalue[i];

        //找到最大值和最小值
        ret/=7;
        max_id=min_id=1;
        max_value=min_value=0;
        for(i=1;i<8;i++)
        {
            if(advalue[i]>ret)
            {
                if(advalue[i]-ret>max_value)
                {
                    max_value=advalue[i]-ret;
                    max_id=i;
                }
            }
            else
            {
                if(ret-advalue[i]>min_value)
                {
```

```
                min_value=ret-advalue[i];
                min_id=i;
            }
        }
    }
    //去掉第一个，最大值和最小值后的平均值
    ret=0;
    for(i=1;i<8;i++)
    {
        if((i!=min_id)&&(i!=max_id))
            ret+=advalue[i];
    }
    if(min_id!=max_id)
        ret/=5;
    else
        ret/=6;
    if(ret>(4*1024/5)){PORTD |=_BV(4);}
    else if(ret>(2.5*1024/5)){PORTD |=_BV(5);}
    else {PORTD |=_BV(6);}
    ADCSRA = 0;    //关闭 ADC
    return ret;
}

int main()
{
    unsigned int adresult;
    DDRC=0xff;
    DDRD=0xff;
    DDRA=0x00;
    while(1)
    {
        ADConvert();
        adresult=ADConvert()*5;
        PORTD=saomiao[0];
        PORTC=(~table[adresult/1000])&0x7f;
        delay(150);
        PORTD=saomiao[1];
        PORTC=~table[(adresult-adresult/1000*1000)/100];
        delay(150);
```

```
    PORTD=saomiao[2];
    PORTC=~table[(adresult-adresult/100*100)/10];
    delay(150);
    PORTD=saomiao[3];
    PORTC=~table[adresult-adresult/10*10];
    delay(150);
    }
  }
```

（5）编译生成.hex 可执行文件，在电路原理图中对微处理器进行可执行文件的加载，单击仿真开始按钮进行仿真。仿真的效果如图 7-56 所示。

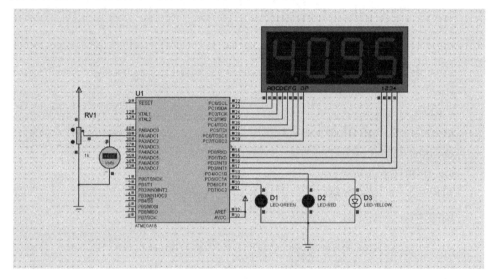

图 7-56　Proteus 仿真电量计仿真效果

7.7　通用串行接口 UART

微处理器系统的数据通信有两种方式：并行数据通信和串行数据通信。并行通信同时传送多位数据，而串行通信是一位一位顺序地发送或者接收。并行通信需要多地数据线，传输速度快但成本高，适用于传输距离较近和对传输速度要求较高的场合。而串行通信则只需要一根或者两根数据线，传输速度比并行通信稍慢但成本低，因此，在对传输速度要求不是很高，但对传输距离（成本）敏感的场合，串行通信得到了广泛的应用。

通用同步和异步串行接收器和转发器（USART）是一个高度灵活的串行通信设备。主要特点如下：

（1）全双工操作（独立的串行接收和发送寄存器）。

（2）异步或同步操作。

（3）主机或从机提供时钟的同步操作。

（4）高精度的波特率发生器。

视频教学

（5）支持 5、6、7、8 或 9 个数据位和 1 个或 2 个停止位。

（6）硬件支持的奇偶校验操作。

（7）数据过速检测。

（8）帧错误检测。

（9）噪声滤波，包括错误的起始位检测，以及数字低通滤波器。

（10）三个独立的中断：发送结束中断、发送数据寄存器空中断，以及接收结束中断。

（11）多处理器通信模式。

（12）倍速异步通信模式。

7.7.1　数据传送

数据传送通过将要被传送的数据写入 UART 的 I/O 寄存器进行初始化。

在以下情况下，数据从 UDR 传送至移位寄存器中。

（1）当前一个字符的停止位移后，新的字符写入 UDR 寄存器，移位寄存器立即再装入。

（2）当前一个字符的停止位被移出前，新的字符被写入至 UDR 寄存器，移位寄存器在当前字符的停止位移除后被装入。

若 10（11）位传送移位寄存器是空的，或当数据从 UDR 中传送至移位寄存器时，UART 状态寄存器 USR 的 UDRE 位（UART 状态寄存器空）被设置。当该位设置为 1 时，UART 准备接收下一个字符；当数据从 UDR 传送到 10（11）位移位寄存器中时，移位寄存器的起始位清零，而停止位被置位。

在波特率时钟加载到移位寄存器的传送操作时，起始位从 TXD 引脚移出，然后是数据，最低位在前。若在 UDR 里面有新数据，则 UART 会在停止位发送完毕后，自动加载数据。在加载数据的同时，UDRE 置位，并且一直保持到有新数据写入 UDR。当没有新的数据写入且停止位在 TXD 上保持了 1 位的长度时，UCSRA 的 TX 完成的标志位 TXC 被置位。

当 UCSRB 中的 TXEN 设置为 1 时，使能 UART 发送器。通过清除该位，PD1 引脚可以被用于通用的 I/O 引脚。当 TXEN 被设置时，UART 输出将被连到 PD1 引脚作为输出，而不管方向寄存器的设置。

7.7.2　数据接收

接收器前端的逻辑以 16 倍波特率对 RXD 引脚采样。当线路闲置时一个逻辑 0 的采样将被认为是起始位的下降沿，且起始位的探测序列开始。设采样 1 为第 1 个采样，接收器在第 8、9、10 个采样点处采样 RXD 引脚。若三个采样中有两个或两个以上是逻辑 1，则认为该起始位是噪声尖峰引起的，进行丢弃。接收器继续检测下一个 1 到 0 的转换。

若一个有效的起始位被发现，即开始起始位之后的数据位的采样。这些位也在第 8、9、10 个采样点处采样，3 取 2 作为该位的逻辑值。在采样的同时，这些位被移入传送移位寄存器。当停止位到来时，3 个采样结果中的大多数应为 1 才可以接收该停止位。若两个或更多为逻辑 0，UART 状态寄存器（UCSRA）的帧错误（FE）标志设置为 1。在读 UDR 寄存器之前，应检查 FE 帧错误标志。一旦无效的停止位在字符接收周期结束时被收到，数据集被传送至 UDR 寄存器，而 UCSRA 的 RXC 标志位被设置。UDR 实际上是两个物理上分离的寄存器，一个用于发送数据，一个用于接收数据，当读 UDR 时，接收数据寄存器被访问；当写 UDR 寄存器时，发送数据寄存器被访问。若选择了 9 位数据，当数据被传送至 UDR 时，传送移位寄存器第 9 位被装入到 UCSRB 的 RXB8 位。

若在读取 UDR 寄存器之前，UART 又接收到一个字符，则 UCSRA 的 DOR 置位。当接收缓冲器满（包含了两个数据），接收移位寄存器又有数据，若此时检测到一个新的起始位，数据溢出就产生了。这一位一直有效直到接收缓冲器（UDR）被读取。对 UCSRA 进行写入时，这一位要写 0。

通过清除 UCSRB 寄存器中的 RXEN 位，使接收器禁止。这意味着 PD0 可以被用做普通的 I/O 引脚。当 RXEN 被设置时，UART 接收器连到 PD0 引脚而不管方向寄存器的设置。

7.7.3 与 UART 相关的寄存器

本节介绍与 UART 相关的寄存器，以便对于 UART 控制有一个较详细的认识。

1. USART I/O 数据寄存器——UDR

USART I/O 数据寄存器——UDR 的定义如表 7-36 所示。

表 7-36　USART I/O 数据寄存器——UDR 的定义

bit	7	6	5	4	3	2	1	0	
读/写	R/W	R/W	R/W	R/W	R/W	R/W	R/W	R/W	UDR(Read)
名称	RXB7	RXB6	RXB5	RXB4	RXB3	RXB2	RXB1	RXB0	
bit	7	6	5	4	3	2	1	0	
读/写	R/W	R/W	R/W	R/W	R/W	R/W	R/W	R/W	UDR(Write)
名称	TXB7	TXB6	TXB5	TXB4	TXB3	TXB2	TXB1	TXB0	

USART 发送数据缓冲寄存器和 USART 接收数据缓冲寄存器共享相同的 I/O 地址，称为 USART 数据寄存器或 UDR。将数据写入 UDR 时实际操作的是发送数据缓冲寄存器（TXB），读 UDR 时实际返回的是接收数据缓冲寄存器（RXB）的内容。在 5、6、7 比特字长模式下，未使用的高位被发送器忽略，而接收器则将它们设置为 0。只有当 UCSRA 寄存器的 UDRE 标志置位后才可以对发送缓冲器进行写操作。如果 UDRE 没有置位，那么写入 UDR 的数据会被 USART 发送器忽略。当数据写入发送缓冲器后，若移位寄存器为空，发送器将把数据加载到发送移位寄存器。然后数据串行地从 TxD 引脚输出。

接收缓冲器包括一个两级 FIFO，一旦接收缓冲器被寻址，FIFO 就会改变它的状态。因此，不要对这一存储单元使用读——修改——写指令（SBI 和 CBI）。使用位查询指令（SBIC 和 SBIS）时也要小心，因为这也有可能改变 FIFO 的状态。

2. USART 控制和状态寄存器 A——UCSRA

USART 控制和状态寄存器 A——UCSRA 的定义如表 7-37 所示。

表 7-37　USART 控制和状态寄存器 A——UCSRA 的定义

bit	7	6	5	4	3	2	1	0	
读/写	R	R/W	R	R	R	R	R/W	R/W	UCSRA
名称	RXC	TXC	UDRE	FE	DOR	PE	U2X	MPCM	

1）RXC：USART 接收结束

接收缓冲器中有未读出的数据时 RXC 置位，否则清零。接收器禁止时，接收缓冲器被刷新，导致 RXC 清零。RXC 标志可用来产生接收结束中断。

2）TXC：USART 发送结束

发送移位缓冲器中的数据被送出，且当发送缓冲器（UDR）为空时 TXC 置位。执行发送结束中断时，TXC 标志自动清零，也可以通过写 1 进行清除操作。TXC 标志可用来产生发送结束中断。

3）UDRE：USART 数据寄存器空

UDRE 标志指出发送缓冲器（UDR）是否准备好接收新数据。UDRE 为 1，说明缓冲器为空，已准备好进行数据接收。UDRE 标志可用来产生数据寄存器空中断。复位后 UDRE 置位，表明发送器已经就绪。

4）FE：帧错误

如果接收缓冲器接收到的下一个字符有帧错误，即接收缓冲器中的下一个字符的第一个停止位为 0，那么 FE 置位。这一位一直有效直到接收缓冲器（UDR）被读取。当接收到的停止位为 1 时，FE 标志为 0。对 UCSRA 进行写入时，这一位要写 0。

5）DOR：数据溢出

数据溢出时，DOR 置位。当接收缓冲器满（包含了两个数据），接收移位寄存器又有数据，若此时检测到一个新的起始位，数据溢出就产生了。这一位一直有效直到接收缓冲器（UDR）被读取。对 UCSRA 进行写入时，这一位要写 0。

6）PE：奇偶校验错误

当奇偶校验使能（UPM1=1），且接收缓冲器中所接收到的下一个字符有奇偶校验错误时 PE 置位。这一位一直有效直到接收缓冲器（UDR）被读取。对 UCSRA 进行写入时，这一位要写 0。

7）U2X：倍速发送

这一位仅对异步操作有影响。使用同步操作时将此位清零。此位置 1 可将波特率分频因子从 16 降到 8，从而有效地将异步通信模式的传输速率加倍。

8）MPCM：多处理器通信模式

设置此位将启动多处理器通信模式。MPCM 置位后，USART 接收器接收到的那些不包含地址信息的输入帧都将被忽略。发送器不受 MPCM 设置的影响。

3. USART 控制和状态寄存器 B——UCSRB

USART 控制和状态寄存器 B——UCSRB 的定义如表 7-38 所示。

表 7-38　USART 控制和状态寄存器 B——UCSRB 的定义

bit	7	6	5	4	3	2	1	0	
读/写	R/W	R/W	R/W	R/W	R/W	R/W	R	R/W	UCSRB
名称	RXCIE	TXCIE	UDRIE	RXEN	TXEN	UCSZ2	RXB8	TXB8	

1）RXCIE: 接收结束中断使能

置位后使能 RXC 中断。当 RXCIE 为 1，全局中断标志位 SREG 置位，UCSRA 寄存器的 RXC 亦为 1 时可以产生 USART 接收结束中断。

2）TXCIE: 发送结束中断使能

置位后使能 TXC 中断。当 TXCIE 为 1，全局中断标志位 SREG 置位，UCSRA 寄存器的 TXC 亦为 1 时可以产生 USART 发送结束中断。

3）UDRIE: USART 数据寄存器空中断使能

置位后使能 UDRE 中断。当 UDRIE 为 1，全局中断标志位 SREG 置位，UCSRA 寄存器的 UDRE 亦为 1 时，可以产生 USART 数据寄存器空中断。

4）RXEN: 接收使能

置位后将启动 USART 接收器。RxD 引脚的通用端口功能被 USART 功能所取代。禁止接收器将刷新接收缓冲器，并使 FE、DOR 及 PE 标志无效。

5）TXEN: 发送使能

置位后将启动 USART 发送器。TxD 引脚的通用端口功能被 USART 功能所取代。TXEN 清零后，只有等到所有的数据发送完成后发送器才能够真正禁止，即发送移位寄存器与发送缓冲寄存器中没有要传送的数据。发送器禁止后，TxD 引脚恢复其通用 I/O 功能。

6）UCSZ2: 字符长度

UCSZ2 与 UCSRC 寄存器的 UCSZ1:0 结合在一起可以设置数据帧所包含的数据位数（字符长度）。

7）RXB8: 接收数据位 8

对 9 位串行帧进行操作时，RXB8 是第 9 个数据位。读取 UDR 包含的低位数据之前首先要读取 RXB8。

8）TXB8: 发送数据位 8

对 9 位串行帧进行操作时，TXB8 是第 9 个数据位。写 UDR 之前首先要对它进行写操作。

4. USART 控制和状态寄存器 C——UCSRC

USART 控制和状态寄存器 C——UCSRC 的定义如表 7-39 所示。

表 7-39　USART 控制和状态寄存器 C——UCSRC 的定义

bit	7	6	5	4	3	2	1	0	
读/写	R/W	R/W	R/W	R/W	R/W	R/W	R/W	R/W	UCSRC
名称	URSEL	UMSEL	UPM1	UPM0	USBS	UCSZ1	UCSZ0	UCPOL	

UCSRC 寄存器与 UBRRH 寄存器共用相同的 I/O 地址。

1）URSEL：寄存器选择

通过该位选择访问 UCSRC 寄存器或 UBRRH 寄存器。当读 UCSRC 时，该位为 1；当写 UCSRC 时，URSEL 为 1。

2）UMSEL：USART 模式选择

通过这一位来选择同步或异步工作模式。UMSEL 置 0 时为异步操作，置 1 时为同步操作。

3）UPM1:0：奇偶校验模式

这两位设置奇偶校验的模式并使能奇偶校验。如果使能了奇偶校验，那么在发送数据时，发送器都会自动产生并发送奇偶校验位。对每一个接收到的数据，接收器都会产生一奇偶值，并与 UPM0 所设置的值进行比较。如果不匹配，那么就将 UCSRA 中的 PE 置位。UPM 设置如表 7-40 所示。

表 7-40　UPM 设置

UPM1	UPM0	奇偶模式
0	0	禁止
0	1	保留
1	0	偶校验
1	1	奇校验

4）USBS：停止位选择

通过这一位可以设置停止位的位数。接收器忽略这一位的设置。USBS 设置如表 7-41 所示。

表 7-41　USBS 设置

USBS	停止位位数
0	1
1	2

5）UCSZ1:0：字符长度

UCSZ1:0 与 UCSRB 寄存器的 UCSZ2 结合在一起可以设置数据帧包含的数据位数（字符长度）。UCSZ 设置如表 7-42 所示。

视频教学

表 7-42　UCSZ 设置

UCSZ2	UCSZ1	UCSZ0	字 符 长 度
0	0	0	5 位
0	0	1	6 位
0	1	0	7 位
0	1	1	8 位
1	0	0	保留
1	0	1	保留
1	1	0	保留
1	1	1	9 位

6）UCPOL：时钟极性

这一位仅用于同步工作模式。使用异步模式时，将这一位清零。UCPOL 设置了输出数据的改变和输入数据采样，以及同步时钟 XCK 之间的关系。UCPOL 的设置如表 7-43 所示。

表 7-43　UCPOL 的设置

UCPOL	发送数据的改变（TxD 引脚的输出）	接收数据的采样（RxD 引脚的输入）
0	XCK 上升沿	XCK 下降沿
1	XCK 下降沿	XCK 上升沿

5．USART 波特率寄存器——UBRRL 和 UBRRH

USART 波特率寄存器——UBRRL 和 UBRRH 的定义如表 7-44 所示。

表 7-44　USART 波特率寄存器——UBRRL 和 UBRRH 的定义

bit	7	6	5	4	3	2	1	0	
读/写	R/W	R	R	R	R/W	R/W	R/W	R/W	UBRRH
名称	URSEL	—	—	—	UBRR11	UBRR10	UBRR9	UBRR8	
bit	7	6	5	4	3	2	1	0	
读/写	R/W	R/W	R/W	R/W	R/W	R/W	R/W	R/W	UBRRL
名称	UBRR7	UBRR6	UBRR5	UBRR4	UBRR3	UBRR2	UBRR1	UBRR0	

UBRRH 寄存器与 UCSRC 寄存器共用相同的 I/O 地址。

1）URSEL：寄存器选择

通过该位选择访问 UCSRC 寄存器或 UBRRH 寄存器。当读 UBRRH 时，该位为 0；当写 UBRRH 时，URSEL 为 0。

2）保留位

这些位是为以后的使用而保留的。为了与以后的器件兼容，写 UBRRH 时将这些位清零。

3）UBRR11:0：USART 波特率寄存器

这个 12 位的寄存器包含了 USART 的波特率信息。其中 UBRRH 包含了 USART 波特率高 4 位，UBRRL 包含了低 8 位。波特率的改变将造成正在进行的数据传输受到破坏。写 UBRRL 将立即更新波特率分频器。

通用振荡器频率下设置 UBRR 如表 7-45～表 7-48 所示。

表 7-45　通用振荡器频率下设置 UBRR（1）

波特率/bps	f_{osc}=1.0000MHz				f_{osc}=1.8432MHz				f_{osc}=2.0000MHz			
	U2X=0		U2X=1		U2X=0		U2X=1		U2X=0		U2X=1	
	UBRR	误差	UBRR	误差	UBRR	误差	UBRR	误差	UBRR	误差	UBRR	误差
2400	25	0.2%	51	0.2%	47	0.0%	95	0.0%	51	0.2%	103	0.2%
4800	12	0.2%	25	0.2%	23	0.0%	47	0.0%	25	0.2%	51	0.2%
9600	6	−7.0%	12	0.2%	11	0.0%	23	0.0%	12	0.2%	25	0.2%
14.4k	3	8.5%	8	−3.5%	7	0.0%	15	0.0%	8	−3.5%	16	2.1%
19.2k	2	8.5%	6	−7.0%	5	0.0%	11	0.0%	6	−7.0%	12	0.2%
28.6k	1	8.5%	3	8.5%	3	0.0%	7	0.0%	3	8.5%	8	−3.5%
38.4k	1	−18.6%	2	8.5%	2	0.0%	5	0.0%	2	8.5%	6	−7.0%
57.6k	0	8.5%	1	8.5%	1	0.0%	3	0.0%	1	8.5%	3	8.5%
76.8k	—	—	1	−18.6%	1	−25.0%	2	0.0%	1	−18.6%	2	8.5%
115.2k	—	—	0	8.5%	0	0.0%	1	0.0%	0	8.5%	1	8.5%
230.4k	—	—	—	—	—	—	0	0.0%	—	—	—	—
250k	—	—	—	—	—	—	—	—	—	—	0	0.0%
最大	62.5kbps		125kbps		115.2kbps		230.4kbps		125kbps		250kbps	

表 7-46　通用振荡器频率下设置 UBRR（2）

波特率/bps	f_{osc}=3.6864MHz				f_{osc}=4.0000MHz				f_{osc}=7.3728MHz			
	U2X=0		U2X=1		U2X=0		U2X=1		U2X=0		U2X=1	
	UBRR	误差	UBRR	误差	UBRR	误差	UBRR	误差	UBRR	误差	UBRR	误差
2400	95	0.0%	191	0.0%	103	0.2%	207	0.2%	191	0.0%	383	0.0%
4800	47	0.0%	95	0.0%	51	0.2%	103	0.2%	95	0.0%	191	0.0%
9600	23	0.0%	47	0.0%	25	0.2%	51	0.2%	47	0.0%	95	0.0%
14.4k	15	0.0%	31	0.0%	16	2.1%	34	−0.8%	31	0.0%	63	0.0%
19.2k	11	0.0%	23	0.0%	12	0.2%	25	0.2%	23	0.0%	47	0.0%
28.6k	7	0.0%	15	0.0%	8	−3.5%	16	2.1%	15	0.0%	31	0.0%
38.4k	5	0.0%	11	0.0%	6	−7.0%	12	0.2%	11	0.0%	23	0.0%
57.6k	3	0.0%	7	0.0%	3	8.5%	8	−3.5%	7	0.0%	15	0.0%
76.8k	2	0.0%	5	0.0%	2	8.5%	6	−7.0%	5	0.0%	11	0.0%
115.2k	1	0.0%	3	0.0%	1	8.5%	3	8.5%	3	0.0%	7	0.0%
230.4k	0	0.0%	1	0.0%	0	8.5%	1	8.5%	1	0.0%	3	0.0%
250k	0	−7.8%	1	−7.8%	0	0.0%	1	0.0%	1	−7.8%	3	−7.8%
0.5M	—	—	0	−7.8%	—	—	0	0.0%	0	−7.8%	1	−7.8%
1M	—	—	—	—	—	—	—	—	—	—	0	−7.8%
最大	230.4kbps		460.8kbps		250kbps		0.5Mbps		460.8kbps		921.6kbps	

视频教学

表 7-47　通用振荡器频率下设置 UBRR（3）

波特率/bps	f_{osc}=8.0000MHz				f_{osc}=11.0592MHz				f_{osc}=14.7456MHz			
	U2X=0		U2X=1		U2X=0		U2X=1		U2X=0		U2X=1	
	UBRR	误差	UBRR	误差	UBRR	误差	UBRR	误差	UBRR	误差	UBRR	误差
2400	207	0.2%	416	−0.1%	287	0.0%	575	0.0%	383	0.0%	767	0.0%
4800	103	0.2%	207	0.2%	143	0.0%	287	0.0%	191	0.0%	383	0.0%
9600	51	0.2%	103	0.2%	71	0.0%	143	0.0%	95	0.0%	191	0.0%
14.4k	34	−0.8%	68	0.6%	47	0.0%	95	0.0%	63	0.0%	127	0.0%
19.2k	25	0.2%	51	0.2%	35	0.0%	71	0.0%	47	0.0%	95	0.0%
28.6k	16	2.1%	34	−0.8%	23	0.0%	47	0.0%	31	0.0%	63	0.0%
38.4k	12	0.2%	25	0.2%	17	0.0%	35	0.0%	23	0.0%	47	0.0%
57.6k	8	−3.5%	16	2.1%	11	0.0%	23	0.0%	15	0.0%	31	0.0%
76.8k	6	−7.0%	12	0.2%	8	0.0%	17	0.0%	11	0.0%	23	0.0%
115.2k	3	8.5%	8	−3.5%	5	0.0%	11	0.0%	7	0.0%	15	0.0%
230.4k	1	8.5%	3	8.5%	2	0.0%	5	0.0%	3	0.0%	7	0.0%
250k	1	0.0%	3	0.0%	2	−7.8%	5	−7.8%	3	−7.8%	6	5.3%
0.5M	0	0.0%	1	0.0%	—	—	2	−7.8%	1	−7.8%	3	−7.8%
1M	—	—	0	0.0%	—	—	—	—	0	−7.8%	1	−7.8%
最大	0.5Mbps		1Mbps		691.2kbps		1.3824Mbps		921.6kbps		1.8432Mbps	

表 7-48　通用振荡器频率下设置 UBRR（4）

波特率/bps	f_{osc}=16.0000MHz				f_{osc}=18.4320MHz				f_{osc}=20.0000MHz			
	U2X=0		U2X=1		U2X=0		U2X=1		U2X=0		U2X=1	
	UBRR	误差	UBRR	误差	UBRR	误差	UBRR	误差	UBRR	误差	UBRR	误差
2400	416	−0.1%	832	0.0%	479	0.0%	959	0.0%	520	0.0%	1041	0.0%
4800	207	0.2%	416	−0.1%	239	0.0%	479	0.0%	259	0.2%	520	0.0%
9600	103	0.2%	207	0.2%	119	0.0%	239	0.0%	129	0.2%	259	0.2%
14.4k	68	0.6%	138	−0.1%	79	0.0%	159	0.0%	86	−0.2%	173	−0.2%
19.2k	51	0.2%	103	0.2%	59	0.0%	119	0.0%	64	0.2%	129	0.2%
28.6k	34	−0.8%	68	0.6%	39	0.0%	79	0.0%	42	0.9%	86	−0.2%
38.4k	25	0.2%	51	0.2%	29	0.0%	59	0.0%	32	−1.4%	64	0.2%
57.6k	16	2.1%	34	−0.8%	19	0.0%	39	0.0%	21	−1.4%	42	0.9%
76.8k	12	0.2%	25	0.2%	14	0.0%	29	0.0%	15	1.7%	32	−1.4%
115.2k	8	−3.5%	16	2.1%	9	0.0%	19	0.0%	10	−1.4%	21	−1.4%
230.4k	3	8.5%	8	−3.5%	4	0.0%	9	0.0%	4	8.5%	10	−1.4%
250k	3	0.0%	7	0.0%	4	−7.8%	8	2.4%	4	0.0%	9	0.0%
0.5M	1	0.0%	3	0.0%	—	—	4	−7.8%	—	—	4	0.0%
1M	0	0.0%	1	0.0%	—	—	—	—	—	—	—	—
最大	1Mbps		2Mbps		1.152Mbps		2.3044Mbps		1.25Mbps		2.5Mbps	

实例 7-4　使用 Proteus 仿真以查询方式与虚拟终端及单片机之间互相通信

本实例仿真以查询方式与虚拟终端及单片机之间互相通信，以了解单片机 UART 的设置。

 结果文件 ——附带光盘"Ch7\实例 7-4"文件夹

动画演示 ——附带光盘"AVI\7-4.avi"文件

（1）本例采用的电路图非常简单，单击 Proteus ISIS 进入原理编辑图界面，按照图 7-57 电路图编辑电路图。其使用的元器件如元器件表 7-4 所示。

元器件表 7-4　以查询方式与虚拟终端及单片机相互通信电路

Reference	Type	Value	Package
R1	RES	1k	RES40
R2	RES	1k	RES40
U1	ATMEGA16	ATMEGA16	DIL40
U2	ATMEGA16	ATMEGA16	DIL40

（2）在 UCSRB 寄存器中 TXEN 位（发送允许）被置位后，TXD 引脚的 I/O 性能被 UART 代替，此时对寄存器 UDR 的一次写操作将开始一次发送操作，USART 首先将 UDR 内数据传送到移位寄存器，完成后将寄存器 UCSRA 中的状态位 UDRE 置位，表示下个要发送的数据可写入 UDR，UDR 的写操作清除该标记。当移位寄存器的数据全部发送到 TXD 引脚并且 UDR 内无待发数据时，UCSRB 寄存器中的 TXC 标志位被指为表示发送完成。UDRE 或 TXC 的置位均可触发中断，进入中断程序后这些标记会被硬件自动清除。TXC 可读写，故可用软件清除。

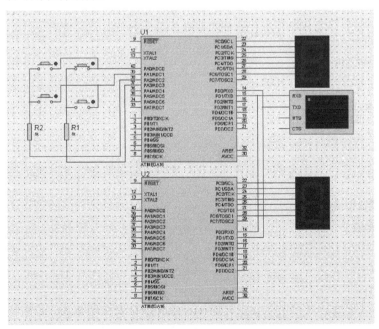

图 7-57　以查询方式与虚拟终端及单片机相互通信电路

在 UCSRB 寄存器中 RXEN 位（接收允许）被置位后，RXD 引脚的 I/O 特性被 UART 代替。USART 会接收每一个在 RXD 引脚上出现的异步帧数据，当接收完成一帧数据并把数据位传送到 UDR 后，UCSRA 中的标志位 RXC 被置位，表示接收到一字节并可以读

取，读 UDR 的操作将会清除该标志位。UDR 的读写操作并非对同一个物理寄存器进行，而是接收和发送寄存器共享了相同的 I/O 地址，因此，用户可以放心地在接收数据的同时进行发送数据。

（3）采用内部 4MHz 晶振，根据表 7-46 对 UBRR 进行相应的设置，且本例对 UART 的操作是查询标志位方式的程序如下。

主机程序：

```c
#include<avr/io.h>

#define KEY_X_1 0b00001110
#define KEY_X_2 0b00001101
#define KEY_Y_1 0b00001000
#define KEY_Y_2 0b00000100

#define KEY_SCAN 0b00001100

unsigned char table[16]={0x3f,0x06,0x5b,0x4f,0x66,0x6d,0x7d,0x07,0x7f,0x6f,0x77,0x7c,0x39,0x5e,0x79,0x71};

//延时子程序
void delay( unsigned char shu)
{
  volatile unsigned char j,i;
  for(;shu>0;shu--)
  {
    for(j=55;j>0;j--)
      for(i=55;i>0;i--);
  }
}

//矩阵键盘扫描程序
int keypad()
{
  PORTA=KEY_X_1;
  delay(1);
  if((PINA & KEY_SCAN) == KEY_Y_1){delay(3);if((PINA & KEY_SCAN) == KEY_Y_1) return '1';}
  if((PINA & KEY_SCAN) == KEY_Y_2){delay(3);if((PINA & KEY_SCAN) == KEY_Y_2) return '2';}
  PORTA=KEY_X_2;
  delay(1);
  if((PINA & KEY_SCAN) == KEY_Y_1){delay(3);if((PINA & KEY_SCAN) == KEY_Y_1) return '3';}
  if((PINA & KEY_SCAN) == KEY_Y_2){delay(3);if((PINA & KEY_SCAN) == KEY_Y_2) return '4';}
```

```
    return 16;
}

//UART 初始化
void uart_init(void)
{
    UBRRL = 0X19;                              //晶振为 1MHz，波特率设置为 9600
    UBRRH = 0X00;
    UCSRB = (1<<RXEN) | (1<<TXEN);             //接收使能与发送使能
    UCSRC = (1<<URSEL) | (3<<UCSZ0);           //寄存器选择为 UCSRC，字符长度为 8
}

void uart_transmit(int data)                   //从 UART 发送一字节数据，UDR 写入需要发送
                                               //的字节后一直等到
{                                              //UDRE 标记位置位才返回，即 UART 将 UDR 内容
                                               //发送到移位寄存器为止

    while(!(UCSRA & (1<<UDRE)));
    UDR =data;
}

unsigned char uart_receive(void)               //从 UART 接收一字节数据，一直等待 RXC 标志
                                               //置位，接收到一字节
{                                              //数据之后返回 UDR 内容
    while(!(UCSRA & (1<<RXC)));
    return UDR;
}

void main()
{
    unsigned char a;
    uart_init();
    DDRA=0x03;
    DDRC=0xff;
    while(1)
    {
    a=keypad();
    if(a!=16)
    {
        uart_transmit(a);
```

```
        PORTC=table[a-48];
   }
  }
}
```

从机程序：

```
    #include<avr/io.h>

    unsigned char table[16]={0x3f,0x06,0x5b,0x4f,0x66,0x6d,0x7d,0x07,0x7f,0x6f,0x77,0x7c,0x39,0x5e,0x79,0x71};

    //UART 初始化
    void uart_init(void)
    {
       UBRRL = 0X19;                              //晶振为 1MHz，波特率设置为 9600
       UBRRH = 0X00;
       UCSRB = (1<<RXEN) | (1<<TXEN);             //接收使能与发送使能
       UCSRC = (1<<URSEL) | (3<<UCSZ0);           //寄存器选择为 UCSRC，字符长度为 8
    }

    void uart_transmit(int data)                  //从 UART 发送一字节数据，UDR 写入需要发送
                                                  //的字节后一直等到
    {                                             //UDRE 标记位置位才返回，即 UART 将 UDR 内容
                                                  //发送到移位寄存器为止

       while(!(UCSRA & (1<<UDRE)));
       UDR =data;
    }

    unsigned char uart_receive(void)              //从 UART 接收一字节数据，一直等待 RXC 标志置位，
                                                  //接收到一字节
    {                                             //数据之后返回 UDR 内容

       while(!(UCSRA & (1<<RXC)));
       return UDR;
    }

    void main()
    {
      uart_init();
      DDRC=0xff;
      while(1)
     {
         PORTC=table[uart_receive()-48];
     }
    }
```

（4）将主机晶振频率改为 4 000 000，然后生成可执行文件，在原理编辑图内微处理器进行加载（见图 7-58），然后启动仿真。仿真效果如图 7-59 所示。

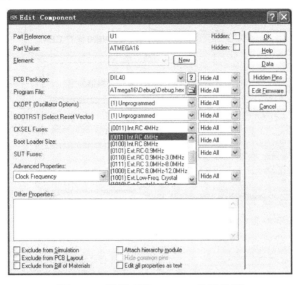

图 7-58　微处理器 CKSEL 熔丝设置

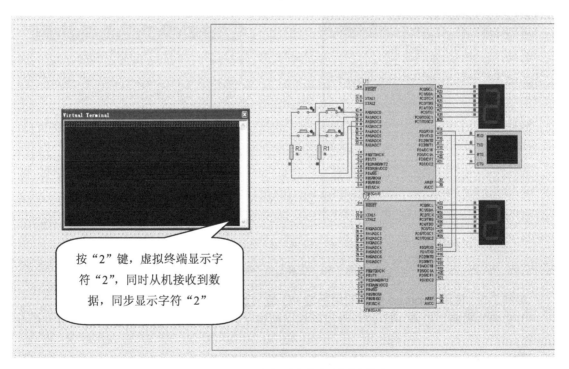

（a）使用 Proteus 仿真与虚拟终端通信仿真效果

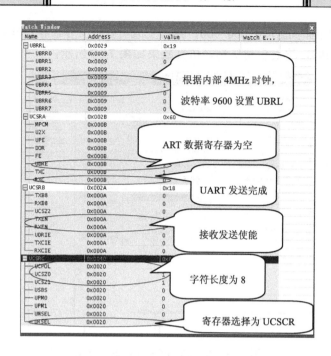

（b）初始参数设置

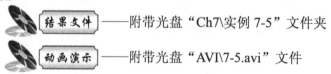

（c）各寄存器初值

（d）发送数据时主机各寄存器情况

图 7-59　仿真与寄存器情况

实例 7-5　使用 Proteus 仿真利用标准 I/O 流与虚拟终端通信调试

本实例仿真利用标准 I/O 流与虚拟终端通信调试，以了解单片机 UART 的设置及标准 I/O 流。

结果文件——附带光盘"Ch7\实例 7-5"文件夹

动画演示——附带光盘"AVI\7-5.avi"文件

（1）从实例 7-4 可知，之前的 UART 通信是逐个发送数据，本例利用了数据格式化输入/输出功能的标准 I/O 函数，因为单片机 UART（通用异步收/发器）接口是标准 I/O 函数比较适合的设备，通过单片机 UART 可以很容易地将数据传送至 PC，利用 PC 友好而强大的功能观察程序执行情况。在 Proteus ISIS 中使用虚拟终端观察更为简便，单击进入 Proteus ISIS，按照图 7-60 所示编辑原理图。其使用的元器件如元器件表 7-5 所示。

元器件表 7-5　利用标准 I/O 流与虚拟终端通信调试电路

Reference	Type	Value	Package
U1	ATMEGA16	ATMEGA16	DIL40

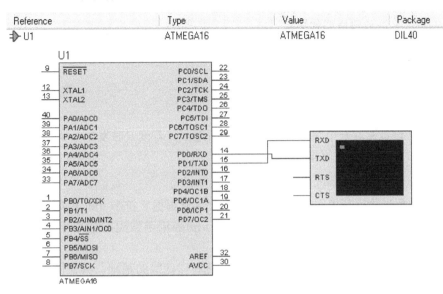

图 7-60　使用 Proteus 仿真利用标准 I/O 流与虚拟终端通信调试电路原理图

（2）avr-libc 提供标准的 I/O 流 stdio、stdout 和 stderr。由于受硬件资源的限制，仅支持标准 C 语言 I/O 流的部分功能。由于无操作系统支持，avr-libc 又不知道标准流使用的设备，在应用程序的 Startup（启动）过程中 I/O 流无法被初始化。同样在 avr-libc 中没有文件的概念，故也不支持 fopen()。作为替代，fdevopen()提供流与设备间的连接。fdevopen()需要提供字符发送、字符接收两个函数，在 avr-libc 中这两个函数对于字符流和二进制流是无区别的。下面介绍三个核心函数。

① fdevopen()函数。应用程序通过 fdevopen()函数为流指定实际的输入/输出设备。函数原型如下：

```
FILE*fdevopen(int(* put)(char)，int(* get)(char), int opts_attribute_(unused))
```

前两个参数均为指向函数的指针，指向的函数分别负责向设备输出一字节和从设备输入一字节的函数。第三个参数保留，通常指定为 0。

若只指定 put 指针，则流按写方式打开，stdout 或 stderr 成为流的引用名。

若只指定 get 指针，则流按只读方式打开，stdin 成为流的引用名。

若在调用时两者都提供，则按读/写方式打开，此时 stdout、stderr 和 stdin 相同，均可作为当前流的引用名。

向设备写字符函数原型如下：

```
int put(char c)
{
    ...
```

```
        return 0;

    }
```

返回 0 表示字符传送成功，返回非 0 表示失败。

另外，字符 '\n' 被 I/O 流函数传送时，直接传送一个换行字符，因此，若设备在换行前需要回车，则应当在 put()函数里发送 '\n' 前发送字符 '\r'。

从设备输入字符函数原型如下：

```
    int get(void)

    {

     …

    }
```

get()函数从设备读取一个字节并且按 int 类型返回，若读取时发生了错误，则返回–1。

② vfprintf()函数。函数原型如下：

```
    int vfprintf (FILE *_stream, const char *_fmt, va_list ap)
```

vfprintf()函数将输出列表_ap 中的值按照顺序并且根据字符串_fmt 内的格式字符转换成字符串后插入到_fmt 中，再输出到流_stream。vfprintf()函数返回输出字节数，若产生错误，则返回 EOF。

vfprintf()函数是 avr-libc 提供的 I/O 流格式化打印函数的基础，其他格式化打印函数均在其基础上实现，在应用程序中很少直接调用此函数。为了避免在应用程序中用不到的功能占用宝贵的硬件资源，根据需要可以在连接时为 vfprintf()函数指定如下三种模式：

■ 在默认情况下，vfprintf()函数包含除浮点数格式转换外的所有功能。
■ 最小模式仅包含基本整数类型和字符串转换功能，其他类型的转换操作在 vfprintf()函数内部被忽略。要使用最小模式连接此函数，使用的连接选项如下：

```
     -WI,-u,vfprintf  – lprintf_min
```

■ 完全模式支持浮点数格式转换在内的所有功能。完全模式的连接选项如下：

```
     -WI,-u,vfprintf  – lprintf_flt  – lm
```

③ vfscanf()函数。函数原型如下：

```
    int vfscanf ( FILE *_stream, const char *_fmt, va_list ap)
```

vfscanf()函数是 avr-libc 提供的 I/O 流格式化输入函数的基础，其他格式化输入函数在其基础上实现。在应用程序中通常不会直接调用。其从_stream 流按格式化字符串_fmt 指定的顺序和规则读入一组字符串后，再按_fmt 中格式字符转换成指定类型保存到参数列表_ap 内。与 vfprintf()函数类似，vfscanf()函数支持三种不同连接模式：

■ 在默认情况下，vfscanf()支持除浮点数格式外的所有转换。
■ 最小模式适合于空间严格受限并使用功能简单的情况。最小模式的连接选项如下：

```
     -WI,-u,vfscanf  – lscaf_min  – lm
```

■ 完全模式在普通模式的基础上支持浮点数转换的转换，但需要一些不定长度的内存，vfscanf()函数会尝试在运行时使用 malloc 来获取所需内存。若得不到足够的内存，函数将失败并返回。完全模式的连接选项如下：

```
-WI,-u,vfscanf  – lscanf_flt  – lm
```

（3）使用 avr-libc 的 I/O 函数，需在程序中包含声明文件 stdio.h。需要注意的是，stdio 并不在 avr 目录下。本例程序如下：

```c
#include<avr/io.h>
#include<avr/pgmspace.h>
#include<stdio.h>

char string[81];                                         //读取字符串缓冲区

//向 UART 写一字节
int usart_putchar(char c)
{
  if(c=='\n')
      usart_putchar('\r');
  loop_until_bit_is_set(UCSRA,UDRE);
  UDR=c;
  return 0;
}

//从 UART 读一字节
int usart_getchar(void)
{
  loop_until_bit_is_set(UCSRA,RXC);
  return UDR;
}

//初始化 I/O
void IoInit(void)
{
  //UART 初始化
  UCSRB = (1<<RXEN) | (1<<TXEN)|(1<<RXCIE)|(1<<TXCIE);    //使能接收与发送，接收中断与
                                                         //发送中断使能
  UCSRC = (1<<URSEL) | (3<<UCSZ0);                       //使用 UCSRC 寄存器 8 位长度数据
  UBRRL = 0x19;                                          //内部时钟 4MHz，波特率为 9600

  //I/O 流 UART 连接
  fdevopen(usart_putchar,usart_getchar);
}
```

视频教学

```
int main(void)
{
  int tmp;
  IoInit();
  while(1)
  {
    printf("PLEASE INPUT STRING:\n");
    scanf("%s",string);
    printf("THE STRING INPUT IS:%s\n",string);

    printf_P(PSTR("PLEASE INPUT NUMBER:\n"));
    scanf_P(PSTR("%d"),&tmp);
    printf_P(PSTR("THE NUMBER INPUT IS:%d\n"),tmp);

  }
}
```

程序在 IoInit()中对 UART 接口初始化且使用了 fdevopen()函数将 I/O 流连接到 UART 设备，printf/scanf 的格式化字符串将占用 RAM，大量地使用会耗尽有限的片内 RAM。而更多时候选择 printf_P/scanf_P，其格式化字符串要求是在 Flash 内的数据，因此，需要借助宏 PSTR 来指定，使用 PSTR 必须包含其定义文件 pgmspace.h。

（4）时钟设置为内部 RC 4MHz，本例的仿真效果如图 7-61 所示。开始时输入字符串，单片机从虚拟终端（PC）接收到字符后再显示出来；然后输入 Flash 区的字符串，如数字，单片机从虚拟终端（PC）接收到字符后再显示。

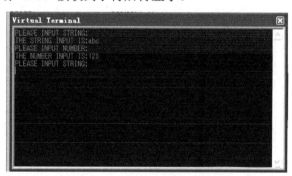

图 7-61　使用 Proteus 仿真利用标准 I/O 流与虚拟终端通信仿真效果

7.8　定时器/计数器

ATmega16 单片机有三个通用定时器/计数器，即两个 8 位的定时器/计数器（T/C0 和 T/C2）以及一个 16 位的定时器/计数器（T/C1）。

定时器/计数器 0（T/C0）和定时器/计数器 1（T/C1）共用一个 10 位的分频器取得预分频时钟；定时器/计数器 2（T/C2）使用自己的独立的预分频器。定时器/计数器 2（T/C2）除了可以使用系统时钟作为实时时钟，还可以外接实时时钟。

视频教学

定时器/计数器常用做带内部时钟的时基定时器或用做外部引脚上的脉冲计数器，其中有些具备输入捕获、比较匹配、PWM 脉宽调制输出等功能。

ATmega16 单片机还有一个看门狗定时器 WDT，用于程序抗干扰。

7.8.1　T/C0

T/C0 是一个通用的单通道 8 位定时器/计数器模块。其主要特点如下：

（1）单通道计数器。

（2）比较匹配发生时清除定时器（自动加载）。

（3）无干扰脉冲，相位正确的 PWM。

（4）频率发生器。

（5）外部事件计数器。

（6）10 位的时钟预分频器。

（7）溢出和比较匹配中断源（TOV0 和 OCF0）。

下面详细介绍 T/C0。

1．T/C0 的时钟源

T/C0 可以由内部同步时钟或外部异步时钟驱动。时钟源是由时钟选择逻辑决定的，而时钟选择逻辑是由位于 T/C0 控制寄存器 TCCR0 的时钟选择位 CS02:0 控制的。

2．T/C0 的计数器单元

8 位 T/C0 的主要部分为可编程的双向计数单元。根据不同的工作模式，计数器针对每一个 clkT0 实现清零、加 1 或减 1 操作。clkT0 可以由内部时钟源或外部时钟源产生，具体由时钟选择位 CS02:0 确定。没有选择时钟源时（CS02:0 = 0）定时器即停止。但是不管有没有 clkT0，CPU 都可以访问 TCNT0。CPU 写操作比计数器其他操作（如清零、加减操作）的优先级高。

计数序列由 T/C0 控制寄存器（TCCR0）的 WGM01 和 WGM00 决定。计数器计数行为与输出比较 OC0 的波形有紧密的关系。

T/C 溢出中断标志 TOV0 根据 WGM01:0 设定的工作模式来设置。TOV0 可以用于产生 CPU 中断。

3．T/C0 的输出比较单元

8 位比较器持续对 TCNT0 和输出比较寄存器 OCR0 进行比较。一旦 TCNT0 等于 OCR0，比较器就给出匹配信号。在匹配发生的下一个定时器时钟周期输出比较标志 OCF0 置位。若此时 OCIE0=1 且 SREG 的全局中断标志 I 置位，CPU 将产生输出比较中断。执行中断服务程序时，OCF0 自动清零，或者通过软件写"1"的方式来清零。根据由 WGM21:0 和 COM01:0 设定的不同的工作模式，波形发生器利用匹配信号产生不同的波形。使用 PWM 模式时，OCR0 寄存器为双缓冲寄存器；而在正常工作模式和匹配时清零模式双缓冲功能是禁止的。双缓冲可以将更新 OCR0 寄存器与 TOP 或 BOTTOM 时刻同步起来，从而防止产生不对称的 PWM 脉冲，消除了干扰脉冲。访问 OCR0 寄存器看起来很复杂，其实不然。使能双缓冲功能时，CPU 访问的是 OCR0 缓冲寄存器；禁止双缓冲功能时，CPU 访问的则是 OCR0 本身。工作于非 PWM 模式时，可以通过对强制输出比较位 FOC0 写"1"的方式来产生比较匹配。强制比较匹配不会置位 OCF0 标志，也不会重载/清零定时器，但是 OC0 引脚将被更新，好像真的发生了比较匹配一样（COM01:0 决定 OC0A 是置位、清零，还是"0"、"1"交替变化）。CPU 对 TCNT0 寄存器的写操作会在下一个定时器时钟周期阻止比较匹配的发生，即使此时定时器已经停止。这个特性可以用来将 OCR0 初始化为与 TCNT0 相同的数值而不触发中断。

由于在任意模式下写 TCNT0 都将在下一个定时器时钟周期里阻止比较匹配，在使用输出比较时改变 TCNT0 就会有风险，不论 T/C0 此时是否在运行。如果写入的 TCNT0 的数值等于 OCR0，比较匹配就被丢失，造成不正确的波形发生结果。类似地，在计数器进行降序计数时不要对 TCNT0 写入等于 BOTTOM 的数据。OC0 的设置应该在设置数据方向寄存器之前完成。最简单的设置 OC0 的方法是在普通模式下利用强制输出比较 FOC0。即使在改变波形发生模式时 OC0 寄存器也会一直保持它的数值。

注意 COM01:0 和比较数据都不是双缓冲的。COM01:0 的改变将立即生效。

4. T/C0 相关的 I/O 寄存器

1）T/C0 控制寄存器——TCCR0

T/C0 控制寄存器——TCCR0 的定义如表 7-49 所示。

表 7-49　T/C0 控制寄存器——TCCR0 的定义

bit	7	6	5	4	3	2	1	0	
读/写	W	R/W	R/W	R/W	R/W	R/W	R/W	R/W	TCCR0
名称	FOC0	WGM00	COM01	COM00	WGM01	CS02	CS01	CS00	

① FOC0：强制输出比较。FOC0 仅在 WGM00 指明非 PWM 模式时才有效。但是，为了保证与未来器件的兼容性，在使用 PWM 时，写 TCCR0 要对其清零。对其写 1 后，波形发生器将立即进行比较操作。比较匹配输出引脚 OC0 将按照 COM01:0 的设置输出相应的电平。要注意，FOC0 类似一个锁存信号，真正对强制输出比较起作用的是 COM01:0 的设置。

FOC0 不会引发任何中断，也不会在利用 OCR0 作为 TOP 的 CTC 模式下对定时器进行清零的操作。读 FOC0 的返回值永远为 0。

② WGM01:0：波形产生模式。这几位控制计数器的计数序列，计数器的最大值 TOP，以及产生何种波形。T/C0 支持的模式有普通模式、比较匹配发生时清除计数器模式（CTC）和两种 PWM 模式。波形产生模式的位定义如表 7-50 所示。

表 7-50　波形产生模式的位定义

模式	WGM01 （CTC0）	WGM00 （PWM0）	T/C 的工作模式	TOP	OCR0 的更新时间	TOV0 的置位时刻
0	0	0	普通	0xFF	立即更新	MAX
1	0	1	PWM，相位修正	0xFF	TOP	BOTTOM
2	1	0	CTC	OCR0	立即更新	MAX
3	1	1	快速 PWM	0xFF	TOP	MAX

③ COM01:0：比较匹配输出模式。这些位决定了比较匹配发生时输出引脚 OC0 的电平。如果 COM01:0 中的一位或全部都置位，OC0 以比较匹配输出的方式进行工作。同时其方向控制位要设置为 1 以使能输出驱动器。

当 OC0 连接到物理引脚上时，COM01:0 的功能依赖于 WGM01:0 的设置。表 7-51 给出了当 WGM01:0 设置为普通模式或 CTC 模式时 COM01:0 的功能。

表 7-51　比较输出模式：非 PWM 模式

COM01	COM00	说　明
0	0	正常的端口操作，不与 OC0 相连接
0	1	比较匹配发生时 OC0 取反
1	0	比较匹配发生时 OC0 清零
1	1	比较匹配发生时 OC0 置位

表 7-52 给出的是当 WGM01:0 设置为快速 PWM 模式时 COM01:0 的功能。

表 7-52　比较输出模式：快速 PWM 模式

COM01	COM00	说　明
0	0	正常的端口操作，不与 OC0 相连接
0	1	保留
1	0	比较匹配发生时 OC0 清零，计数到 TOP 时 OC0 置位
1	1	比较匹配发生时 OC0 置位，计数到 TOP 时 OC0 清零

表 7-53 给出的是当 WGM01:0 设置为相位修正 PWM 模式时 COM01:0 的功能。

表 7-53　比较输出模式：相位修正 PWM 模式

COM01	COM00	说　明
0	0	正常的端口操作，不与 OC0 相连接
0	1	保留
1	0	在升序计数时发生比较匹配将清零 OC0，降序计数时发生比较匹配将置位 OC0
1	1	在升序计数时发生比较匹配将置位 OC0，降序计数时发生比较匹配将清零 OC0

④ CS02:0：时钟选择。用于选择 T/C0 的时钟源。T/C0 时钟源的选择如表 7-54 所示。

表 7-54　时钟选择位定义

CS02	CS01	CS00	说　明
0	0	0	无时钟，T/C0 不工作
0	0	1	clkT0/1（无预分频器）
0	1	0	clkT0/8（来自预分频器）
0	1	1	clkT0/64（来自预分频器）
1	0	0	clkT0/256（来自预分频器）
1	0	1	clkT0/1024（来自预分频器）
1	1	0	时钟由 T0 引脚输入，下降沿触发
1	1	1	时钟由 T0 引脚输入，上升沿触发

视频教学

2）T/C0 寄存器——TCNT0

T/C0 寄存器——TCNT0 的定义如表 7-55 所示。

表 7-55　T/C0 寄存器——TCNT0 的定义

bit	7	6	5	4	3	2	1	0	
读/写	R/W	R/W	R/W	R/W	R/W	R/W	R/W	R/W	TCNT0
名称	TCNT07	TCNT06	TCNT05	TCNT04	TCNT03	TCNT02	TCNT01	TCNT00	

通过 T/C0 寄存器可以直接对计数器的 8 位数据进行读写访问。对 TCNT0 寄存器的写访问将在下一个时钟阻止比较匹配。在计数器运行的过程中修改 TCNT0 的数值有可能丢失一次 TCNT0 和 OCR0 的比较匹配。

3）输出比较寄存器——OCR0

输出比较寄存器——OCR0 的定义如表 7-56 所示。

表 7-56　输出比较寄存器——OCR0 的定义

bit	7	6	5	4	3	2	1	0	
读/写	R/W	R/W	R/W	R/W	R/W	R/W	R/W	R/W	OCR0
名称	OCR07	OCR06	OCR05	OCR04	OCR03	OCR02	OCR01	OCR00	

输出比较寄存器包含一个 8 位的数据，不间断地与计数器数值 TCNT0 进行比较。匹配事件可以用来产生输出比较中断，或者用来在 OC0 引脚上产生波形。

4）T/C0 中断屏蔽寄存器——TIMSK

T/C0 中断屏蔽寄存器——TIMSK 的定义如表 7-57 所示。

表 7-57　T/C0 中断屏蔽寄存器——TIMSK 的定义

bit	7	6	5	4	3	2	1	0	
读/写	R/W	R/W	R/W	R/W	R/W	R/W	R/W	R/W	TIMSK
名称	OCIE2	TOIE2	TICIE1	OCIE1A	OCIE1B	TOIE1	OCIE0	TOIE0	

① OCIE0：T/C0 输出比较匹配中断使能。当 OCIE0 和状态寄存器的全局中断使能位 I 都为"1"时，T/C0 的输出比较匹配中断使能。当 T/C0 的比较匹配发生，即 TIFR 中的 OCF0 置位时，中断服务程序得以执行。

② TOIE0：T/C0 溢出中断使能。当 TOIE0 和状态寄存器的全局中断使能位 I 都为"1"时，T/C0 的溢出中断使能。当 T/C0 发生溢出，即 TIFR 中的 TOV0 位置位时，中断服务程序得以执行。

5）T/C0 中断标志寄存器——TIFR

T/C0 中断标志寄存器——TIFR 的定义如表 7-58 所示。

视频教学

表 7-58　T/C0 中断标志寄存器——TIFR 的定义

bit	7	6	5	4	3	2	1	0	
读/写	R/W	R/W	R/W	R/W	R/W	R/W	R/W	R/W	TIFR
名称	OCF2	TOV2	ICF1	OCF1A	OCF1B	TOV1	OCF0	TOV0	

① OCF0：输出比较标志 0。当 T/C0 与 OCR0（输出比较寄存器 0）的值匹配时，OCF0 置位。此位在中断服务程序里硬件清零，也可以对其写 1 来清零。当 SREG 中的位 I、OCIE0（T/C0 比较匹配中断使能）和 OCF0 都置位时，中断服务程序得以执行。

② TOV0：T/C0 溢出标志。当 T/C0 溢出时，TOV0 置位。执行相应的中断服务程序时此位硬件清零。此外，TOV0 也可以通过写 1 来清零。当 SREG 中的位 I、TOIE0（T/C0 溢出中断使能）和 TOV0 都置位时，中断服务程序得以执行。在相位修正 PWM 模式中，当 T/C0 在 0x00 改变记数方向时，TOV0 置位。

7.8.2　T/C1

16 位的 T/C1 可以实现精确的程序定时（事件管理）、波形产生和信号测量。其主要特点如下：

（1）真正的 16 位设计（即允许 16 位的 PWM）。

（2）两个独立的输出比较单元。

（3）双缓冲的输出比较寄存器。

（4）一个输入捕捉单元。

（5）输入捕捉噪声抑制器。

（6）比较匹配发生时清除寄存器（自动重载）。

（7）无干扰脉冲，相位正确的 PWM。

（8）可变的 PWM 周期。

（9）频率发生器。

（10）外部事件计数器。

（11）四个独立的中断源（TOV1、OCF1A、OCF1B 与 ICF1）。

下面详细介绍 T/C1。

1．T/C1 的时钟源

T/C1 时钟源可以来自内部，也可以来自外部，由位于 T/C1 控制寄存器 B（TCCR1B）的时钟选择位（CS12:0）决定。

2．T/C1 的计数器单元

16 位计数器映射到两个 8 位 I/O 存储器位置：TCNT1H 为高 8 位，TCNT1L 为低 8 位。CPU 只能间接访问 TCNT1H 寄存器。CPU 访问 TCNT1H 时，实际访问的是临时寄存器（TEMP）。读取 TCNT1L 时，临时寄存器的内容更新为 TCNT1H 的数值；而对 TCNT1L 执行写操作时，TCNT1H 被临时寄存器的内容所更新。这就使 CPU 可以在一个时钟周期里通过 8 位数据总线完成对 16 位计数器的读、写操作。此外，还需要注意计数器在运行时的

视频教学

一些特殊情况。在这些特殊情况下对 TCNT1 写入数据会带来未知的结果。

根据工作模式的不同，在每一个 clkT1 时钟到来时，计数器进行清零、加 1 或减 1 操作。clkT1 由时钟选择位 CS12:0 设定。当 CS12:0=0 时，计数器停止计数。不过 CPU 对 TCNT1 的读取与 clkT1 是否存在无关。CPU 写操作比计数器清零和其他操作的优先级都高。

计数器的计数序列取决于寄存器 TCCR1A 和 TCCR1B 中标志位 WGM13:0 的设置。计数器的运行（计数）方式与通过 OC1x 输出的波形发生方式有很紧密的关系。

通过 WGM13:0 确定了计数器的工作模式之后，TOV1 的置位方式也就确定了。TOV1 可以用来产生 CPU 中断。

3. T/C1 的输入捕捉单元

T/C1 的输入捕捉单元可用来捕获外部事件，并为其赋予时间标记以说明此时间的发生时刻。外部事件发生的触发信号由引脚 ICP1 输入，也可通过模拟比较器单元来实现。时间标记可用来计算频率、占空比及信号的其他特征，以及为事件创建日志。

当引脚 ICP1 上的逻辑电平（事件）发生了变化，或模拟比较器输出 ACO 电平发生了变化，并且这个电平变化为边沿检测器所证实，输入捕捉即被激发：16 位的 TCNT1 数据被复制到输入捕捉寄存器 ICR1，同时输入捕捉标志位 ICF1 置位。如果此时 ICIE1=1，输入捕捉标志将产生输入捕捉中断。中断执行时 ICF1 自动清零，或者也可通过软件在其对应的 I/O 位置写入逻辑 "1" 清零。

读取 ICR1 时要先读低字节 ICR1L，然后再读高字节 ICR1H。读低字节时，高字节被复制到高字节临时寄存器 TEMP。CPU 读取 ICR1H 时将访问 TEMP 寄存器。

对 ICR1 寄存器的写访问只存在于波形产生模式。此时 ICR1 被用做计数器的 TOP 值。写 ICR1 之前首先要设置 WGM13:0 以允许这个操作。对 ICR1 寄存器进行写操作时必须先将高字节写入 ICR1H I/O 位置，然后再将低字节写入 ICR1L。

输入捕捉单元的主要触发源是 ICP1。T/C1 还可用模拟比较输出作为输入捕捉单元的触发源。必须通过设置模拟比较控制与状态寄存器 ACSR 的模拟比较输入捕捉位 ACIC 来做到这一点。

注意 改变触发源有可能造成一次输入捕捉。因此，在改变触发源后必须对输入捕捉标志执行一次清零操作以避免出现错误的结果。

ICP1 与 ACO 的采样方式与 T1 引脚是相同的，使用的边沿检测器也一样。但是使能噪声抑制器后，在边沿检测器前会加入额外的逻辑电路并引入四个系统时钟周期的延迟。要注意的是，除去使用 ICR1 定义 TOP 的波形产生模式外，T/C1 中的噪声抑制器与边沿检测器总是使能的。

使用输入捕捉单元的最大问题就是分配足够的处理器资源来处理输入事件。事件的时间间隔是关键。如果处理器在下一次事件出现之前没有读取 ICR1 的数据，ICR1 就会被新值覆盖，从而无法得到正确的捕捉结果。

使用输入捕捉中断时，中断程序应尽可能早地读取 ICR1 寄存器。尽管输入捕捉中断优先级相对较高，但最大中断响应时间与其他正在运行的中断程序所需的时间相关。在任何输入捕捉工作模式下都不推荐在操作过程中改变 TOP 值。

视频教学

测量外部信号的占空比时要求每次捕捉后都要改变触发沿。因此，读取 ICR1 后必须尽快改变敏感的信号边沿。改变边沿后，ICF1 必须由软件清零（在对应的 I/O 位置写"1"）。若仅需测量频率，且使用了中断发生，则不需对 ICF1 进行软件清零。

4．T/C1 的输出比较单元

16 位比较器持续比较 TCNT1 与 OCR1x 的内容，一旦发现它们相等，比较器立即产生一个匹配信号。然后 OCF1x 在下一个定时器时钟置位。如果此时 OCIE1x=1，OCF1x 置位将引发输出比较中断。中断执行时 OCF1x 标志自动清零，或者通过软件在其相应的 I/O 位置写入逻辑"1"也可以清零。根据 WGM13:0 与 COM1x1:0 的不同设置，波形发生器用匹配信号生成不同的波形。波形发生器利用 TOP 和 BOTTOM 信号处理在某些模式下对极值的操作。

输出比较单元 A 的一个特质是定义 T/C1 的 TOP 值（即计数器的分辨率）。此外，TOP值还用来定义通过波形发生器产生的波形的周期。

当 T/C1 工作在 12 种 PWM 模式中的任意一种时，OCR1x 寄存器为双缓冲寄存器；而在正常工作模式和匹配时清零模式（CTC）双缓冲功能是禁止的。双缓冲可以实现 OCR1x寄存器对 TOP 或 BOTTOM 的同步更新，防止产生不对称的 PWM 波形，消除毛刺。

访问 OCR1x 寄存器看起来很复杂，其实不然。使能双缓冲功能时，CPU 访问的是OCR1x 缓冲寄存器；禁止双缓冲功能时 CPU 访问的则是 OCR1x 本身。OCR1x（缓冲或比较）寄存器的内容只有写操作才能将其改变（T/C1 不会自动将此寄存器更新为 TCNT1 或ICR1 的内容），所以 OCR1x 不用通过 TEMP 读取。像其他 16 位寄存器一样，首先读取低字节是一个好习惯。由于比较是连续进行的，因此，在写 OCR1x 时必须通过 TEMP 寄存器来实现。首先需要写入的是高字节 OCR1xH。当 CPU 将数据写入高字节的 I/O 地址时，TEMP 寄存器的内容即得到更新。接下来写低字节 OCR1xL。与此同时，位于 TEMP 寄存器的高字节数据被复制到 OCR1x 缓冲器，或是 OCR1x 比较寄存器。

由于在任意模式下写 TCNT1 都将在下一个定时器时钟周期里阻止比较匹配，在使用输出比较时改变 TCNT1 就会有风险，不管 T/C1 是否在运行。若写入 TCNT1 的数值等于 OCR1x，比较匹配就被忽略了，造成不正确的波形发生结果。在 PWM 模式下，当 TOP 为可变数值时，不要赋予 TCNT1 和 TOP 相等的数值，否则会丢失一次比较匹配，计数器也将计到0xFFFF。类似地，在计数器进行降序计数时不要对 TCNT1 写入等于 BOTTOM 的数据。

OC1x 的设置应该在设置数据方向寄存器之前完成。最简单的设置 OC1x 的方法是在普通模式下利用强制输出比较 FOC1x。即使在改变波形发生模式时 OC1x 寄存器也会一直保持它的数值。

注意 COM1x1:0 和比较数据都不是双缓冲的。COM1x1:0 的改变将立即生效。

5．T/C1 相关的 I/O 寄存器

1）T/C1 控制寄存器 A——TCCR1A

T/C1 控制寄存器 A——TCCR1A 的定义如表 7-59 所示。

表 7-59　T/C1 控制寄存器 A——TCCR1A 的定义

bit	7	6	5	4	3	2	1	0	
读/写	R/W	R/W	R/W	R/W	W	W	R/W	R/W	TCCR1A
名称	COM1A1	COM1A0	COM1B1	COM1B0	FOC1A	FOC1B	WGM11	WGM10	

① COM1A1:0：通道 A 的比较输出模式与 COM1B1:0：通道 B 的比较输出模式。COM1A1:0 与 COM1B1:0 分别控制 OC1A 与 OC1B 状态。如果 COM1A1:0（COM1B1:0）的一位或两位被写入"1"，OC1A（OC1B）输出功能将取代 I/O 端口功能。此时，OC1A（OC1B）相应的输出引脚数据方向控制必须置位以使能输出驱动器。

OC1A（OC1B）与物理引脚相连时，COM1x1:0 的功能由 WGM13:0 的设置决定。

② FOC1A：通道 A 强制输出比较与 FOC1B：通道 B 强制输出比较。FOC1A/FOC1B 只有当 WGM13:0 指定为非 PWM 模式时被激活。为与未来器件兼容，工作在 PWM 模式下对 TCCR1A 写入时，这两位必须清零。当 FOC1A/FOC1B 位置 1，立即强制波形产生单元进行比较匹配。COM1x1:0 的设置改变 OC1A/OC1B 的输出。注意，FOC1A/FOC1B 位作为选通信号。COM1x1:0 位的值决定强制比较的效果。

在 CTC 模式下使用 OCR1A 作为 TOP 值，FOC1A/FOC1B 选通既不会产生中断也不好清除定时器。

FOC1A/FOC1B 位总是读为 0。

③ WGM11:0：波形发生模式。这两位与位于 TCCR1B 寄存器的 WGM13:2 相结合，用于控制计数器的计数序列——计数器计数的上限值和确定波形发生器的工作模式。T/C1 支持的工作模式有普通模式（计数器）、比较匹配时清零定时器（CTC）模式及三种脉宽调制（PWM）模式。

2）T/C1 控制寄存器 B——TCCR1B

T/C1 控制寄存器 B——TCCR1B 的定义如表 7-60 所示。

表 7-60　T/C1 控制寄存器 B——TCCR1B 的定义

bit	7	6	5	4	3	2	1	0	
读/写	R/W	R/W	R	R/W	R/W	R/W	R/W	R/W	TCCR1B
名称	ICNC1	ICES1	—	WGM13	WGM12	CS12	CS11	CS10	

① ICNC1：输入捕捉噪声抑制器。置位 ICNC1 将使能输入捕捉噪声抑制功能。此时外部引脚 ICP1 的输入被滤波。其作用是从 ICP1 引脚连续进行四次采样。如果四个采样值都相等，那么信号送入边沿检测器。因此，使能该功能使得输入捕捉被延迟了四个时钟周期。

② ICES1：输入捕捉触发沿选择。该位选择使用 ICP1 上的哪个边沿触发捕获事件。ICES1 为"0"选择的是下降沿触发输入捕捉；ICES1 为"1"选择的是逻辑电平的上升沿触发输入捕捉。

按照 ICES1 的设置捕获到一个事件后，计数器的数值被复制到 ICR1 寄存器。捕获事件还会置为 ICF1。如果此时中断使能，输入捕捉事件即被触发。

当 ICR1 用做 TOP 值时，ICP1 与输入捕捉功能脱开，从而输入捕捉功能被禁用。

③ 保留位。该位保留，为保证与将来器件的兼容性，写 TCCR1B 时，该位必须写入 "0"。

④ WGM13:2：波形发生模式。见 TCCR1A 寄存器中的描述。

⑤ CS12:0：时钟选择。这三位用于选择 T/C1 的时钟源，如表 7-61 所示。

表 7-61　时钟选择位定义

CS12	CS11	CS10	说　明
0	0	0	无时钟，T/C 不工作
0	0	1	clkT0/1（无预分频器）
0	1	0	clkT0/8（来自预分频器）
0	1	1	clkT0/64（来自预分频器）
1	0	0	clkT0/256（来自预分频器）
1	0	1	clkT0/1024（来自预分频器）
1	1	0	时钟由 T1 引脚输入，下降沿触发
1	1	1	时钟由 T1 引脚输入，上升沿触发

3）T/C1 的数据寄存器——TCNT1

T/C1 的数据寄存器——TCNT1 是由 TCNT1H 与 TCNT1L 组成的，其定义如表 7-62 所示。

表 7-62　T/C1 的数据寄存器——TCNT1 的定义

bit	7	6	5	4	3	2	1	0	
读/写	R/W	R/W	R/W	R/W	R/W	R/W	R/W	R/W	TCNT1H
名称	TCNT25	TCNT24	TCNT23	TCNT22	TCNT21	TCNT20	TCNT19	TCNT18	
bit	7	6	5	4	3	2	1	0	
读/写	R/W	R/W	R/W	R/W	R/W	R/W	R/W	R/W	TCNT1L
名称	TCNT17	TCNT16	TCNT15	TCNT14	TCNT13	TCNT12	TCNT11	TCNT10	

通过 TCNT1H 与 TCNT1L 可以直接对定时器/计数器单元的 16 位计数器进行读写访问。为保证 CPU 对高字节与低字节的同时读写，必须使用一个 8 位临时高字节寄存器 TEMP。

在计数器运行期间修改 TCNT1 的内容有可能丢失一次 TCNT1 与 OCR1x 的比较匹配操作。写 TCNT1 寄存器将在下一个定时器周期阻塞比较匹配。

4）输出比较寄存器 1A（OCR1AH 与 OCR1AL）与输出比较寄存器 1B（OCR1BH 与 OCR1BL）

输出比较寄存器 1A（OCR1AH 与 OCR1AL）的定义如表 7-63 所示。

表 7-63   输出比较寄存器 1A（OCR1AH 与 OCR1AL）的定义

bit	7	6	5	4	3	2	1	0	
读/写	R/W	R/W	R/W	R/W	R/W	R/W	R/W	R/W	OCR1AH
名称	OCR1A15	OCR1A14	OCR1A13	OCR1A12	OCR1A11	OCR1A10	OCR1A9	OCR1A8	
bit	7	6	5	4	3	2	1	0	
读/写	R/W	R/W	R/W	R/W	R/W	R/W	R/W	R/W	OCR1AL
名称	OCR1A7	OCR1A6	OCR1A5	OCR1A4	OCR1A3	OCR1A2	OCR1A1	OCR1A0	

输出比较寄存器 1B（OCR1BH 与 OCR1BL）的定义如表 7-64 所示。

表 7-64   输出比较寄存器 1B（OCR1BH 与 OCR1BL）的定义

bit	7	6	5	4	3	2	1	0	
读/写	R/W	R/W	R/W	R/W	R/W	R/W	R/W	R/W	OCR1BH
名称	OCR1B15	OCR1B14	OCR1B13	OCR1B12	OCR1B11	OCR1B10	OCR1B9	OCR1B8	
bit	7	6	5	4	3	2	1	0	
读/写	R/W	R/W	R/W	R/W	R/W	R/W	R/W	R/W	OCR1BL
名称	OCR1B7	OCR1B6	OCR1B5	OCR1B4	OCR1B3	OCR1B2	OCR1B1	OCR1B0	

该寄存器中的 16 位数据与 TCNT1 寄存器中的计数值进行连续的比较，一旦数据匹配，将产生一个输出比较中断，或改变 OC1x 的输出逻辑电平。输出比较寄存器长度为 16 位。为保证 CPU 对高字节与低字节的同时读写，必须使用一个 8 位临时高字节寄存器 TEMP。

5）输入捕捉寄存器 1——ICR1H 与 ICR1L

输入捕捉寄存器 1——ICR1H 与 ICR1L 的定义如表 7-65 所示。

表 7-65   输入捕捉寄存器 1——ICR1H 与 ICR1L 的定义

bit	7	6	5	4	3	2	1	0	
读/写	R/W	R/W	R/W	R/W	R/W	R/W	R/W	R/W	ICR1H
名称	ICR25	ICR24	ICR23	ICR22	ICR21	ICR20	ICR19	ICR18	
bit	7	6	5	4	3	2	1	0	
读/写	R/W	R/W	R/W	R/W	R/W	R/W	R/W	R/W	ICR1L
名称	ICR17	ICR16	ICR15	ICR14	ICR13	ICR12	ICR11	ICR10	

当外部引脚 ICP1（或 T/C1 的模拟比较器）有输入捕捉触发信号产生时，计数器 TCNT1 中的值写入 ICR1 中。ICR1 的设定值可作为计数器的 TOP 值。输入捕捉寄存器长度为 16 位。为保证 CPU 对高字节与低字节的同时读写，必须使用一个 8 位临时高字节寄存器 TEMP。

6）T/C1 中断屏蔽寄存器——TIMSK

T/C1 中断屏蔽寄存器——TIMSK 的定义见 7.5.2 节所述。

7）定时器/计数器中断标志寄存器——TIFR

定时器/计数器中断标志寄存器——TIFR 的定义见 7.5.2 节所述。

7.8.3 T/C2

T/C2 是一个通用单通道 8 位定时/计数器，其主要特点如下：

（1）单通道计数器。

（2）比较匹配时清零定时器（自动重载）。

（3）无干扰脉冲，相位正确的脉宽调制器（PWM）。

（4）频率发生器。

（5）10 位时钟预分频器。

（6）溢出与比较匹配中断源（TOV2 与 OCF2）。

（7）允许使用外部的 32kHz 晶振作为独立的 I/O 时钟源。

下面详细介绍 T/C2。

1．T/C2 的时钟源

T/C2 可以由内部同步时钟或外部异步时钟驱动。clkT2 的默认设置为 MCU 时钟 clkI/O。当 ASSR 寄存器的 AS2 置位时，时钟源来自于 TOSC1 和 TOSC2 连接的振荡器。

2．T/C2 的计数器单元

8 位 T/C2 的主要部分为可编程的双向计数单元。由内部时钟源或外部时钟源产生，具体由时钟选择位 CS22:0 确定。没有选择时钟源时（CS22:0=0）定时器停止。但是不管有没有 clkT2，CPU 都可以访问 TCNT2。CPU 写操作比计数器其他操作（清零、加减操作）的优先级高。

计数序列由 T/C2 控制寄存器（TCCR2）的 WGM21 和 WGM20 决定。计数器计数行为与输出比较 OC2 的波形有紧密的关系。

T/C2 溢出中断标志 TOV2 根据 WGM21:0 设定的工作模式来设置。TOV2 可以用于产生 CPU 中断。

3．T/C2 的输出比较单元

8 位比较器持续对 TCNT2 和输出比较匹配寄存器 OCR2 进行比较。一旦 TCNT2 等于 OCR2，比较器就给出匹配信号。在匹配发生的下一个定时器时钟周期里输出比较标志 OCF2 置位。若 OCIE2=1，还将引发输出比较中断。执行中断服务程序时 OCF2 将自动清零，也可以通过软件写"1"的方式进行清零。根据 WGM21:0 和 COM21:0 设定的不同工作模式，波形发生器可以利用匹配信号产生不同的波形。同时，波形发生器还利用 MAX 和 BOTTOM 信号来处理极值条件下的特殊情况。

使用 PWM 模式时 OCR2 寄存器为双缓冲寄存器；而在正常工作模式和匹配时清零模式双缓冲功能是禁止的。双缓冲可以将更新 OCR2 寄存器与 TOP 或 BOTTOM 时刻同步起来，从而防止产生不对称的 PWM 脉冲，消除毛刺。

由于在任意模式下写 TCNT2 都将在下一个定时器时钟周期里阻止比较匹配，在使用输出比较时改变 TCNT2 就会有风险，不管 T/C2 是否在运行。如果写入的 TCNT2 的数值等于 OCR2，比较匹配就被忽略了，造成不正确的波形发生结果。类似地，在计数器进行降序计数时不要对 TCNT2 写入 BOTTOM。

OC2 的设置应该在设置数据方向寄存器之前完成。最简单的设置 OC2 的方法是在普通模式下利用强制输出比较 FOC2。即使在改变波形发生模式时 OC2 寄存器也会一直保持它的数值。

4. T/C2 相关的 I/O 寄存器

1）T/C2 控制寄存器——TCCR2

T/C2 控制寄存器——TCCR2 的定义如表 7-66 所示。

表 7-66　T/C2 控制寄存器——TCCR2 的定义

bit	7	6	5	4	3	2	1	0	
读/写	W	R/W	R/W	R/W	R/W	R/W	R/W	R/W	TCCR2
名称	FOC2	WGM20	COM21	COM20	WGM21	CS22	CS21	CS20	

① FOC2：强制输出比较。FOC2 仅在 WGM 指明非 PWM 模式时才有效。但是，为了保证与未来器件的兼容性，使用 PWM 时，写 TCCR2 要对其清零。写 1 后，波形发生器将立即进行比较操作。比较匹配输出引脚 OC2 将按照 COM21:0 的设置输出相应的电平。注意，FOC2 类似一个锁存信号，真正对强制输出比较起作用的是 COM21:0 的设置。

FOC2 不会引发任何中断，也不会在使用 OCR2 作为 TOP 的 CTC 模式下对定时器进行清零。

读 FOC2 的返回值永远为 0。

② WGM21:0：波形产生模式。这几位控制计数器的计数序列，计数器最大值 TOP 的来源，以及产生何种波形。T/C2 支持的模式有普通模式、比较匹配发生时清除计数器模式（CTC）及两种 PWM 模式。波形产生模式的位定义如表 7-67 所示。

表 7-67　波形产生模式的位定义

模式	WGM21 （CTC2）	WGM20 （PWM2）	T/C2 的工作模式	TOP	OCR2 的更新时间	TOV2 的置位时刻
0	0	0	普通	0xFF	立即更新	MAX
1	0	1	PWM，相位修正	0xFF	TOP	BOTTOM
2	1	0	CTC	OCR0	立即更新	MAX
3	1	1	快速 PWM	0xFF	TOP	MAX

③ COM21:0：比较匹配输出模式。这些位决定了比较匹配发生时输出引脚 OC0 的电平。如果 COM01:0 中的一位或全部都置位，OC0 以比较匹配输出的方式进行工作。同时其方向控制位要设置为 1 以使能输出驱动。

当 OC0 连接到物理引脚上时，COM01:0 的功能依赖于 WGM01:0 的设置。类似于 T/C0，可自行查阅 T/C0 相关 I/O 寄存器中的 TCCR0 的内容。

④ CS22:0：时钟选择。这三位时钟选择位用于选择 T/C2 的时钟源，具体设置如表 7-68 所示。

表 7-68　时钟选择位定义

CS22	CS21	CS20	说　明
0	0	0	无时钟，T/C 不工作
0	0	1	clkT0/1（无预分频器）
0	1	0	clkT0/8（来自预分频器）
0	1	1	clkT0/32（来自预分频器）
1	0	0	clkT0/64（来自预分频器）
1	0	1	clkT0/128（来自预分频器）
1	1	0	clkT0/256（来自预分频器）
1	1	1	clkT0/1024（来自预分频器）

2）定时器/计数器寄存器——TCNT2

定时器/计数器寄存器——TCNT2 的定义如表 7-69 所示。

表 7-69　定时器/计数器寄存器——TCNT2 的定义

bit	7	6	5	4	3	2	1	0	
读/写	R/W	R/W	R/W	R/W	R/W	R/W	R/W	R/W	TCNT2
名称	TCNT27	TCNT26	TCNT25	TCNT24	TCNT23	TCNT22	TCNT21	TCNT20	

通过 T/C2 寄存器可以直接对计数器的 8 位数据进行读写访问。对 TCNT2 寄存器的写访问将在下一个时钟阻止比较匹配。在计数器运行的过程中修改 TCNT2 的数值有可能丢失一次 TCNT2 和 OCR2 的比较匹配。

3）输出比较寄存器——OCR2

输出比较寄存器——OCR2 的定义如表 7-70 所示。

表 7-70　输出比较寄存器——OCR2 的定义

bit	7	6	5	4	3	2	1	0	
读/写	R/W	R/W	R/W	R/W	R/W	R/W	R/W	R/W	OCR2
名称	OCR27	OCR26	OCR25	OCR24	OCR23	OCR22	OCR21	OCR20	

输出比较寄存器包含一个 8 位的数据，不间断地与计数器数值 TCNT2 进行比较。匹配事件可以来产生输出比较中断，或者用来在 OC2 引脚上产生波形。

7.8.4　定时器/计数器的预分频器

T/C1 与 T/C0 共用一个预分频模块，但它们可以有不同的分频设置。下述内容适用于 T/C1 与 T/C0。当 CSn2:0=1 时，系统内部时钟直接作为 T/C1/C0 的时钟源，这也是 T/C1/C0 最高频率的时钟源 fCLK_I/O，与系统时钟频率相同。预分频器可以输出四个不同的时钟信号 fCLK_I/O/8、fCLK_I/O/64、fCLK_I/O/256 或 fCLK_I/O/1024。

由 T1/T0 引脚提供的外部时钟源可以用做 T/C1/C0 时钟 clkT1/clkT0。引脚同步逻辑在每个系统时钟周期对引脚 T1/T0 进行采样。然后将同步（采样）信号送到边沿检测器。CSn2:0=7 时边沿检测器检测到一个正跳变产生一个 clkT1 脉冲；CSn2:0=6 时一个负跳变就产生一个 clkT0 脉冲。为保证正确的采样，外部时钟脉冲宽度必须大于一个系统时钟周期。在占空比为 50%时，外部时钟频率必须小于系统时钟频率的一半（fExtClk< fclk_I/O/2）。由于边沿检测器使用的是采样这一方法，它能检测到的外部时钟最多是其采样频率的一半（奈奎斯特采样定理）。然而，由于振荡器（晶体、谐振器与电容）本身误差带来的系统时钟频率及占空比的差异，建议外部时钟的最高频率不要大于 fclk_I/O/2.5。外部时钟源不送入预分频器。

T/C2 预分频器的输入时钟称为 clkT2S。默认地，clkT2S 与系统主时钟 clkI/O 连接。若置位 ASSR 的 AS2，T/C2 将由引脚 TOSC1 异步驱动，使得 T/C2 可以作为一个实时时钟 RTC。此时 TOSC1 和 TOSC2 从端口 C 脱离，引脚上可外接一个时钟晶振（内部振荡器针对 32.768 kHz 的钟表晶体进行了优化）。不推荐在 TOSC1 上直接施加外部时钟信号。

T/C2 的可能预分频选项有 clkT2S/8、clkT2S/32、clkT2S/64、clkT2S/128、clkT2S/256 和 clkT2S/1024。此外，还可以选择 clkT2S 和 0（停止工作）。置位 SFIOR 寄存器的 PSR2 将复位预分频器，从而允许用户从可预测的预分频器开始工作。

实例 7-6 使用 Proteus 仿真 T/C0 定时闪烁 LED 灯

本实例仿真 T/C0 定时闪烁 LED 灯，以了解单片机 T/C0 的设置。

结果文件——附带光盘"Ch7\实例 7-6"文件夹

动画演示——附带光盘"AVI\7-6.avi"文件

（1）本例分别使用查询和中断的方式，利用定时/计数器定时，实现黄色发光二极管每 2s 闪烁一次，启动 Proteus ISIS，根据图 7-62 所示电路图编辑电路原理图。其所使用的元器件如元器件表 7-6 所示。

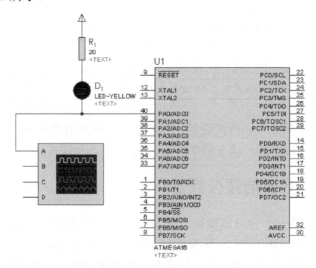

图 7-62 使用 Proteus 仿真 T/C0 定时闪烁 LED 灯电路原理图

元器件表 7-6 T/C0 定时闪烁 LED 灯电路

Reference	Type	Value	Package
D1	LED-YELLOW	LED-YELLOW	missing
R1	RES	1k	RES40
U1	ATMEGA16	ATMEGA16	DIL40

（2）查询方式与中断方式的区别可见 7.5.3 节，本例的源程序如下：

查询方式：

```c
#include<avr/io.h>

#define uchar unsigned char
#define SET_LED PORTA&=0xfe
#define CLR_LED PORTA|=0x01

int main()
{
  uchar i,j=0;
  //设置 PA0 口输出，PA0 口接黄色发光二极管
  DDRA = _BV(PA0);
  PORTA = _BV(PA0);
  //配置 T/C0
  TCNT0=0;                          //T/C0 开始值
  TCCR0=_BV(CS02)|_BV(CS00);        //晶振 4MHz，预分频 clk/1024，计数允许
  while(1)
  {
    //查询定时器方式等待 1s
    for(i=0;i<10;i++)
     {
       loop_until_bit_is_set(TIFR,TOV0);
       //写入逻辑 1，清零 TOV0 位
       TIFR|=_BV(TOV0);
     }
    if(j)
       SET_LED,j=0;
    else
       CLR_LED,j=1;
   }
 }
```

中断方式：

```c
#include<avr/io.h>
#include<avr/interrupt.h>
```

```
#include<avr/signal.h>

#define uchar unsigned char
#define SET_LED PORTA&=0xfe
#define CLR_LED PORTA|=0x01

static uchar count=0;                    //中断计数器
static uchar direction=0;                //发光管亮灭标记

//T/C0 中断例程
SIGNAL(SIG_OVERFLOW0)
{
  if(++count>14)
  {
   if(direction)
     SET_LED,direction=0;
   else
     CLR_LED,direction=1;
   count=0;
  }
}

int main()
{
  uchar i,j=0;
  //设置 PA0 口输出，PA0 口接黄色发光二极管
  DDRA = _BV(PA0);
  PORTA = _BV(PA0);
  //配置 T/C0
  TCNT0=0;//T/C0 开始值
  TCCR0=_BV(CS02)|_BV(CS00);      //晶振 4MHz，预分频 clk/1024，计数允许
  TIMSK=_BV(TOIE0);
  sei();
  while(1);
}
```

（3）本例的时钟使用的是内部 4MHz 时钟，在电路编辑图中对 ATmega16 的 CKSEL 熔丝位进行设置，装载.hex 可执行文件，启动仿真，结果如图 7-63 所示。使用 Proteus 仿真 T/C0 定时闪烁 LED 设置观察点，如图 7-64 所示。

视频教学

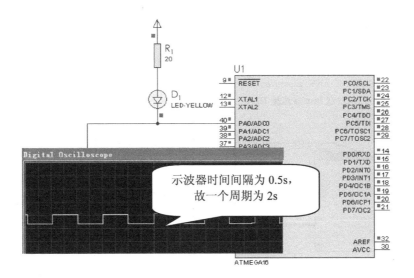

图 7-63 使用 Proteus 仿真 T/C0 定时闪烁 LED 灯仿真结果

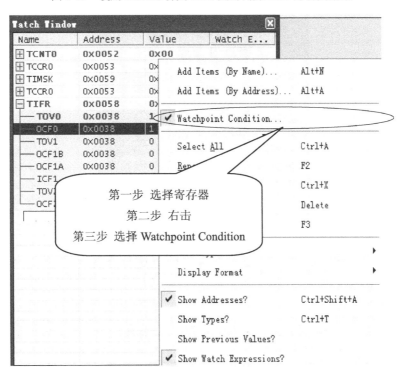

图 7-64 使用 Proteus 仿真 T/C0 定时闪烁 LED 灯设置观察点

在本例中可以学习使用设置观察点，在以后的仿真中会非常的有用。此处因为 T/C0 的溢出中断使能，当 T/C0 发生溢出，即 TIFR 中的 TOVO 位置位中断服务程序得以执行，所以在此设置相应于 TIFR 的观察点效果最好。设置过程如图 7-65 和图 7-66 所示。

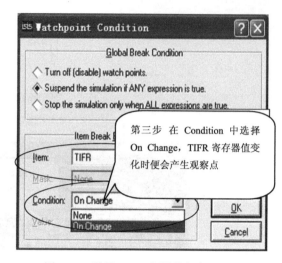

图 7-65　设置 TIFR 中断观察点（1）　　　　图 7-66　设置 TIFR 中断观察点（2）

观察点产生后，选取调试（Debug）菜单，选取欲观察的寄存器（见图 7-67）进行观察。

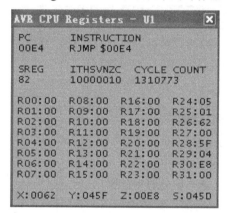

图 7-67　各寄存器值

实例 7-7　使用 Proteus 仿真 T/C2 产生信号 T/C1 进行捕获

本实例仿真 T/C2 产生信号 T/C1 进行捕获，以了解单片机 T/C2 在 CTC 模式的设置与 T/C1 输入捕获功能设置。

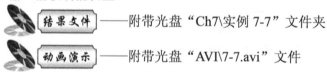

结果文件 ——附带光盘"Ch7\实例 7-7"文件夹

动画演示 ——附带光盘"AVI\7-7.avi"文件

（1）本例使用 T/C2 在 CTC 模式产生不同的频率信号输送至 OC2 口，从 T/C1 的 ICP 引脚输入，使用 T/C1 的输入捕获功能测量其频率且将其发送到串口进行监测。启动 Proteus ISIS，按照图 7-68 所示进行电路原理图编辑。其所使用的元器件如元器件表 7-7 所示。

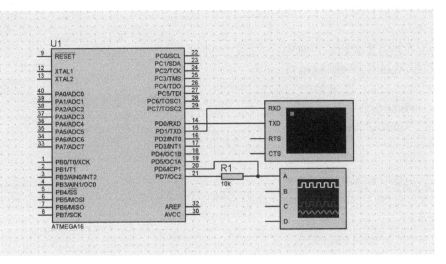

图 7-68　使用 Proteus 仿真 T/C2 产生信号 T/C1 进行捕获电路原理图

元器件表 7-7　T/C2 产生信号 T/C1 进行捕获电路

Reference	Type	Value	Package
R1	RES	10k	RES40
U1	ATMEGA16	ATMEGA16	DIL40

（2）比较匹配清零模式（CTC）下，计数值与比较寄存器相等时计数寄存器自动清零计数，重新计数可触发中断，此模式非常适合做频率发生器，比较寄存器可以是 ICR1 或 OCR1A。

使能输入捕获功能后，在 ICP 引脚（或模拟比较器输出）的上升沿或下降沿，硬件自动将 T/C1 计数值保存至 ICR1 寄存器。输入捕获功能适用于频率与周期的精确测量。

（3）本例采用内部 4MHz RC 时钟，源程序如下：

```c
#include<avr/io.h>
#include<avr/interrupt.h>
#include<avr/signal.h>
#include<stdio.h>

unsigned int Timervalue[2];          //记录 2 次输入捕获时的时间痕迹
unsigned char Timerflag=0;           //Timer1 中断计数使能
unsigned char Captureflag=0;         //1 次同期测量完成标记
unsigned char Timer1counter=0;       //记录 2 次输入捕获中断间 T/C1 产生的溢出中断次数

//延时
void delay(unsigned char t)
{
    volatile unsigned char i;
    for(;t>0;t--)
      for(i=5;i>0;i--);
```

```
    }

    //定时器/计数器1 溢出中断
    SIGNAL(SIG_OVERFLOW1)
    {
      if(Timerflag)
        Timer1counter++;
    }

    //定时器/计数器输入捕获中断
    SIGNAL(SIG_INPUT_CAPTURE1)
    {
      static unsigned char cnt=0;
      if(cnt==0)
      {
        Timervalue[0]= ICR1;
        cnt++;
        Timerflag=1;                    //使能 Timer1 中断计数
      }
      else
      {
        cnt=0;
        Timervalue[1]= ICR1;
        TIMSK &= ~ _BV(TICIE1);        //禁止中断
        Captureflag=1;                  //周期测量完成标记
      }
    }

    //向 UART 写一字节
    int uart_putchar(char c)
    {
      if(c=='\n')
        uart_putchar('\r');
      loop_until_bit_is_set(UCSRA,UDRE);
      UDR = c;
      return 0;
    }

    //初始化
    void Ioinit(void)
    {
      PORTD=0;
      DDRD=_BV(7);                      //OC2 设置为输出
```

```
    TCCR1B=_BV(CS10);                              //时钟输入不分频，普通模式
    TIMSK=_BV(TOIE1);                              //溢出中断使能
    UCSRB = (1<<TXEN)|(1<<TXCIE);                  //使能传送信号
    UCSRC = (1<<URSEL) | (3<<UCSZ0);               //选择 UCSRC 寄存器 8 位长度数据
    UBRRL = 0x19;                                  //内部时钟 4MHz，波特率为 9600
    fdevopen(uart_putchar,0);                      //IO 流 UART 连接
    TCCR2=_BV(WGM21)|_BV(CS22)|_BV(COM20);         //T/C2 从 OC2 输出产生的频率，CTC 模式
                                                   //时钟源为系统时钟 64 分频，比较匹配时
                                                   //OC2 取反

}


int main(void)
{
    unsigned char i=0;
    long t1;
    cli();
    Ioinit();
    sei();
    while(1)
    {
        for(i=0;i<250;i+=5)
        {
            OCR2=i;                                //改变 T/C2 输出频率
            t1=(4000000/128)/(1+i);                //输出频率的理论计算值
            printf("T/C2:%dHz    ",(int)t1);
            Timer1counter=0;                       //T/C1 中断次数记录值初始化
            Timerflag=0;                           //T/C1 中断次数记录禁止
            TIMSK|=_BV(TICIE1);                    //比较匹配中断使能，开始计时测量
            //等待 2 次输入捕获中断发生
            while(Captureflag==0)
            {
                delay(1);
            }
            Captureflag=0;
            //通过中断将 2 次输入捕获中断时定时器/计数器 1 的值保存到了 Timervalue，Timer1counter
            //为 2 次输入捕获中断间定时器/计数器 1 发生的溢出中断次数
            if(Timer1counter==0)
            {
                t1=Timervalue[1]-Timervalue[0];
            }
            else
            {
                t1=0xFFFF*(Timer1counter-1);
```

```
        t1+=0XFFFF-Timervalue[0];
        t1+=Timervalue[1];
    }
    t1=4000000/t1;
    printf("ICP:%dHz\n",(int)t1);
    delay(50);
    }
  }
}
```

（4）加载可执行文件后，启动仿真，仿真结果如图 7-69 所示。仿真结果倍率波如图 7-70 所示，观察寄存器变化如图 7-71 所示。

图 7-69　使用 Proteus 仿真 T/C2 产生信号 T/C1 进行捕获仿真结果

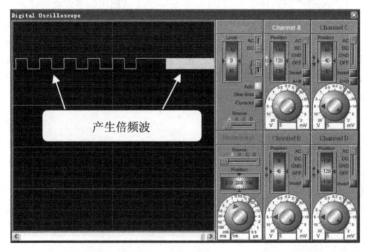

图 7-70　使用 Proteus 仿真 T/C2 产生信号 T/C1 进行捕获仿真结果倍频波

图 7-71 设置观察点观察各寄存器的变化

实例 7-8 使用 Proteus 仿真 T/C1 产生 PWM 信号控电机

本实例仿真 T/C1 产生 PWM 信号控电机，以了解单片机 PWM 功能设置。

 结果文件 ——附带光盘"Ch7\实例 7-8"文件夹

 动画演示 ——附带光盘"AVI\7-8.avi"文件

（1）ATmega 波形发生器有三种不同的 PWM 波形发生模式：快速 PWM 模式可产生比普通相位修正 PWM 模式高一倍速的 PWM 波形，相位频率修正模式允许在工作中改变 PWM 波形同时可改变 PWM 波形频率。本例使用的是普通相位可调 PWM 模式，通过按钮的选择，改变 PWM 的输出脉宽，达到控制电机的加速或减速运动。

（2）PWM 波是脉宽调制（Pulse-Width Modulation）的缩写，占空比是指脉冲波形中，高电平时间 t_1 在周期 T 中所占的比例。图 7-72 和图 7-73 所示两个波形，虽然周期一样，但是占空比不同，导致它们的"平均电压"有所不同，因为波形 1 的占空比 $Duty = \dfrac{t_1}{T} = 50\%$，波形 2 的占空比 $Duty = \dfrac{t_1}{T} = 25\%$，故认为波形 1 的"平均电压"大。PWM 波简单来说就是通过调节脉宽（占空比）而达到控制电流的目的。

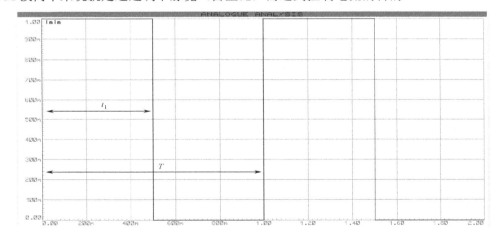

图 7-72 PWM 波形 1

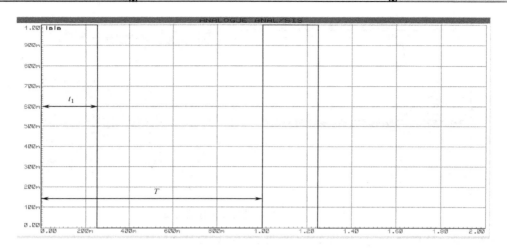

图 7-73   PWM 波形 2

（3）本例的源程序如下：

```c
#include<avr/io.h>
#include<avr/interrupt.h>
#include<avr/signal.h>
#include<stdio.h>

unsigned int Timervalue[2];        //记录 2 次输入捕获时的时间痕迹
unsigned char Timerflag=0;         //Timer1 中断计数使能
unsigned char Captureflag=0;       //1 次同期测量完成标记
unsigned char Timer1counter=0;     //记录 2 次输入捕获中断间 T/C1 产生的溢出中断次数

//延时
void delay(unsigned char t)
{
    volatile unsigned char i;
    for(;t>0;t--)
        for(i=5;i>0;i--);
}

//定时器/计数器 1 溢出中断
SIGNAL(SIG_OVERFLOW1)
{
    if(Timerflag)
        Timer1counter++;
}

//定时/计数器输入捕获中断
SIGNAL(SIG_INPUT_CAPTURE1)
```

```c
{
  static unsigned char cnt=0;
  if(cnt==0)
  {
    Timervalue[0]= ICR1;
    cnt++;
    Timerflag=1;                         //使能 Timer1 中断计数
  }
  else
  {
    cnt=0;
    Timervalue[1]= ICR1;
    TIMSK &= ~_BV(TICIE1);               //禁止中断
    Captureflag=1;                       //周期测量完成标记
  }
}

//向 UART 写一字节
int uart_putchar(char c)
{
  if(c=='\n')
    uart_putchar('\r');
  loop_until_bit_is_set(UCSRA,UDRE);
  UDR = c;
  return 0;
}

//初始化
void Ioinit(void)
{
  PORTD=0;
  DDRD=_BV(7);                           //OC2 设置为输出

  TCCR1B=_BV(CS10);                      //时钟输入不分频，普通模式
  TIMSK=_BV(TOIE1);                      //溢出中断使能

  UCSRB = (1<<TXEN)|(1<<TXCIE);          //使能传送信号
  UCSRC = (1<<URSEL) | (3<<UCSZ0);       //选择 UCSRC 寄存器 8 位长度数据
  UBRRL = 0x19;                          //内部时钟 4MHz，波特率为 9600
  fdevopen(uart_putchar,0);              //IO 流 UART 连接

  TCCR2=_BV(WGM21)|_BV(CS22)|_BV(COM20); //T/C2 从 OC2 输出产生的频率，CTC 模式
                                         //时钟源为系统时钟 64 分频，比较匹配时 OC2 取反
```

```
    }

int main(void)
{
  unsigned char i=0;
  long t1;
  cli();
  Ioinit();
  sei();
  while(1)
  {
    for(i=0;i<250;i+=5)
    {
      OCR2=i;                      //改变 T/C2 输出频率
      t1=(4000000/128)/(1+i);      //输出频率的理论计算值
      printf("T/C2:%dHz   ",(int)t1);
      Timer1counter=0;             //T/C1 中断次数记录值初始化
      Timerflag=0;                 //T/C1 中断次数记录禁止
      TIMSK|=_BV(TICIE1);          //比较匹配中断使能，开始计时测量
                                   //等待 2 次输入捕获中断发生
      while(Captureflag==0)
      {
        delay(1);
      }
      Captureflag=0;
      //通过中断将2次输入捕获中断时定时器/计数器1的值保存到了 Timervalue，Timer1counter
      //为 2 次输入捕获中断间定时器/计数器 1 发生的溢出中断次数
      if(Timer1counter==0)
      {
        t1=Timervalue[1]-Timervalue[0];
      }
      else
      {
        t1=0xFFFF*(Timer1counter-1);
        t1+=0XFFFF-Timervalue[0];
        t1+=Timervalue[1];
      }
      t1=4000000/t1;
      printf("ICP:%dHz\n",(int)t1);

      delay(50);
    }
  }
}
```

（4）启动 Proteus ISIS，按照图 7-74 进行电路图的编辑，其使用的元器件如元器件表 7-8 所示。成功生成可执行文件后，进行加载，可以看到如图 7-75 所示的效果，电机开始转动，按下加速键（较上的按键），PWM 的脉宽会越宽，电机会越转越快，如图 7-76 所示，按下减速键反之。单步执行明显地看到 OCRLA 的值在变化，如图 7-77 所示。

元器件表 7-8　T/C1 产生 PWM 信号控电机电路

Reference	Type	Value	Package
R1	RES	10k	RES40
R2	RES	10k	RES40
U1	ATMEGA16	ATMEGA16	DIL40

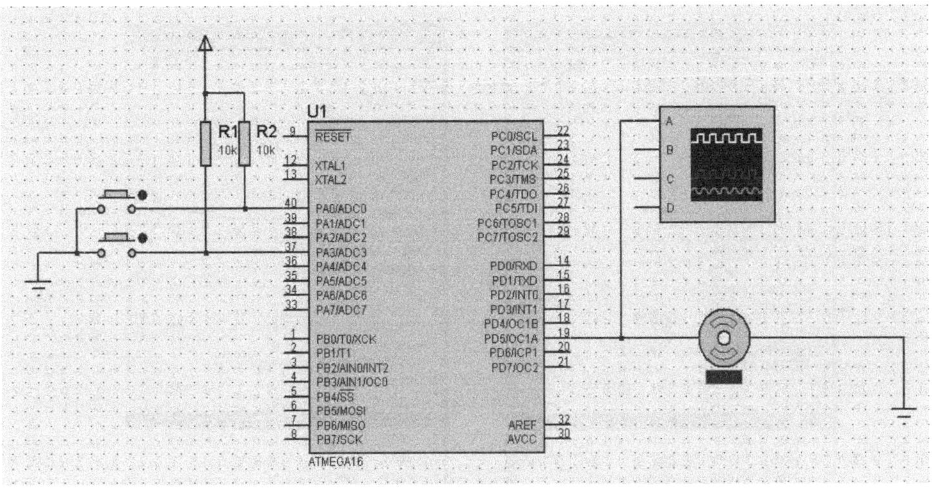

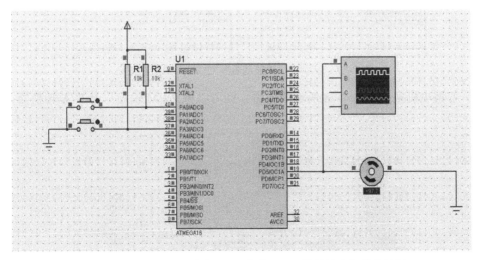

图 7-74　使用 Proteus 仿真 T/C1 产生 PWM 信号控电机电路原理图

图 7-75　使用 Proteus 仿真 T/C1 产生 PWM 信号控电机仿真结果

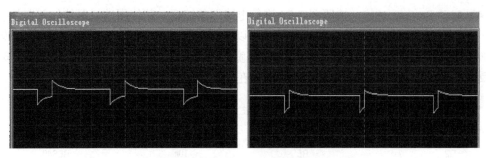

图 7-76　按下加速键后 PWM 波的脉宽改变

Name	Address	Value	Watch E...
⊟ OCR1AL	0x004A	0x11	
OCR1AL0	0x002A	1	
OCR...	0x002A	0	
OCR...	0x002A	0	
OCR...	0x002A	0	
OCR...	0x002A	1	
OCR1AL5	0x002A	0	
OCR1AL6	0x002A	0	
OCR1AL7	0x002A	0	
⊟ OCR1AH	0x004B	0x00	
OCR1AH0	0x002B	0	
OCR1AH1	0x002B	0	
OCR1AH2	0x002B	0	
OCR1AH3	0x002B	0	
OCR1AH4	0x002B	0	
OCR1AH5	0x002B	0	
OCR1AH6	0x002B	0	
OCR1AH7	0x002B	0	
⊟ TCCR1A	0x004F	0x81	
WGM10	0x002F	1	
WGM11	0x002F	0	
FOC1B	0x002F	0	
FOC1A	0x002F	0	
COM1B0	0x002F	0	
COM1B1	0x002F	0	
COM1A0	0x002F	0	
COM1A1	0x002F	1	
⊞ TCCR1B	0x004E	0x03	

Name	Address	Value	Watch E...
⊟ OCR1AL	0x004A	0x15	
OCR1AL0	0x002A	1	
OCR...	0x002A	0	
OCR...	0x002A	1	
OCR1AL3	0x002A	0	
OCR1AL4	0x002A	1	
OCR1AL5	0x002A	0	
OCR1AL6	0x002A	0	
OCR1AL7	0x002A	0	
⊟ OCR1AH	0x004B	0x00	
OCR1AH0	0x002B	0	
OCR1AH1	0x002B	0	
OCR1AH2	0x002B	0	
OCR1AH3	0x002B	0	
OCR1AH4	0x002B	0	
OCR1AH5	0x002B	0	
OCR1AH6	0x002B	0	
OCR1AH7	0x002B	0	
⊟ TCCR1A	0x004F	0x81	
WGM10	0x002F	1	
WGM11	0x002F	0	
FOC1B	0x002F	0	
FOC1A	0x002F	0	
COM1B0	0x002F	0	
COM1B1	0x002F	0	
COM1A0	0x002F	0	
COM1A1	0x002F	1	
⊞ TCCR1B	0x004E	0x03	

图 7-77　单步执行明显地看到 OCR1A 的值在变化

（5）若将电机换成为图 7-78 所示的电路，则可以将 PWM 输出作为 D/A 转换器。

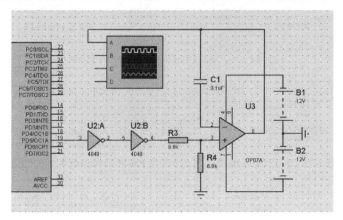

图 7-78　PWM 输出作为 D/A 转换器

电路图中 PWM 方波经过二级 CMOS 反相器 4049 限幅，其 0 电平为 0V，1 电平为 V_{CC}，经过滤波可以产生模拟电压输出。为减少输出阻抗，加上电压跟随器，改变占空比的大小就可以成比例地改变电压输出 $V_{OUT} = V_{CC} \times (T_1 / T)$。

实例 7-9 使用 Proteus 仿真看门狗定时器

本实例仿真看门狗定时器，以了解单片机看门狗功能设置。

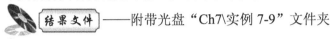 结果文件——附带光盘"Ch7\实例 7-9"文件夹

动画演示——附带光盘"AVI\7-9.avi"文件

（1）看门狗定时器是一个安全装置，是独立的硬件计数器。当看门狗计数溢出时，就会复位处理器，因此，应用程序必须隔一段时间就执行一次复位看门狗的操作。若系统受到干扰程序迷失或被困至某个循环中，则复位看门狗的指令自然得不到执行。看门狗便会溢出并且复位处理器，因此，起到跳出"死机"状态的作用。本例中的黄色发光二极管会不断地闪烁，证明看门狗使得 MCU 不断地复位。电路原理图如图 7-79 所示。其所使用的元器件如元器件表 7-9 所示。

元器件表 7-9　看门狗定时器电路

Reference	Type	Value	Package
D1	LED-YELLOW	LED-YELLOW	missing
U1	ATMEGA16	ATMEGA16	DIL40

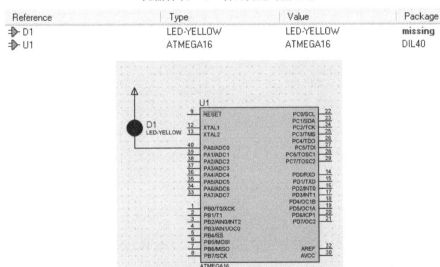

图 7-79　使用 Proteus 仿真看门狗定时器电路原理图

（2）avr-libc 提供了三个 API 支持对器件内部看门狗的操作，分别是：

①	wdt_reset()	//看门狗复位
②	wdt_enable()	//看门狗使能
③	wdt_disable()	//看门狗禁止

调用上述函数要包含头文件 wdt.h。wdt.h 中还定义了看门狗定时器超时符号常量，它们用于为 wdt_enable()函数提供 timeout 值。符号常量分别如下：

WDTO_15MS	看门狗定时器 15ms 超时；
WDTO_30MS	看门狗定时器 30ms 超时；

WDTO_60MS	看门狗定时器 60ms 超时;
WDTO_120MS	看门狗定时器 120ms 超时;
WDTO_250MS	看门狗定时器 250ms 超时;
WDTO_500MS	看门狗定时器 500ms 超时;
WDTO_1S	看门狗定时器 1s 超时;
WDTO_2S	看门狗定时器 2s 超时;

（3）本例的源程序如下：

```c
#include<avr/io.h>
#include<avr/wdt.h>

#define SET_LED PORTA &= 0xfe    //PA0 接黄色发光二极管
#define CLR_LED PORTA |= 0x01

void delay(unsigned int ms)
{
    volatile unsigned int i;
    for(;ms>0;ms--)
        for(i=200;i>0;i--);
}

int main(void)
{
    DDRA=0x01;
    CLR_LED;
    //WDT 计数器周期定为 1s
    wdt_enable(WDTO_1S);
    wdt_reset();//喂狗

    delay(50);
    SET_LED;
    //等待饿死狗
    delay(500);

    SET_LED;
    while(1)
        wdt_reset();
}
```

（4）生成可执行文件后，加载仿真。结果如图 7-80 所示。

视频教学

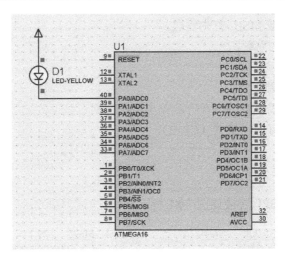

图 7-80　使用 Proteus 仿真看门狗定时器仿真结果

7.9　同步串行接口 SPI

在异步串行通信中数据的传输是以起始位作为开始标志，以停止位作为结束标志。发送的标志位对于数据的传输而言并不增加传输的信息量，为了提高数据传输的速度，采用同步传输方式去掉这些标志位。同步数据传输通过同步码使得数据的收发保持同步。

同步数据传输要求发送端和接收端时钟保持同步。因此，同步数据传输有以下特点：

（1）以同步码作为数据传输的开始，从而使得收发双方保持同步。

（2）每一位的传输所需要的时间相同。

（3）数据的传输没有时间空隙，通信线路空闲时发送的是同步码。

同步数据传输适用于传输信息量大而要求传输速率高的场合。

对于只能从 A 发送至 B 的通信方式，称为单工通信；对于某一时刻 A 可以给 B 发送数据，另一时刻 B 可以发送至 A 的通信方式，称为半双工方式；而在任意时刻 A 和 B 双向通信的方式称为全双工方式。

串行外设接口 SPI 是一种同步全双工串行接口。SCK 引脚用于控制通信同步。同步通信模式下通信双方必须有一方产生时钟信号，另外一方接收时钟信号且根据时钟信号进行数据采样，即区分主机和从机。作为全双工通信，SPI 存在主机输出从机输入（Master Out Slave In）和主机输入从机输出（Master In Slave Out）两条数据通路，即 MOSI 引脚和 MISO 引脚。$\overline{SS}$ 引脚从二进制串中区分单个字节，低电平有效。

7.9.1　SPI 特性

串行外设接口 SPI 允许 ATmega16 和外设、其他 AVR 器件进行高速的同步数据传输。ATmega16 SPI 的特点如下：

（1）全双工，三线同步数据传输。

（2）主机或从机操作。

视频教学

（3）LSB 首先发送或 MSB 首先发送。

（4）7 种可编程的比特率。

（5）传输结束中断标志。

（6）写碰撞标志检测。

（7）可以从闲置模式唤醒。

（8）作为主机时具有倍速模式（CK/2）。

7.9.2　SPI 工作模式

主机和从机之间的 SPI 连接如图 7-81 所示。

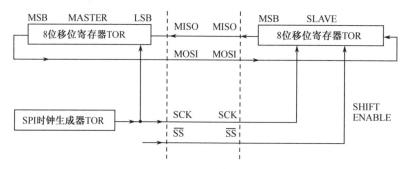

图 7-81　SPI 主机—从机的互联

系统包括两个移位寄存器和一个主机时钟发生器。通过将需要的从机的 $\overline{SS}$ 引脚拉低，主机启动一次通信过程。主机和从机将需要发送的数据放入相应的移位寄存器。主机在 SCK 引脚上产生时钟脉冲以交换数据。主机的数据从主机的 MOSI 移出，从从机的 MOSI 移入；从机的数据从从机的 MISO 移出，从主机的 MISO 移入。主机通过将从机的 $\overline{SS}$ 拉高实现与从机的同步。

配置为 SPI 主机时，由用户软件来处理控制 $\overline{SS}$ 引脚。对 SPI 数据寄存器写入数据即启动 SPI 时钟，将 8 比特的数据移入从机。传输结束后 SPI 时钟停止，传输结束标志 SPIF 置位。如果此时 SPCR 寄存器的 SPI 中断使能位 SPIE 置位，中断就会发生。主机可以继续往 SPDR 写入数据以移位到从机中去，或者是拉高从机 $\overline{SS}$ 以说明数据包发送完成。最后进来的数据将一直保存于缓冲寄存器里。

配置为从机时，只要 $\overline{SS}$ 为高，SPI 接口将一直保持睡眠状态，并保持 MISO 为三态。在这个状态下软件可以更新 SPI 数据寄存器 SPDR 的内容。即使此时 SCK 引脚有输入时钟，SPDR 的数据也不会移出，直至 $\overline{SS}$ 被拉低。传输结束标志 SPIF 置位说明一个字节完全移出。若此时 SPCR 寄存器的 SPI 中断使能位 SPIE 置位，就会产生中断请求。在读取移入的数据之前从机可以继续往 SPDR 写入数据。最后进来的数据将一直保存于缓冲寄存器里。

SPI 系统的发送方向只有一个缓冲器，而在接收方向有两个缓冲器。这意味着，在发送时一定要等到移位过程全部结束后才能对 SPI 数据寄存器执行写操作。而在接收数据时，需要在下一个字符移位过程结束之前通过访问 SPI 数据寄存器读取当前接收到的字符。否则将丢失第一个字节。

SPI 被使能后，MOSI、MISO、SCK，以及 $\overline{SS}$ 引脚的数据方向按照表 7-71 进行配置。

表 7-71　SPI 引脚配置

引　　脚	方向，SPI 主机	方向，SPI 从机
MOSI	用户定义	输入
MISO	输入	用户定义
SCK	用户定义	输入
$\overline{SS}$	用户定义	输入

$\overline{SS}$ 引脚功能如下：

当 SPI 配置为主机时（MSTR 的 SPCR 置位），用户可以决定 $\overline{SS}$ 引脚的方向。若 $\overline{SS}$ 配置为输出，则此引脚可以用做普通的 I/O 口而不影响 SPI 系统。典型应用是用来驱动从机的 $\overline{SS}$ 引脚。若 $\overline{SS}$ 配置为输入，必须保持为高电平以保证 SPI 的正常工作。若系统配置为主机，$\overline{SS}$ 为输入，但被外设拉低，则 SPI 系统会将此低电平解释为有一个外部主机将自己选择为从机。为了防止总线冲突，SPI 系统将实现如下动作：

① 清零 SPCR 的 MSTR 位，使 SPI 成为从机，从而 MOSI 和 SCK 变为输入。

② SPSR 的 SPIF 置位。若 SPI 中断和全局中断开放，则中断服务程序将得到执行。

因此，使用中断方式处理 SPI 主机的数据传输，并且存在 $\overline{SS}$ 被拉低的可能性时，中断服务程序应该检查 MSTR 是否为 "1"。若被清零，必须将其置位，以重新使能 SPI 主机模式。

当 SPI 配置为从机时，从机选择引脚 $\overline{SS}$ 总是为输入。$\overline{SS}$ 为低将激活 SPI 接口，MISO 成为输出（必须进行相应的端口配置）引脚，其他引脚成为输入引脚。当 $\overline{SS}$ 为高时所有的引脚成为输入，SPI 逻辑复位，不再接收数据。$\overline{SS}$ 引脚对于数据包/字节的同步非常有用，可以使从机的位计数器与主机的时钟发生器同步。当 $\overline{SS}$ 拉高时，SPI 从机立即复位接收和发送逻辑，并丢弃移位寄存器里不完整的数据。

7.9.3　SPI 数据模式

SCK 相位、极性及串行数据有四种组合，由控制位 CPHA 和 CPOL 决定。SPI 传输格式如图 7-82 和图 7-83 所示。

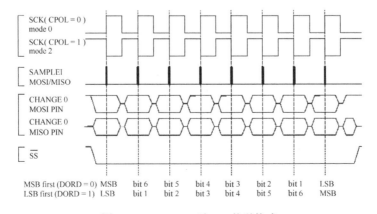

图 7-82　CPHA=0 时 SPI 传送格式

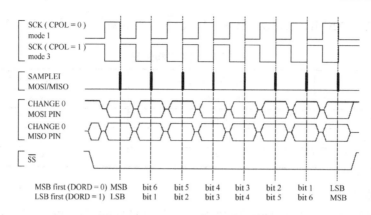

图 7-83　CPHA=1 时 SPI 传送格式

7.9.4　与 SPI 相关的寄存器

1）SPI 控制寄存器——SPCR

SPI 控制寄存器——SPCR 的定义如表 7-72 所示。

表 7-72　SPI 控制寄存器——SPCR 的定义

bit	7	6	5	4	3	2	1	0	
读/写	R/W	R/W	R/W	R/W	R/W	R/W	R/W	R/W	SPCR
名称	SPIE	SPE	DORD	MSTR	CPOL	CPHA	SPR1	SPR0	

① SPIE：使能 SPI 中断。置位后，只要 SPSR 寄存器的 SPIF 和 SREG 寄存器的全局中断使能位置位，就会引发 SPI 中断。

② SPE：使能 SPI。SPE 置位将使能 SPI。进行任何 SPI 操作之前必须置位 SPE。

③ DORD：数据次序。DORD 置位时数据的 LSB 首先发送，否则数据的 MSB 首先发送。

④ MSTR：主/从选择。MSTR 置位时选择主机模式，否则为从机。如果 MSTR 为"1"，$\overline{SS}$ 配置为输入，但被拉低，则 MSTR 被清零，寄存器 SPSR 的 SPIF 置位。必须重新设置 MSTR 进入主机模式。

⑤ CPOL：时钟极性。CPOL 置位表示空闲时 SCK 为高电平，否则空闲时 SCK 为低电平。CPOL 功能总结如表 7-73 所示。

表 7-73　CPOL 功能

CPOL	起 始 沿	结 束 沿
0	上升沿	下降沿
1	下降沿	上升沿

⑥ CPHA：时钟相位。CPHA 决定数据是在 SCK 的起始沿采样还是在 SCK 的结束沿采样。CPHA 功能如表 7-74 所示。

表 7-74　CPHA 功能

CPHA	起 始 沿	结 束 沿
0	采样	设置
1	设置	采样

⑦ SPR1, SPR0：SPI 时钟速率选择 1 与 0。确定主机的 SCK 速率。SPR1 和 SPR0 对从机没有影响。SCK 和振荡器的时钟频率 f_{osc} 关系如表 7-75 所示。

表 7-75　SCK 和频率振荡器关系

SPI2X	SPR1	SPR0	SCK 频率
0	0	0	$f_{osc}/4$
0	0	1	$f_{osc}/16$
0	1	0	$f_{osc}/64$
0	1	1	$f_{osc}/128$
1	0	0	$f_{osc}/2$
1	0	1	$f_{osc}/8$
1	1	0	$f_{osc}/32$
1	1	1	$f_{osc}/64$

2）SPI 状态寄存器——SPSR

SPI 状态寄存器——SPSR 的定义如表 7-76 所示。

表 7-76　SPI 状态寄存器——SPSR 的定义

bit	7	6	5	4	3	2	1	0	
读/写	R	R	R	R	R	R	R	R/W	SPSR
名称	SPIF	WCOL	—	—	—	—	—	SPI2X	

① SPIF：SPI 中断标志。串行发送结束后，SPIF 置位。若此时寄存器 SPCR 的 SPIE 和全局中断使能位置位，SPI 中断即产生。如果 SPI 为主机，$\overline{SS}$ 配置为输入，且被拉低，SPIF 也将置位。进入中断服务程序后 SPIF 自动清零。或者可以通过先读 SPSR，紧接着访问 SPDR 来对 SPIF 清零。

② WCOL：写碰撞标志。在发送中对 SPI 数据寄存器 SPDR 写数据将置位 WCOL。WCOL 可以通过先读 SPSR，紧接着访问 SPDR 来清零。

③ Res：保留。保留位，读操作返回值为零。

④ SPI2X：SPI 倍速。置位后 SPI 的速度加倍。若为主机，则 SCK 频率可达 CPU 频率的一半。若为从机，只能保证 $f_{osc}/4$。

3）SPI 数据寄存器——SPDR

SPI 数据寄存器——SPDR 的定义如表 7-77 所示。

表 7-77　SPI 数据寄存器——SPDR 的定义

bit	7	6	5	4	3	2	1	0	
读/写	R/W	R/W	R/W	R/W	R/W	R/W	R/W	R/W	SPDR
名称	MSB	—	—	—	—	—	—	LSB	

SPI 数据寄存器为读/写寄存器，用来在寄存器文件和 SPI 移位寄存器之间传输数据。写寄存器将启动数据传输，读寄存器将读取寄存器的接收缓冲器。

实例 7-10　使用 Proteus 仿真端口扩展

本实例仿真端口扩展，以了解单片机 SPI 功能设置。

结果文件——附带光盘"Ch7\实例 7-10"文件夹

动画演示——附带光盘"AVI\7-10.avi"文件

（1）随着应用规模的加大，会感觉到单片机的 I/O 口不够用，因此，可以使用 74HC595、74HC165 和 SPI 进行端口扩展。本例就是使用此种方法实现了端口的扩展。启动 Proteus ISIS，按照图 7-84 电路原理图进行编辑。所使用的元器件如元器件表 7-10 所示。扩展电路如图 7-85 和图 7-86 所示。

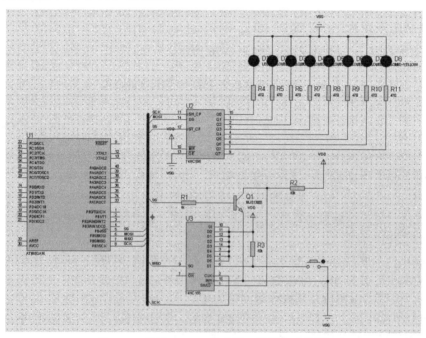

图 7-84　使用 Proteus 仿真端口扩展电路总图

元器件表 7-10　端口扩展电路

Reference	Type	Value	Package
D1	LED-YELLOW	LED-YELLOW	CONN-SIL2
D2	LED-YELLOW	LED-YELLOW	CONN-SIL2
D3	LED-YELLOW	LED-YELLOW	CONN-SIL2
D4	LED-YELLOW	LED-YELLOW	CONN-SIL2
D5	LED-YELLOW	LED-YELLOW	CONN-SIL2
D6	LED-YELLOW	LED-YELLOW	CONN-SIL2
D7	LED-YELLOW	LED-YELLOW	CONN-SIL2
D8	LED-YELLOW	LED-YELLOW	CONN-SIL2
Q1	MJE13007	MJE13007	P1
R1	RES	1k	RES40
R2	RES	10k	RES40
R3	RES	10k	RES40
R4	RES	470	RES40
R5	RES	470	RES40
R6	RES	470	RES40
R7	RES	470	RES40
R8	RES	470	RES40
R9	RES	470	RES40
R10	RES	470	RES40
R11	RES	470	RES40
U1	ATMEGA16	ATMEGA16	DIL40
U2	74HC595	74HC595	DIL16
U3	74HC165	74HC165	DIL16

图 7-85　使用 Proteus 仿真端口扩展 74HC595 部分电路

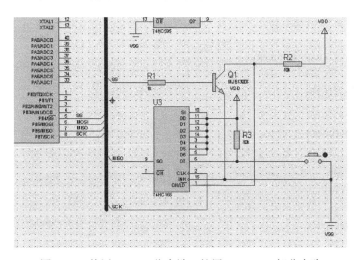

图 7-86　使用 Proteus 仿真端口扩展 74HC165 部分电路

（2）对于输出部分，74HC595 的操作分两步完成：第一步在时钟信号 SRCLK 的驱动下，数据的 8 个位从 DS 端依次移入寄存器中；第二步在时钟信号 SH_CP 的上升沿，寄存器中的数据被锁存至端口上。时序与 SPI 的时序完全一致，DS 和 SH_CP 端依次对应 SPI 口的 MOSI 和 CLK 端。只是标准的 SPI 接口使用 $\overline{SS}$ 信号变为低电平同步一次通信过程，$\overline{SS}$ 的上升沿将串行移入的数据锁存到 74HC595 的端口上。

对于输入部分，74HC165 的操作分两步完成：第一步将端口的数据载入到移位寄存器中。此过程是异步进行的，只要 SH 端为低电平状态，端口数据始终在更新移位寄存器；第二步在时钟信号 CLK 的驱动下，移位寄存器中的数据从 Q7 端输出。由于 74HC165 在已输出时 SH 必须保持高电平，与标准的 SPI 总线时序不符。故需要在 SH 端加入用晶体管的非门，将 $\overline{SS}$ 取反后使用。

（3）本例的源程序如下：

```c
#include<avr/io.h>
#include<avr/interrupt.h>
#include<avr/signal.h>

#define SS_Low PORTB &= ~(1<<4)
#define SS_High PORTB |= (1<<4)

#define Keypress 0x00
#define Keybounce 0x01
#define Keyrelease 0x02

unsigned int Timeflag = 1000;
unsigned char PORTF;                    //虚拟的输出端口在内存中对应的缓冲区
unsigned char PINE;                     //虚拟的输入端口在内存中对应的缓冲区
unsigned char Direction = 0x00;         //闪烁追逐方向标志
unsigned char PortValue = 0x00;         //输出端口值
unsigned int SystemTimer = 0;
unsigned char DoTime = 1;

SIGNAL(SIG_OVERFLOW0)
{
    TCNT0 = 0x83;                       //重载定时器

    SystemTimer++;                      //时标产生,以 1 秒为周期循环时标

    if (SystemTimer >= Timeflag)
        SystemTimer = 0;

    DoTime = 1;                         //端口刷新与闪烁控制标志
}
```

```c
void LED_Flash (void)
{
    if (SystemTimer%100 == 0)
    {
        if (Direction)
        {
            PortValue >>= 1;
            if (PortValue==0x00)
                PortValue=0x80;
        }
        else
        {
            PortValue <<= 1;
            if (PortValue==0x00)
                PortValue=0x01;
        }
    }

    PORTF = PortValue;
}

void Key_service (void)
{
    static unsigned char KeyStatu=0;
    static unsigned char KeyTimer=0;

    switch (KeyStatu)
    {
        case Keypress :                     //检测按键按下
        {
            if ((PINE&0x01) == 0x00)        //检测是否有键按下
            {
                KeyStatu++;                 //若检测到有键按下则翻转处理状态
                KeyTimer = 20;              //初始化抗抖动定时器
            }
            break;
        }
        case Keybounce :                    //抗抖动
        {
            KeyTimer--;
            if (KeyTimer == 0)
            {
                if (PINE&0x01)              //检测按键是否依然按下
                    KeyStatu = Keypress;    //按键信号不在了，当做干扰信号丢弃
```

```
                else
                    KeyStatu++;
            }
            break;
        }
        case Keyrelease :                       //等待按键松开
        {
            if (PINE&0x01)                      //检测按键是否依然按下
            {
                Direction ^= 0x01;              //按键已经松开,开始本次按键效果,取反方向标志
            }
            break;
        }
    }
}

void Port_refresh (void)
{
    SS_Low;                                     //模拟#SS 的下降沿
    SPDR = PORTF;                               //启动一次 SPI 数据通信
    while(!(SPSR&(1<<SPIF)));                    //等待通信完成
    SS_High;                                    //模拟#SS 的上升沿
    PINE = SPDR;                                 //取出从 SPI 总线读入的数据
}

void Sysinit(void)
{
    cli();
    PORTB = 0xff;
    DDRB = 0xb0;                                 //MOSI,#SS,CLK 端均设置为高电平,MISO 端开启内部上拉
    TCNT0 = 0x83;                                //计数初值
    TCCR0 = 0x02;                                //8 分频
    SPCR = 0x7D;                                 //禁止 SPI 中断,使能 SPI 模块,LSB 先传送,选择主机模式,
                                                 //空闲时时钟为高,时钟结束沿采样,时钟频率 64 分频
    SPSR = 0x00;                                 //不使用 SPI 倍速
    TIMSK = _BV(TOIE0);
    sei();
}

void main(void)
{
    Sysinit();                                  //系统初始化
    while(1)                                     //循环
    {
```

```
            if (DoTime==1)
            {
                  DoTime=0;
                  Port_refresh();
                  LED_Flash();
                  Key_service();
            }
      }
}
```

（4）编译成可执行文件后，加载后进行仿真。仿真效果如图 7-87 所示。

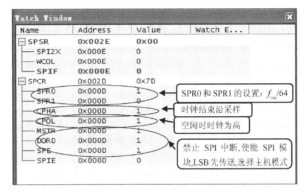

图 7-87　初始 SPI 设置

效果是使用按键控制发光二极管的闪烁方向，每按下按键一次，闪烁方向随之改变，如图 7-88 所示。

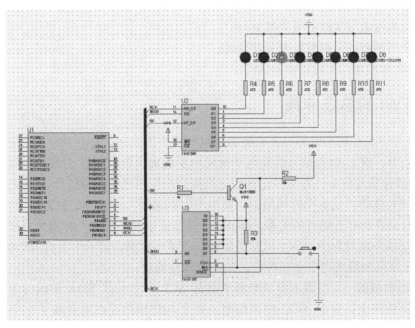

图 7-88　使用 Proteus 仿真端口扩展仿真结果

7.10　两线串行接口 TWI

TWI（Two-Wire serial Interface，两线串行接口）是一种工作于半双工模式下的通信协议。其实与 PHILIPS 的 I²C 总线一样，因为免交版税问题，故 ATMEL 称为 TWI 接口。相对于简单的全双工通信来说，半双工通信的要点是：使用相同的一套硬件通路，一段时间内主机发送从机接收；另外一段时间内从机发送主机接收。主机权限相当巨大，除产生时钟信号外，还决定通信方向。

AVR 硬件实现的 TWI 接口是面向字节和基于中断的，相对于软件模拟 I²C 总线，有更好的实时性和代码效率，引脚输入部分还配有毛刺抑制单元，可去除高频干扰。此外，结合 AVR 的 I/O 端口功能，在 TWI 使能时可设置 SCL 和 SDA 引脚对应的 I/O 口内部上拉电阻有效，可免除要求的外部两个上拉电阻。

7.10.1　TWI 特性

ATmega16 的 TWI 特性如下：

（1）简单，但是强大而灵活的通信接口，只需要两根线。

（2）支持主机和从机操作。

（3）器件可以工作于发送器模式或接收器模式。

（4）7 位地址空间允许有 128 个从机。

（5）支持多主机仲裁。

（6）高达 400 kHz 的数据传输率。

（7）斜率受控的输出驱动器。

（8）可以抑制总线尖峰的噪声抑制器。

（9）完全可编程的从机地址及公共地址。

（10）睡眠时地址匹配可以唤醒 AVR。

7.10.2　TWI 的总线仲裁

在 TWI 中，只在通信时刻存在明确的主机与从机的划分；对于平时非通信状态下，不存在主从机之分。SCL 时钟信号的高电平时间由主机来决定，SCL 的低电平时间由从机决定。TWI 总线仲裁过程中，各参与竞争的主机都会产生自己的时钟信号 SCL，但最终从机会按照各时钟合成的"低电平时间最长，高电平时间最短"来工作。SCL 时间的低电平时间和高电平时间并不存在绝对的关系，即 SCL 保持低电平和高电平时间的总和并不是一个常数。TWI 总线仲裁过程中，各主机发送数据。若某一时刻，若一个主机发送的 SDA 电平信号与总线上实际出现的电平不相符合，则该主机被淘汰。

TWI 总线仲裁的一切特性和算法来源于时钟 SCL 和信号线 SDA 的线与逻辑，同时发生在两条通信线路上。对于 SCL 时钟信号，由于与逻辑的存在而合成了一个新的时钟信号，这样的效果是参与竞争的主机约定处一个"工作时间最短，休息时间最长"的总线时钟。对于 SDA 信号线，同样由于"与"逻辑的存在，表征二进制数字 0 的低电平决定主机

视频教学

的权限。某一参与竞争的主机发送的数据中存在高电平，而其他主机发送低电平时由于总线实际表现出来的结果与期望不同而直接进入从机模式。

7.10.3　TWI 的使用

AVR 的 TWI 接口是面向字节和基于中断的。所有的总线事件，如接收到一个字节或发送了一个 START 信号等，都会产生一个 TWI 中断。由于 TWI 接口是基于中断的，因此，TWI 接口在字节发送和接收过程中，不需要应用程序的干预。TWCR 寄存器的 TWIE（TWI 中断允许位）和 SREG 寄存器的全局中断允许位一起决定了应用程序是否响应TWINT 标志位产生的中断请求。如果 TWIE 被清零，应用程序只能采用轮询 TWINT 标志位的方法来检测 TWI 总线状态。

当 TWINT 标志位置"1"时，表示 TWI 接口完成了当前的操作，等待应用程序的响应。在这种情况下，TWI 状态寄存器 TWSR 包含了表明当前 TWI 总线状态的值。应用程序可以读取 TWCR 的状态码，判别此时的状态是否正确，并通过设置 TWCR 与 TWDR 寄存器，决定在下一个 TWI 总线周期 TWI 接口应该如何工作。

当 TWI 完成一次操作并等待反馈时，TWINT 标志置位。直到 TWINT 清零，时钟线SCL 才会拉低。TWINT 标志置位时，用户必须用与下一个 TWI 总线周期相关的值更新TWI 寄存器。当所有的 TWI 寄存器得到更新，而且其他挂起的应用程序也已经结束，TWCR 被写入数据。写 TWCR 时，TWINT 位应置位。对 TWINT 写"1"清除此标志。TWI 将开始执行由 TWCR 设定的操作。

7.10.4　与 TWI 相关的寄存器

1）TWI 比特率寄存器——TWBR

TWI 比特率寄存器——TWBR 的定义如表 7-78 所示。

表 7-78　TWI 比特率寄存器——TWBR 的定义

bit	7	6	5	4	3	2	1	0	
读/写	R/W	R/W	R/W	R/W	R/W	R/W	R/W	R/W	TWBR
名称	TWBR7	TWBR6	TWBR5	TWBR4	TWBR3	TWBR2	TWBR1	TWBR0	

TWBR 为比特率发生器分频因子。比特率发生器是一个分频器，在主机模式下产生SCL 时钟频率。

SCL 的频率根据以下公式产生：

$$SCL frequency = \frac{CPU Clock frequency}{16 + 2(TWBR) \times 4^{TWPS}}$$

TWBR = TWI 比特率寄存器的数值。

TWPS = TWI 状态寄存器预分频的数值。

注意　TWI 工作在主机模式时，TWBR 值应该不小于 10。否则主机会在 SDA 与 SCL产生错误输出作为提示信号。

2）TWI 控制寄存器——TWCR

TWI 控制寄存器——TWCR 的定义如表 7-79 所示。

表 7-79 TWI 控制寄存器——TWCR 的定义

bit	7	6	5	4	3	2	1	0	
读/写	R/W	R/W	R/W	R/W	R	R/W	R	R/W	TWCR
名称	TWINT	TWEA	TWSTA	TWSTO	TWWC	TWEN	—	TWIE	

TWCR 用来控制 TWI 操作，用来使能 TWI，通过施加 STAR 到总线上来启动主机访问，产生接收器应答，产生 STOP 状态，以及在写入数据到 TWDR 寄存器时控制总线的暂停等。这个寄存器还可以给出在 TWDR 无法访问期间，试图将数据写入到 TWDR 而引起的写入冲突信息。

① TWINT：TWI 中断标志。当 TWI 完成当前工作，希望应用程序介入时 TWINT 置位。若 SREG 的 I 标志以及 TWCR 寄存器的 TWIE 标志也置位，则 MCU 执行 TWI 中断例程。当 TWINT 置位时，SCL 信号的低电平被延长。TWINT 标志的清零必须通过软件写"1"来完成。执行中断时硬件不会自动将其改写为"0"。注意，只要这一位被清零，TWI 立即开始工作。因此，在清零 TWINT 之前一定要首先完成对地址寄存器 TWAR、状态寄存器 TWSR，以及数据寄存器 TWDR 的访问。

② TWEA：使能 TWI 应答。TWEA 标志控制应答脉冲的产生。若 TWEA 置位，出现器件的从机地址与主机发出的地址相符合；TWAR 的 TWGCE 置位时，接收到广播呼叫或在主机/从机接收模式下接收到一个字节的数据的情况时，接口会发出 ACK 脉冲。将 TWEA 清零可以使器件暂时脱离总线。置位后器件重新恢复地址识别。

③ TWSTA：TWI START 状态标志。当 CPU 希望自己成为总线上的主机时需要置位 TWSTA。TWI 硬件检测总线是否可用。若总线空闲，接口就在总线上产生 START 状态。若总线忙，接口就一直等待，直到检测到一个 STOP 状态，然后产生 START 以声明自己希望成为主机。发送 START 之后软件必须清零 TWSTA。

④ TWSTO：TWI STOP 状态标志。在主机模式下，如果置位 TWSTO，TWI 接口将在总线上产生 STOP 状态，然后 TWSTO 自动清零。在从机模式下，置位 TWSTO 可以使接口从错误状态恢复到未被寻址的状态。此时总线上不会有 STOP 状态产生，但 TWI 返回一个定义好的未被寻址的从机模式且释放 SCL 与 SDA 为高阻态。

⑤ TWWC：TWI 写碰撞标志。当 TWINT 为低时，写数据寄存器 TWDR 将置位 TWWC。当 TWINT 为高时，每一次对 TWDR 的写访问都将更新此标志。

⑥ TWEN：TWI 使能。TWEN 位用于使能 TWI 操作与激活 TWI 接口。当 TWEN 位被写为"1"时，TWI 引脚将 I/O 引脚切换到 SCL 与 SDA 引脚，使能波形斜率限制器与尖峰滤波器。如果该位清零，TWI 接口模块将被关闭，所有 TWI 传输将被终止。

⑦ Res：保留。保留，读返回值为"0"。

⑧ TWIE：使能 TWI 中断。当 SREG 的 I 及 TWIE 置位时，只要 TWINT 为"1"，TWI 中断就激活。

3）TWI 状态寄存器——TWSR

TWI 状态寄存器——TWSR 的定义如表 7-80 所示。

表 7-80　TWI 状态寄存器——TWSR 的定义

bit	7	6	5	4	3	2	1	0	
读/写	R	R	R	R	R	R	R/W	R/W	TWSR
名称	TWS7	TWS6	TWS5	TWS4	TWS3	—	TWPS1	TWPS0	

① TWS 7：3：TWI 状态。这五位用来反映 TWI 逻辑和总线的状态。从 TWSR 读出的值包括 5 位状态值与 2 位预分频值。检测状态位时设计者应屏蔽预分频位为 "0"。

② Res：保留。保留，读返回值为 "0"。

③ TWPS 1：0：TWI 预分频位。这两位可读/写，用于控制比特率预分频因子。比特率控制如表 7-81 所示。

表 7-81　TWI 比特率预分频器

TWPS1	TWPS0	预分频器值
0	0	1
0	1	4
1	0	16
1	1	64

频率计算见 TWI 比特率寄存器——TWBR。

4）TWI 数据寄存器——TWDR

TWI 数据寄存器——TWDR 的定义如表 7-82 所示。

表 7-82　TWI 数据寄存器——TWDR 的定义

bit	7	6	5	4	3	2	1	0	
读/写	R/W	R/W	R/W	R/W	R/W	R/W	R/W	R/W	TWDR
名称	TWD7	TWD6	TWD5	TWD4	TWD3	TWD2	TWD1	TWD0	

在发送模式，TWDR 包含了要发送的字节；在接收模式，TWDR 包含了接收到的数据。当 TWI 接口没有进行移位工作（TWINT 置位）时这个寄存器是可写的。在第一次中断发生前不能够初始化数据寄存器。只要 TWINT 置位，TWDR 的数据就是稳定的。在数据移出时，总线上的数据同时移入寄存器。TWDR 总是包含了总线上出现的最后一个字节，除非 MCU 是从掉电或省电模式被 TWI 中断唤醒。此时 TWDR 的内容没有定义。总线仲裁失败时，主机将切换为从机，但总线上出现的数据不会丢失。ACK 的处理，由 TWI 逻辑自动管理，CPU 不能直接访问 ACK。

5）TWI（从机）地址寄存器——TWAR

TWI（从机）地址寄存器——TWAR 的定义如表 7-83 所示。

表 7-83　TWI（从机）地址寄存器——TWAR 的定义

bit	7	6	5	4	3	2	1	0	
读/写	R/W	R/W	R/W	R/W	R/W	R/W	R/W	R/W	TWAR
名称	TWA6	TWA5	TWA4	TWA3	TWA2	TWA1	TWA0	TWGCE	

TWAR 的高 7 位为从机地址。工作于从机模式时，TWI 将根据这个地址进行响应。主机模式不需要此地址。在多主机系统中，TWAR 需要进行设置以便其他主机访问自己。TWAR 的 LSB 用于识别广播地址（0x00）。器件内有一个地址比较器。一旦接收到的地址和本机地址一致，芯片就请求中断。

① TWA 6：0：TWI 从机地址寄存器。其值为从机地址。

② TWGCE：使能 TWI 广播识别。置位后 MCU 可以识别 TWI 总线广播。

实例 7-11　使用 Proteus 仿真双芯片 TWI 通信

本实例仿真双芯片 TWI 通信，以了解单片机 TWI 功能设置。

 结果文件——附带光盘 "Ch7\实例 7-11" 文件夹

 动画演示——附带光盘 "AVI\7-11.avi" 文件

（1）本例列举两个 ATmega16 间用于 TWI 总线通信的例子，说明 ATmega16 在 TWI 总线模式下工作的设置。启动 Proteus ISIS，按照图 7-89 进行电路图的编辑。其使用的元器件如元器件表 7-11 所示。

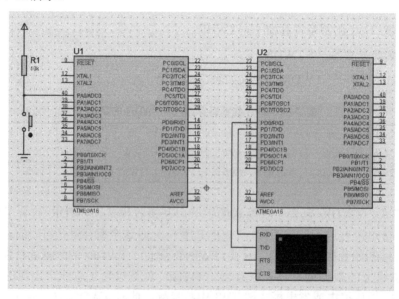

图 7-89　使用 Proteus 仿真双芯片 TWI 通信电路原理图

元器件表 7-11　双芯片 TWI 通信电路

Reference	Type	Value	Package
R1	RES	10k	RES40
U1	ATMEGA16	ATMEGA16	DIL40
U2	ATMEGA16	ATMEGA16	DIL40

（2）无论主机模式还是从机模式，都应该将 TWI 控制寄存器中的 TWEN 位置 1，从而使能 TWI 模块。TWEN 位置位后，I/O 引脚 PC0 与 PC1 被转换成为 SCL 和 SDA，该引脚的斜率限制和毛刺滤波器生效。若外部无上拉电阻可以编写如下程序使能引脚上的内部上拉电阻：

```
DDRC & =~( _BV(PC1) | _BV(PC0));
PORTC| = _BV(PC1) | _BV(PC0);
```

TWI 控制寄存器 TWCR 的操作可在总线产生 START 和 STOP 信号，从一个 START 到 STOP 认为是主控模式的行为。

将 TWI 地址寄存器 TWAR 第一位 TWGCE 置有效，同时将 TWI 控制寄存器 TWCR 的 TWEA（应答允许）位置 1，TWI 模块就可对总线上寻址做出应答，并置状态字。

（3）对 TWI 模块的操作均为寄存器的读/写操作，在本书所用到的 WinAVR 软件中，avr-libc 未提供专门的 API。但是头文件 twi.h 定义了状态字的常量和一个返回状态字的宏。本例源程序如下：

主机部分：

```
#include<avr/io.h>
#include<util/twi.h>
#define uint unsigned int
#define uchar unsigned char
#define KEY 0x01
#define FREQ 4
#define TWI_ADDR 0x032

void delay(uint t)
{
    volatile uchar i;
    for(;t>0;t--)
      for(i=100;i>0;i--);
}
//总线上启动停止条件
void twi_stop(void)
{
    TWCR = _BV(TWINT)|_BV(TWSTO)|_BV(TWEN);
}
//总线上启动开始条件
void twi_start(void)
{
    TWCR = _BV(TWINT)|_BV(TWSTA)|_BV(TWEN);
    while((TWCR & _BV(TWINT)) == 0);
```

```
    return TW_STATUS;
}
//TWI 写一字节
void twi_writebyte(uchar c)
{
    TWDR = c;
    TWCR = _BV(TWINT)|_BV(TWEN);
    while((TWCR & _BV(TWINT))==0);
    return TW_STATUS;
}
//读一字节 ack，为真时发送 ACK，为假时发送 NACK
uchar twi_readbyte(uchar *c,uchar ack)
{
    uchar tmp = _BV(TWINT)|_BV(TWEN);
    if(ack)
        tmp|=_BV(TWEA);
    TWCR = tmp;
    while((TWCR & _BV(TWINT)) == 0);
    *c = TWDR;
    return TW_STATUS;
}
//按键检测
uchar keyscan(void)
{
    uchar key;
    while(1)
    {
        key = PINA&KEY;
        if(key!=KEY)
        {
            delay(10);
            key = PINA&KEY;
            if(key!=KEY)
                break;
        }
        delay(1);
    }
    while((PINA&KEY)!=KEY)
        delay(10);
```

```
        return key;
    }

    int main(void)
    {
        uchar i;
        //使能 SCL、SDA 内部上拉电阻
        DDRC = 0;
        PORTC = 0x03;
        DDRA = 0;
        PORTA = 0;
        TWBR = 73;//波特率设置
        while(1)
        {
          keyscan();
          twi_start();
          delay(100);
          twi_writebyte(TWI_ADDR|TW_WRITE);
          delay(100);
          for(i=0;i<10;i++)
          {
            twi_writebyte(i);
            delay(100);
          }
          twi_stop();
        }
    }
```

从机部分：

```
    #include<avr/io.h>
    #include<util/twi.h>
    #include<avr/pgmspace.h>
    #include<stdio.h>
    #define uint unsigned int
    #define uchar unsigned char
    #define TWI_ADDR 0x32

    void delay(uchar t)
    {
```

```
    volatile uchar i;
    for(;t>0;t--)
      for(i=10;i>0;i--);
}
//标准 I/O 输出函数
int uart_putchar(char c)
{
    if(c=='\n')
      uart_putchar('\r');
    loop_until_bit_is_set(UCSRA,UDRE);
    UDR = c;
    return 0;
}
//端口初始化
void Ioinit(void)
{
    //使能 SCL、SDA 引脚内部上拉电阻
    DDRC=0;
    PORTC=_BV(PC1)|_BV(PC0);
    //串行口初始化
    UCSRB=_BV(RXEN)|_BV(TXEN);
    UCSRC = (1<<URSEL) | (3<<UCSZ0);
    UBRRL=0x19;
    //UART 用于标准 I/O 输入/输出
    fdevopen(uart_putchar,0);
    //TWI 接口初始化，从器件模式
    TWAR = TWI_ADDR|_BV(TWGCE);
    TWCR = _BV(TWEA)|_BV(TWEN);
}

int main(void)
{
    uchar i,j=0;

    Ioinit();

    while(1)
    {
      while((TWCR & _BV(TWINT)) ==0 )
```

```
            i = TW_STATUS;
            switch(i)
            {
              case TW_SR_SLA_ACK:
                printf("START\nSLA+W\n");
                break;
              case TW_SR_DATA_ACK:
                if(j==0)
                  printf("Received:%d",TWDR);
                else
                  printf(" %d",TWDR);
                j++;
                break;
              case TW_SR_STOP:
                printf(":\nSTOP\n\n");
                j=0;
                break;
              default:
                printf("error:%x",(int)i);
                break;
            }
          //清除 WINT 位
          TWCR = _BV(TWEA)|_BV(TWEN)|_BV(TWINT);
        }
      }
```

（4）对程序进行编译。本例所使用的是内部 RC 4MHz 时钟，生成可执行文件后加载进行仿真，结果如图 7-90 所示。运行中主机、从机寄存器情况如图 7-91 和图 7-92 所示。

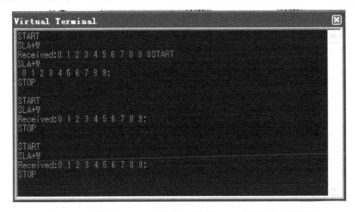

图 7-90　使用 Proteus 仿真双芯片 TWI 通信仿真效果

7.11 综合仿真

本节主要列举一些比较综合的例子，内容涉及 1602 液晶、12864 液晶、DS18B20 测温等常用的电子设计元器件，从而可以更好地了解这些常用的元器件，在日后的工作中可以作为模块化使用。

实例 7-12　使用 Proteus 仿真 DS18B20 测温计

本实例仿真 DS18B20 测温计，以了解 DS18B20 及 1602 液晶的使用。

 结果文件——附带光盘"Ch7\实例 7-12"文件夹

 动画演示——附带光盘"AVI\7-12.avi"文件

图 7-91　运行中主机寄存器情况　　　图 7-92　运行中从机寄存器情况

（1）1602LCD 显示器实际上就是一个 LCD 模块（简称为 LCM），除了显示部分以外还包含一颗 HD44780 的显示控制器。表 7-84 所示是 1602LCD 显示器的接口说明。

表 7-84　1602LCD 显示器的接口说明

编　号	符　号	引脚说明	编　号	符　号	引脚说明
1	VSS	电源地	9	D2	Data I/O
2	VDD	电源正极	10	D3	Data I/O
3	VEE	电源显示偏压信号	11	D4	Data I/O
4	RS	数据/命令选择端（H/L）	12	D5	Data I/O
5	R/W	读/写选择端（H/L）	13	D6	Data I/O
6	E	使能信号	14	D7	Data I/O
7	D0	Data I/O	15	BLA	背光源正极
8	D1	Data I/O	16	BLK	背光源负极

LCM 的控制信号线与 LCM 的内置控制指令如表 7-85 及表 7-86 所示。

表 7-85　LCM 的控制信号线

E	RS	R/W	LCM 的操作
1	0	0	将命令写入指令寄存器 IR 中
1	0	1	读取忙碌标志 BF 与地址计数器 AC 内的数值
1	1	0	将数据写入 DDRAM 或 CGRAM 中
1	1	1	读取 DDRAM 或 CGRAM 的内容

表 7-86　LCM 内置控制指令

指令操作	RS	R/W	D7	D6	D5	D4	D3	D2	D1	D0	执行时间
功能设置	0	0	0	0	1	DL	N	F	X	X	40μs
清除显示器	0	0	0	0	0	0	0	0	0	1	1.64ms
光标回到左上角	0	0	0	0	0	0	0	0	1	X	40μs
设置输入模式	0	0	0	0	0	0	0	1	1/D	S	40μs
显示屏开/关	0	0	0	0	0	0	1	D	C	B	40μs
光标/显示移位	0	0	0	0	0	1	S/C	R/L	X	X	40μs
设置 CGRAM 的地址	0	0	0	1	A	A	A	A	A	A	40μs
设置 DDRAM 的地址	0	0	1	A	A	A	A	A	A	A	40μs
读取忙碌标志和地址	0	1	BF	A	A	A	A	A	A	A	40μs
将数据写入到 CGRAM 或 DDRAM	1	0	D	D	D	D	D	D	D	D	40μs
从 CGRAM 或 DDRAM 读取数据	1	1	D	D	D	D	D	D	D	D	40μs

以下是针对 LCM 控制指令的详细说明。

① 功能设置。使用 LCD 时必须执行的第一个指令，指令码格式如表 7-87 所示。

表 7-87　功能设置指令码格式（8 位方式）

RS	R/W	D7	D6	D5	D4	D3	D2	D1	D0
0	0	0	0	1	DL	N	F	X	X

■ DL 为 1 时，数据以 8 位方式传送或接收。

■ DL 为 0 时，数据以 4 位方式传送或接收。

使用 4 位方式时，数据必须传送或接收两次，如表 7-88 所示。

表 7-88　4 位方式功能设置

N	F	显示行数	点阵字型
0	0	单行显示	5×7
0	1	单行显示	5×10
1	X	双行显示	5×7

② 清除显示器。此命令下达后，LCD 将清屏且光标回至左上角，指令码格式如表 7-89 所示。

表 7-89　清屏显示器指令码格式

RS	R/W	D7	D6	D5	D4	D3	D2	D1	D0
0	0	0	0	0	0	0	0	0	1

③ 光标回至左上角。此命令下达后，LCM 的光标被移至左上角，指令码格式如表 7-90 所示。

表 7-90　光标移至左上角指令码格式

RS	R/W	D7	D6	D5	D4	D3	D2	D1	D0
0	0	0	0	0	0	0	0	1	X

④ 设置输入模式。设置光标移动的方向和显示屏是否要移动，指令码格式如表 7-91 所示。

表 7-91　设置输入模式指令码格式

RS	R/W	D7	D6	D5	D4	D3	D2	D1	D0
0	0	0	0	0	0	0	1	I/D	S

- I/D=1：每次读写 DDRAM 的数据后，地址计数器加 1，光标右移一位。
- I/D=0：每次读写 DDRAM 的数据后，地址计数器减 1，光标左移一位。
- S=1：写入一个字符码到 DDRAM 时，光标仍停留在相对应的显示位置上，而当 I/D=1 时，整个显示屏左移一位；I/D=0 时，整个显示屏右移一位。

⑤ 显示屏开启/关闭。设置显示屏的开启或关闭及光标的特性，指令码格式如表 7-92 所示。

表 7-92　显示屏开启/关闭指令码格式

RS	R/W	D7	D6	D5	D4	D3	D2	D1	D0
0	0	0	0	0	0	1	D	C	B

- D=1：显示屏开启。
- D=0：显示屏关闭。
- C=0：光标不会出现。
- C=1：光标出现。
- B=0：光标指示的字符正常显示，不闪烁。
- B=1：光标指示的字符闪烁，每隔 16.7ms 字符反黑一次。

⑥ 显示/光标移位。移动显示屏或光标的特性，指令码格式如表 7-93 所示。

表 7-93　显示/光标移位指令码格式

RS	R/W	D7	D6	D5	D4	D3	D2	D1	D0
0	0	0	0	0	1	S/C	R/L	X	X

⑦ DDRAM 地址设置。设置 DDRAM 的地址，其指令码格式如表 7-94 所示。

表 7-94　DDRAM 地址设置指令码格式

RS	R/W	D7	D6	D5	D4	D3	D2	D1	D0
0	0	1	A	A	A	A	A	A	A

接下来只要送出字符码即可以在对应的位置上显示该字符。

⑧ 读取忙碌标志（BF）/地址计数器（AC）。执行此指令除了可读取忙碌标志位外，同时还可以读取地址计数器的数值，指令码格式如表 7-95 所示。

表 7-95　读取忙碌标志（BF）/地址计数器（AC）指令码格式

RS	R/W	D7	D6	D5	D4	D3	D2	D1	D0
0	0	1	A	A	A	A	A	A	A

当 LCM 执行内部指令，BF=1，此时 LCM 无法接受任何指令；必须等到 BF=0 时才可以下达下一指令。

⑨ CGRAM/DDRAM 数据写入。将 8 位数据写入 CGRAM 或 DDRAM 中，指令码格式如表 7-96 所示。

表 7-96　CGRAM/DDRAM 数据写入指令码格式

RS	R/W	D7	D6	D5	D4	D3	D2	D1	D0
1	0	D	D	D	D	D	D	D	D

将 8 位数据写入 CGRAM 或 DDRAM 中时，首先设置 CGRAM 或 DDRAM 地址，然后使用此指令将 8 位数据写入 CGRAM 或 DDRAM 中。

⑩ 读取 CGRAM 或 DDRAM 数据。读取 CGRAM 或 DDRAM 数据指令码格式如表 7-97 所示。

表 7-97　读取 CGRAM/DDRAM 数据指令码格式

RS	R/W	D7	D6	D5	D4	D3	D2	D1	D0
1	0	D	D	D	D	D	D	D	D

读取 CGRAM 或 DDRAM 中的数据时，首先设置 CGRAM 或 DDRAM 地址，然后使用此指令读取 CGRAM 或 DDRAM 的数据。

注意　下达任何 LCM 的控制指令前，BF 标志必须是 0，否则 LCM 将无法接受该指令。为了避免产生 LCM 无法接受该指令的情形，用户有两种不同的解决方法：

① 检查 BF 标志是否为 0，确定为 0 后再执行 LCM 的控制指令。

② 从 LCM 指令表中查出所要执行指令码的执行时间，延迟此时间即可，但因为最大的延迟时间是 1.64ms，故可以在每一次执行指令之后就延迟 1.64ms。

下达任何 LCM 的控制指令时，只要将控制指令写入指令寄存器 IR 中即可完成，即先让 LCM 的控制线 E=1，RS=0，R/W=0 之后再送出控制指令。

因为 HD44780 内部有一个重置电路，当 LCM 接上电源后，会使用内部的重置电路自动执行初始化工作，此时忙碌标志位保持为 1，直到初始化工作完成。当 VCC 升高至 4.5V 后，BF=1 会维持 10ms。初始化会执行以下指令：

① 清除显示屏。

② 功能设置为 8 位接口，单行显示，5×7 点阵字符。

③ 显示屏关闭，指针不会出现，指针指示的字符正常显示，不会闪烁。

④ 设置指针右移，整个显示屏不移动的输入模式。

注意 电源开启，VCC 由 0.2V 上升到 4.5V 的时间超出 0.1～10ms 的范围时，或是电源关闭导致 VCC 小于 0.2V 的时间少于 1ms 时，LCM 内部的重置电路不可以正常工作，因此，初始化工作将无法正常执行，此时必须使用指令执行初始化工作。

① 电源启动后等到 VCC 电源上升至 4.5V 后至少需要 15ms。

② 下达功能设置指令，设置 LCM 为 8 位接口指令。下达此指令前不可检查忙碌标志，该指令码格式如表 7-98 所示。

表 7-98　设置 LCM 初始化指令码格式

RS	R/W	D7	D6	D5	D4	D3	D2	D1	D0
0	0	0	0	1	1	*	*	*	*

③ 下达以上指令后就可以检查忙碌标志。若未使用检查忙碌标志的方法，则等待时间至少必须大于此指令执行时间。

④ 下达设置 LCM 为 8 位接口、显示行数和显示字型，指令码格式如表 7-99 所示。

表 7-99　设置 LCM 指令码格式

RS	R/W	D7	D6	D5	D4	D3	D2	D1	D0
0	0	0	0	1	1	N	F	*	*

⑤ 下达关闭显示屏指令，指令码格式如表 7-100 所示。

表 7-100　关闭显示屏指令码格式

RS	R/W	D7	D6	D5	D4	D3	D2	D1	D0
0	0	0	0	1	1	1	0	0	0

⑥ 下达开启显示屏指令，指令码格式如表 7-101 所示。

视频教学

表 7-101　开启显示屏指令码格式

RS	R/W	D7	D6	D5	D4	D3	D2	D1	D0
0	0	0	0	0	0	0	0	0	1

⑦ 设置输入模式，指令码格式如表 7-102 所示。

表 7-102　初始化设置输入模式指令码格式

RS	R/W	D7	D6	D5	D4	D3	D2	D1	D0
0	0	0	0	1	1	1	I/D	F	S

⑧ 至此初始化结束。

（2）DS18B20 是 Dallas 公司 1-Wire 系列数字测温传感器。有关 Dallas 的 1-Wire 寻址算法及详细资料，笔者建议进行浏览阅读，这对电子设计及编程有帮助。DS18B20 提供 9～12 位精度的温度测量；电源供电范围为 3～5.5V；温度测量范围为–55～+125℃。在–10～+85℃，测量精度为±0.5℃；增量值最小为 0.0625℃。将测量温度转换为 12 位数字量最大需要 750ms，DS18B20 采用信号线寄生供电不需额外供电。每个 Dallas 的 1-Wire 系列都有唯一的序列码，而 DS18B20 有唯一的 64 位序列码，这样使得多个 DS18B20 共线工作成为可能。

（3）本例的电路原理图如图 7-93 所示。其所使用的元器件如元器件表 7-12 所示。DS18B20 数据线接 PC0，1602 液晶显示屏 D0～D7 口接 PA0～PA7 口，RS 接 PB0，R/W 接 PB1 口，E 接 PB2 口。

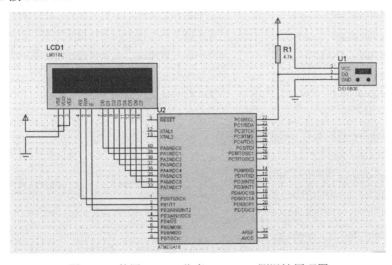

图 7-93　使用 Proteus 仿真 DS18B20 测温计原理图

元器件表 7-12　DS18B20 测温计

Reference	Type	Value	Package
LCD1	LM016L	LM016L	CONN-DIL14
R1	RES	4.7k	RES40
U1	DS18B20	DS18B20	TO92
U2	ATMEGA16	ATMEGA16	DIL40

（4）本例的源程序如下：

```
#include<avr/io.h>
#include <util/delay.h>


#define CLRDQ DDRC |= (1<<0)          //设置为输出，此时由于 PORTC1 是低，故输出低
#define SETDQ DDRC &=~(1<<0)          //设置为输入，此时由于 PORTC1 外部有上拉电阻，故相当
                                      //于设置总线为高

#define GETDQ PINC & 0b00000001

#define enableon    PORTB |=(1<<2)
#define enableoff PORTB &=~(1<<2)
#define rwon        PORTB |=(1<<1)
#define rwoff       PORTB &=~(1<<1)
#define rson        PORTB |=(1<<0)
#define rsoff       PORTB &=~(1<<0)


#define twoline_8bit 56              //设置 LCD 以 8 位的方式传送和接收数据
#define clear           1            //清除显示器
#define cursor_home   2              //设置光标回到第一行第一个位置
#define cursor_left   4              //每次读写 DDRAM 数据后，地址计数器加 1，光标右移一位
#define cursor_right 6               //每次读写 DDRAM 数据后，地址计数器减 1，光标左移一位
#define cursor_off    12             //显示器开启光标不出现光标指示的字符正常显示不闪烁
#define cursor_on     14            //显示器开启光标出现光标指示的字符正常显示不闪烁
#define cursor_blink 15              //显示器开启光标出现光标指示的字符闪烁
#define goto_line1   128            //首行地址
#define goto_line2   192            //第二行地址


#define delay_18B20(x) _delay_loop_2(x)

unsigned char L_18B20,H_18B20;
unsigned int zhengshu,xiaoshu;

void delay_1602(unsigned char t)
{
    volatile unsigned char a;
    for(;t>0;t--)
      for(a=100;a>0;a--);
}

void write_1602_command(unsigned command)
```

```
{
    enableon;
    rwoff;
    rsoff;
    PORTA=command;
    delay_1602(10);
    enableoff;
    rwon;
}

void write_1602_data(unsigned data)
{
    enableon;
    rwoff;
    rson;
    PORTA=data;
    delay_1602(10);
    enableoff;
    rwon;
}

void init1602(void)
{
    write_1602_command(twoline_8bit);
    write_1602_command(cursor_off);
    write_1602_command(cursor_right);
}

void clear1602(void)
{
    write_1602_command(clear);
    write_1602_command(cursor_home);
}

void display_string(char *p)
{
    while(*p)
    {
        write_1602_data(*p);
        p++;
```

```
        }
    }

    void gotoxy(unsigned x,unsigned y)
    {
        if(x==1)
            write_1602_command(goto_line1+y);
        else
            write_1602_command(goto_line2+y);
    }


/*------DS18B20------*/
//总线端口初始化
void Bus_init(void)
{
    PORTC &=~(1<<0);        //此口总保持低
    DDRC &=~(1<<0);         //初始化为输入，使用外部上拉电阻保持总线的高电平
}

/*DS18B20 的复位脉冲，主机通过拉低单总线至少 480µs 以产生复位脉冲
    然后主机释放单总线并进入接收模式，此时单总线电平被拉高，
    DS18B20 检测到上升沿后，延时 15~60µs，拉低总线 60~240µs 产生应答脉冲    */

unsigned char Init_DS18B20(void)
{
        unsigned char x=0;
        CLRDQ;                 //单片机将 DQ 拉低
        delay_18B20(500);      //精确延时大于 480µs
        SETDQ;                 //拉高总线
        delay_18B20(100);
        if((GETDQ)==0)
          {x=0;}               //稍做延时后，如果 x=0 则初始化成功；x=1 则初始化失败
        else
          {x=1;}
        delay_18B20(1000);
        return x;
}

/*写时隙，主机在写 1 时隙向 DS18B20 写入 1，在写 0 时隙向 DS18B20 写入 0
    所有写时隙至少需要 60µs，且在两次写时隙之间至少需要 1µs 的恢复时间
```

```
    两种写时隙均以主机拉低总线开始
    产生写 1 时隙：主机拉低总线后，必须在 15μs 内释放总线，由上拉电阻拉回至高电平
    产生写 0 时隙：主机拉低总线后，必须整个时隙保持低电平 */
void WriteOneChar(unsigned char dat)
{
    unsigned char h=0;
    for (h=8; h>0; h--)
    {
         if(dat&0x01)
    {
      CLRDQ;
      delay_18B20(8);        //8μs
      SETDQ;
      delay_18B20(55);       //55μs
    }
    else
    {
      CLRDQ;
      delay_18B20(55);       //55μs
      SETDQ;
      delay_18B20(20);       //8us
    }
      dat>>=1;
  }
}


/*所有读时隙至少 60μs 且两次独立的读时隙之间至少需要 1μs 的恢复时间
   每次读时隙由主机发起，拉低总线至少 1μs。
   若传 1，则保持总线高电平；若发送 0，则拉低总线
   传 0 时 DS18B20 在该时隙结束时释放总线，再拉回高电平状态，主机必须在读时隙开始后
   的 15μs 内释放总线，并保持采样总线状态 */
unsigned char ReadOneChar(void)
{
    unsigned char i=0;
    unsigned char dat = 0;
    for (i=8;i>0;i--)
    {
            dat>>=1;
            CLRDQ; //给脉冲信号
          delay_18B20(2);
```

```
                    SETDQ; //给脉冲信号
                    delay_18B20(4);
                    if(GETDQ)
                      {dat|=0x80;}
                    delay_18B20(60);
               }
            return(dat);
        }

/*------DS18B20------*/
void read_18B20(void)
{

        Init_DS18B20();
        WriteOneChar(0xCC);                    //跳过读序号列号的操作
        WriteOneChar(0x44);                    //启动温度转换

        delay_18B20(1000);                     // （这个信息很重要）

        Init_DS18B20();
        WriteOneChar(0xCC);                    //跳过读序号列号的操作
        WriteOneChar(0xBE);                    //读取温度寄存器等（共可读9个寄存器）
                                               //前两个就是温度

        delay_18B20(1000);

        L_18B20=ReadOneChar();                 //读取低8位数据
        H_18B20=ReadOneChar();                 //读取高8位数据

        zhengshu=(int)(L_18B20/16+H_18B20*16); //整数部分
        xiaoshu=(int)((L_18B20&0x0f)*10/16);   //小数第一位

}

void main()
{
    DDRA=0xff;
    DDRB=0x07;
    Bus_init();
    init1602();
    clear1602();
```

```
while(1)
{
  gotoxy(2,4);
  read_18B20();
  write_1602_data((0x30|(zhengshu/10)));
  write_1602_data((0x30|(zhengshu-(zhengshu/10)*10)));
  write_1602_data(0x2e);
  write_1602_data(0x30|xiaoshu);
}
}
```

（5）生成可执行文件后加载，可以看到仿真结果如图 7-94 所示。

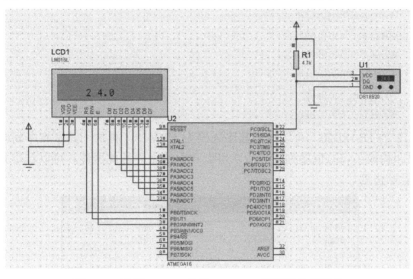

图 7-94　使用 Proteus 仿真 DS18B20 测温计仿真结果

（6）若熟悉 1-Wire 寻址算法，可以搭配多个 DS18B20 形成多点单线测温。图 7-95 所示是笔者曾使用 AT89S52 单片机所做的多点测温仿真效果图。

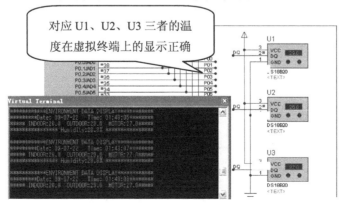

图 7-95　多点测温仿真效果图

多点测温是在程序 read_DS18B20 中加入了发送 DS18B20 的序列码（见图7-96）：

```
        Init_DS18B20();
        WriteOneChar(0xCC);          //跳过读序号列号的操作
        WriteOneChar(0x44);          //启动温度转换
        delay_18B20(100);
    if(choose==1){
        Init_DS18B20();
        delay_18B20(100);
        WriteOneChar(0x55);          //序列码
        WriteOneChar(0x28);
        WriteOneChar(0x6B);
        WriteOneChar(0xC6);
        WriteOneChar(0x67);
        WriteOneChar(0x0);
        WriteOneChar(0x0);
        WriteOneChar(0x0);
        WriteOneChar(0x8D);}
```

例如，U2 的 DS18B20，可以见到其序列码为 67C668，再加上其家族序列码 28，与其 CRC 校验码即构成了 64 位序列码。所以可以在单线上寻址此器件。可以自行查阅 1-Wire 的寻址算法尝试仿真。

图 7-96　DS18B20 序列码

实例 7-13　使用 Proteus 仿真电子万年历

本实例仿真电子万年历，以了解单片机 T/C 功能设置及绘图型液晶 12864。

视频教学

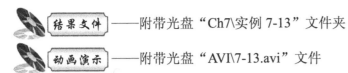

结果文件——附带光盘"Ch7\实例 7-13"文件夹

动画演示——附带光盘"AVI\7-13.avi"文件

（1）LGM12641BS1R 是 Proteus 自带的 128 点×64 点的绘图型液晶显示屏，液晶显示屏的 128 点×64 点划分为两个 64 点×64 点的区域，两个区域分别由 CS1 和 CS2 引脚控制。原理图如图 7-97 和图 7-98 所示。

注意 X 坐标和 Y 坐标与传统上的 X 坐标和 Y 坐标正好相反。LGM12641BS1R 将 X 坐标的 64 个点分成 8 页，分别是第 0 页到第 7 页；每一页有 8 个点，刚好处于同一字节中；Y 坐标的 128 个点则以 0～127 区分，其中 0～63 由 CS1 引脚控制，64～127 则由 CS2 引脚控制。用户设置屏幕上的点数据时，必须指定：

① CS1 和 CS2，例如，CS1=1，CS2=0，就是选择绘图型 LCD 左半屏。

② X 等于第几页，也就是 X=0～7。

③ Y 等于第几个字节，也就是 Y=0～63。

LGM12641BS1R 的引脚说明如表 7-103 所示。

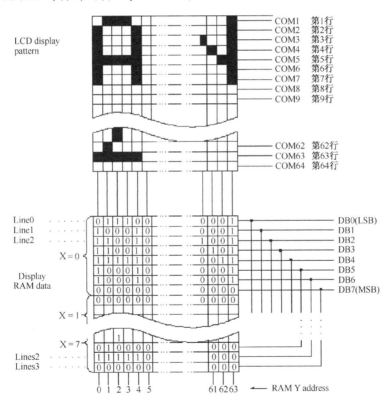

图 7-97　LGM12641BS1R 显示原理图

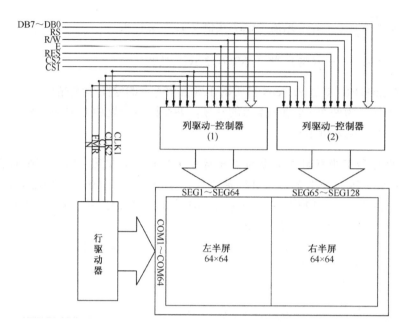

图 7-98　LGM12641BS1R 原理图

表 7-103　LGM12641BS1R 引脚描述

引脚号	引脚名称	级别	引脚功能描述	引脚号	引脚名称	级别	引脚功能描述
1	CS1	H/L	片选信号，CS1 为高时左半屏显示	10	DB1	H/L	三台并行数据线 DB1
2	CS2	H/L	片选信号，CS2 为高时右半屏显示	11	DB2	H/L	三台并行数据线 DB2
3	GND	0	电源地	12	DB3	H/L	三台并行数据线 DB3
4	VCC	+5V	电源电压	13	DB4	H/L	三台并行数据线 DB4
5	V0	0~-10V	LCD 驱动负电压	14	DB5	H/L	三台并行数据线 DB5
6	DI	H/L	寄存器选择信号	15	DB6	H/L	三台并行数据线 DB6
7	R/W	H/L	读/写操作选择信号	16	DB7	H/L	三台并行数据线 DB7
8	E	H/L	使能信号	17	RST	H/L	复位信号，低有效
9	DB0	H/L	三台并行数据线 DB0	18	-VOUT	-10V	输出负电压

　　当 LGM12641BS1R 复位引脚 $\overline{RST}$ 接收到正确的低电压信号之后，会被重置。此时将关闭显示器，设置显示的起始地址列寄存器为 0。从微处理器写入绘图型 LCD 的显示数据先存储在输入寄存器中，然后才将数据载入到显示存储器的 RAM 中。由显示存储器中读取的数据会先存储在输出寄存器中，绘图型 LCD 将会从输出寄存器中读取数据，地址指针所显示的数据将出现于输出寄存器上，当数据被读取后，Y 坐标的数值会自动加 1。绘图型 LCD 内部仍处于工作状态时，忙碌标志位为 1；此时除了可以读取状态指针外，其余指令均不接受，故微处理器要求绘图型 LCD 执行某一指令前先检查忙碌标志位是否为 0。显示器打开时，显示存储器的数据才可以显示在显示屏对应的点，否则绘图型 LCD 将无法显示图形。X 地址寄存器是 3 位，Y 地址寄存器是 6 位，此两个寄存器的主要目的是指向数据存储器的地址。其中 X、Y 寄存器的功能分别如下：

　　X 地址寄存器：设置 X 坐标是第 0 页～第 7 页中的某一页。

Y 地址寄存器：Y 地址计数器是设置 Y 坐标为 0～63 中的一个数值。

必须使用指令来设置 Y 地址计数器，但是当 Y 地址计数器被设置后，若有数据写入到存储器的动作，其会自动加 1。当数据由显示 RAM 送至绘图型 LCD 的驱动电路时，会暂时被锁定在显示数据锁定器中。绘图型 LCD 的显示屏由 128×64 个点（pixel）组成，每一点由一个位表示亮或灭；当一个点亮的时候就在对应的位存 1，暗的时候就在对应的位存 0，这些数据就存储在显示数据的存储器中。

LGM12641BS1R 的指令集如表 7-104 所示。

表 7-104　LGM12641BS1R 指令集

功　用	控制信号		指　令　集						
	R/W	D/I	DB7	DB6	DB5	DB4	DB3	DB2	DB1	DB0
显示器开/关	0	0	0	0	1	1	1	1	1	D
设置显示的开始坐标	0	0	1	1	设置显示的开始坐标（0～63）					
设置页数（X 坐标）	0	0	1	0	1	1	1	页数（0～7）		
设置显示器的 Y 坐标	0	0	0	1	设置显示的 Y 坐标（0~63）					
状态读取	1	0	忙碌	0	ON/OFF	重置	0	0	0	0
数据写入 DDRAM	0	1	写入数据						
读取 DDRAM 数据	1	1	读取数据						

① 显示器开/关。显示器开/关的指令格式如表 7-105 所示。

表 7-105　显示器开/关的指令格式

R/W	D/I	DB7	DB6	DB5	DB4	DB3	DB2	DB1	DB0
0	0	0	0	1	1	1	1	1	D

D=1：显示器开；D=0：显示器关。

② 设置显示的开始坐标。设置显示开始坐标的指令格式如表 7-106 所示。

表 7-106　设置显示开始坐标的指令格式

R/W	D/I	DB7	DB6	DB5	DB4	DB3	DB2	DB1	DB0
0	0	1	1	S	S	S	S	S	S

执行此指令后，绘图型 LCD 会根据 SSSSSS 的数据，从距屏幕左边多少点的位置开始显示图形。

③ 设置页数（X 坐标）。设置页数的指令格式如表 7-107 所示。

表 7-107　设置页数的指令格式

R/W	D/I	DB7	DB6	DB5	DB4	DB3	DB2	DB1	DB0
0	0	1	0	1	1	1	P	P	P

执行此指令后，PPP 会写入 X 地址寄存器中，接下来对绘图型 LCD 进行读写都是针对

此页进行。

④ 设置显示器 Y 坐标。设置显示器 Y 坐标的指令格式如表 7-108 所示。

表 7-108　设置显示器 Y 坐标的指令格式

R/W	D/I	DB7	DB6	DB5	DB4	DB3	DB2	DB1	DB0
0	0	0	1	Y	Y	Y	Y	Y	Y

执行此指令后，数值 YYYYYY 会写入 Y 地址寄存器中，接下来对绘图型 LCD 进行读写时是针对该 Y 地址进行，但读写之后 Y 地址寄存器的内容会自动加 1。

⑤ 状态读取。状态读取的指令格式如表 7-109 所示。

表 7-109　状态读取的指令格式

R/W	D/I	DB7	DB6	DB5	DB4	DB3	DB2	DB1	DB0
1	0	忙碌	0	ON/OFF	RESET	0	0	0	0

忙碌位：当绘图型 LCD 内部正在工作时，忙碌标志为 1，此时除了可以读取状态指针之外其余的指令均不被接受，故微处理器要求绘图型 LCD 执行某一指令之前需要先检查此位是否为 0。

ON/OFF：表示液晶显示器的显示状态开或关。

RESET：RESET 标志为 1 时，除了读取状态指针之外，无法接受其他指令；RESET 标志为 0 时，表示系统进入正常操作。

⑥ 数据写入显示数据的 RAM。数据写入显示数据的 RAM 的指令格式如表 7-110 所示。

表 7-110　数据写入显示数据的 RAM 的指令格式

R/W	D/I	DB7	DB6	DB5	DB4	DB3	DB2	DB1	DB0
0	1	D	D	D	D	D	D	D	D

执行此指令后，8 位数据 DDDDDDDD 会写入 X 地址寄存器和 Y 地址寄存器所指向的显示数据存储器中，写入后 Y 的地址值会自动加 1。

⑦ 显示数据的读取。显示数据的读取的指令格式如表 7-111 所示。

表 7-111　显示数据的读取的指令格式

R/W	D/I	DB7	DB6	DB5	DB4	DB3	DB2	DB1	DB0
1	1	D	D	D	D	D	D	D	D

执行此指令后，可以读取当前 X 地址寄存器和 Y 地址寄存器所指向显示存储器中的数据。
LCD 的写状态时序如图 7-99 所示。

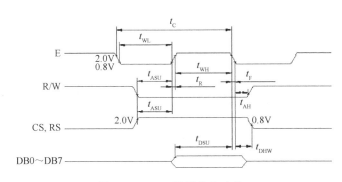

图 7-99　LCD 的写状态时序

LCD 的读状态时序如图 7-100 所示。

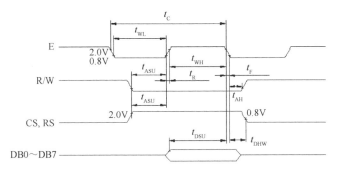

图 7-100　LCD 的读状态时序

（2）本例中的仿真电路原理图如图 7-101 所示。其所使用的元器件如元器件表 7-13 所示。

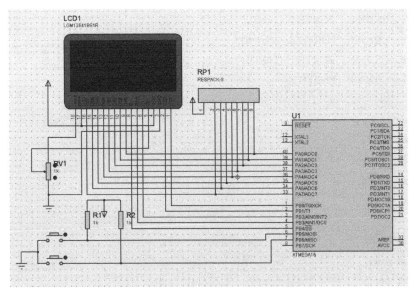

图 7-101　电子万年历仿真电路原理图

元器件表 7-13　电子万年历

Reference	Type	Value	Package
LCD1	LGM12641BS1R	LGM12641BS1R	missing
R1	RES	1k	RES40
R2	RES	1k	RES40
RP1	RESPACK-8	RESPACK-8	RESPACK-8
RV1	POT-LIN	1k	missing
U1	ATMEGA16	ATMEGA16	DIL40

DB0～DB7 经过排阻接 VCC 后再接入 PA0~PA7 口，CS1 接 PB0 口，CS2 接 PB1 口，DI 接 PB2 口，R/W 接 PB3 口，E 接 PB4 口。

（3）本例中的源程序如下：

```c
#include<avr/io.h>
#include<avr/signal.h>

static unsigned char count=0;
static unsigned char mode=0;

unsigned char dayofmonth[]={31,28,31,30,31,30,31,31,30,31,30,31};

#define DISET     PORTB |= (1<<2);
#define DICLR     PORTB &=~(1<<2);
#define RWSET     PORTB |= (1<<3);
#define RWCLR     PORTB &=~(1<<3);
#define ENSET     PORTB |= (1<<4);
#define ENCLR     PORTB &=~(1<<4);
#define CS1ON     PORTB |= (1<<0);
#define CS1OFF    PORTB &=~(1<<0);
#define CS2ON     PORTB |= (1<<1);
#define CS2OFF    PORTB &=~(1<<1);

typedef struct {
   char hour;
   char minute;
   char second;
}time;

typedef struct {
   char year;
   char month;
   char day;
}date;
```

```
time now={23,59,0},display;
date today={8,1,1},tmpday;

unsigned char timedis[4][128] = {
/*现     CCFD6 */
{0x00,0x00,0x20,0x20,0x20,0x20,0xE0,0xE0,0x20,0x20,0x10,0x10,0x00,0x00,0xF0,0xF0,
0x20,0x20,0x20,0xA0,0x20,0x20,0x20,0x20,0x20,0xF0,0xF0,0x00,0x00,0x00,0x00,0x00,
0x00,0x00,0x00,0x40,0x40,0x40,0xFF,0xFF,0x40,0x20,0x30,0x20,0x00,0x00,0xFF,0xFF,
0x00,0x00,0x00,0xFF,0xFF,0x01,0x00,0x00,0x00,0xFF,0xFF,0x00,0x00,0x00,0x00,0x00,
0x00,0x00,0x00,0x00,0x00,0x00,0xFF,0xFF,0x80,0x40,0x40,0x40,0x20,0x00,0x3F,0x3F,
0x00,0x80,0xF8,0x3F,0x03,0xFC,0xFC,0x00,0x00,0x0F,0x0F,0x00,0x00,0x00,0x00,0x00,
0x00,0x02,0x06,0x03,0x03,0x01,0x01,0x00,0x80,0x80,0x40,0x20,0x20,0x10,0x08,0x0C,
0x07,0x03,0x00,0x00,0x00,0x1F,0x3F,0x20,0x20,0x20,0x20,0x20,0x3B,0x3C,0x10,0x00},


/*在     CD4DA */
{0x00,0x00,0x00,0x00,0x00,0x00,0x00,0x00,0x00,0x00,0x00,0x00,0x00,0xE0,0xFC,0x38,
0x08,0x00,0x00,0x00,0x00,0x00,0x00,0x00,0x00,0x00,0x80,0xC0,0x80,0x00,0x00,0x00,
0x00,0x00,0x01,0x01,0x01,0x01,0x01,0x81,0x81,0xE1,0x31,0x1D,0x0F,0x03,0x00,0x01,
0x01,0x01,0xFD,0xFD,0x01,0x01,0x01,0x01,0x01,0x01,0x00,0x00,0x00,0x00,0x00,0x00,
0x00,0x40,0x20,0x10,0x18,0x0C,0x06,0xFF,0xFF,0x00,0x00,0x00,0x04,0x04,0x04,0x04,
0x04,0x04,0xFF,0xFF,0x04,0x04,0x04,0x04,0x04,0x02,0x03,0x02,0x00,0x00,0x00,0x00,
0x00,0x00,0x00,0x00,0x00,0x00,0x00,0x7F,0x7F,0x10,0x10,0x10,0x10,0x10,0x10,0x10,
0x10,0x10,0x1F,0x1F,0x10,0x10,0x10,0x10,0x10,0x10,0x10,0x18,0x18,0x10,0x00,0x00},


/*时     CCAB1 */
{0x00,0x00,0x00,0xE0,0xC0,0x80,0x80,0x80,0x80,0x80,0xC0,0xC0,0x80,0x00,0x00,0x00,
0x00,0x00,0x00,0x00,0x00,0x00,0x00,0xFC,0xF8,0x08,0x00,0x00,0x00,0x00,0x00,0x00,
0x00,0x00,0x00,0xFF,0xFF,0x80,0x80,0x80,0x80,0x80,0xFF,0xFF,0x04,0x04,0x04,0x44,
0x84,0x04,0x04,0x04,0x04,0x04,0x04,0xFF,0xFF,0x04,0x04,0x06,0x06,0x04,0x00,0x00,
0x00,0x00,0x00,0xFF,0xFF,0x00,0x00,0x00,0x00,0x00,0xFF,0xFF,0x00,0x00,0x00,0x00,
0x01,0x0F,0x0E,0x00,0x00,0x00,0x00,0xFF,0xFF,0x00,0x00,0x00,0x00,0x00,0x00,0x00,
0x00,0x00,0x00,0x0F,0x07,0x01,0x01,0x01,0x01,0x01,0x07,0x03,0x00,0x00,0x00,0x00,
0x00,0x00,0x00,0x10,0x10,0x30,0x70,0x3F,0x1F,0x00,0x00,0x00,0x00,0x00,0x00,0x00},


/*间     CBCE4 */
{0x00,0x00,0x00,0x00,0xC0,0x80,0x84,0x18,0x70,0xE0,0x00,0x00,0x20,0x20,0x20,0x20,
0x20,0x20,0x20,0x20,0x20,0x20,0x20,0x20,0x20,0x20,0xF0,0xF0,0x20,0x00,0x00,0x00,
0x00,0x00,0x00,0x00,0xFF,0xFF,0x00,0x00,0x00,0x00,0x00,0xFC,0x08,0x08,0x08,0x08,
0x08,0x08,0x08,0xFC,0xFC,0x08,0x00,0x00,0x00,0x00,0xFF,0xFF,0x00,0x00,0x00,0x00,
0x00,0x00,0x00,0x00,0xFF,0xFF,0x00,0x00,0x00,0x00,0x00,0xFF,0x82,0x82,0x82,0x82,
```

```
0x82,0x82,0x82,0xFF,0xFF,0x00,0x00,0x00,0x00,0x00,0xFF,0xFF,0x00,0x00,0x00,0x00,
0x00,0x00,0x00,0x00,0x3F,0x3F,0x00,0x00,0x00,0x00,0x00,0x01,0x00,0x00,0x00,0x00,
0x00,0x00,0x00,0x01,0x00,0x10,0x10,0x10,0x30,0x70,0x3F,0x1F,0x00,0x00,0x00,0x00}
};

unsigned char shuzi[12][16]={
/*0    CHAR_30 */
{0x00,0xE0,0x10,0x08,0x08,0x10,0xE0,0x00,0x00,0x0F,0x10,0x20,0x20,0x10,0x0F,0x00},
/*1    CHAR_31 */
{0x00,0x10,0x10,0xF8,0x00,0x00,0x00,0x00,0x00,0x20,0x20,0x3F,0x20,0x20,0x00,0x00},
/*2    CHAR_32 */
{0x00,0x70,0x08,0x08,0x08,0x88,0x70,0x00,0x00,0x30,0x28,0x24,0x22,0x21,0x30,0x00},
/*3    CHAR_33 */
{0x00,0x30,0x08,0x88,0x88,0x48,0x30,0x00,0x00,0x18,0x20,0x20,0x20,0x11,0x0E,0x00},
/*4    CHAR_34 */
{0x00,0x00,0xC0,0x20,0x10,0xF8,0x00,0x00,0x00,0x07,0x04,0x24,0x24,0x3F,0x24,0x00},
/*5    CHAR_35 */
{0x00,0xF8,0x08,0x88,0x88,0x08,0x08,0x00,0x00,0x19,0x21,0x20,0x20,0x11,0x0E,0x00},
/*6    CHAR_36 */
{0x00,0xE0,0x10,0x88,0x88,0x18,0x00,0x00,0x00,0x0F,0x11,0x20,0x20,0x11,0x0E,0x00},
/*7    CHAR_37 */
{0x00,0x38,0x08,0x08,0xC8,0x38,0x08,0x00,0x00,0x00,0x00,0x3F,0x00,0x00,0x00,0x00},
/*8    CHAR_38 */
{0x00,0x70,0x88,0x08,0x08,0x88,0x70,0x00,0x00,0x1C,0x22,0x21,0x21,0x22,0x1C,0x00},
/*9    CHAR_39 */
{0x00,0xE0,0x10,0x08,0x08,0x10,0xE0,0x00,0x00,0x00,0x31,0x22,0x22,0x11,0x0F,0x00},
/*-    CHAR_2D */
{0x00,0x00,0x00,0x00,0x00,0x00,0x00,0x00,0x01,0x01,0x01,0x01,0x01,0x01,0x01,0x01},
/*     CHAR_01 */
{0x00,0x00,0x00,0x30,0x30,0x00,0x00,0x00,0x00,0x00,0x00,0x0C,0x0C,0x00,0x00,0x00}
};

void delay(unsigned char time)
{
   volatile unsigned char i;
   for(;time>0;time--)
     for(i=20;i>0;i--);
}
//根据时序图所写的写命令子程序
void write_command(unsigned command)
```

```
  {
    DDRB=0Xff;
    DDRA=0xff;
    DICLR;
    RWCLR;
    ENSET;
    PORTA=command;
    ENCLR;
    RWSET;
    DISET;
  }
//根据时序图所写的写数据子程序
void write_data(unsigned glcdata)
  {
    DDRB=0xff;
    DDRA=0xff;
    DISET;
    RWCLR;
    ENSET;
    PORTA=glcdata;
    ENCLR;
    RWSET;
    DICLR;
  }

void display_816(unsigned char x,unsigned char y,unsigned char *p)
  {
    volatile unsigned char j,k;
    if(x<64)
      {CS1ON;CS2OFF;}
    else
      {CS1OFF;CS2ON;}
    for(k=0;k<2;k++)
      {
        write_command(184+y+k);
        if(x<64)
          write_command(64+x);
        else
          write_command(x);
        for(j=0;j<8;j++)
```

```
            {
              write_data(*p);
              p++;
            }
          }
      }


void display_3232(unsigned char x,unsigned char y,unsigned char *p,unsigned char len)
{
    volatile unsigned char i,j,k;
    for(i=0;i<len;i++)
    {
      if(x<64)
          {CS1ON;CS2OFF;}
      else
          {CS1OFF;CS2ON;}
      for(k=0;k<4;k++)
      {
        write_command(184+y+k);
        if(x<64)
          write_command(64+x);
        else
          write_command(x);
        for(j=0;j<32;j++)
        {
          write_data(*p);
          p++;
        }
      }
      x=x+32;
    }
}


void display_time(time display_time)
{
    display_816(32,6,shuzi[display_time.hour/10]);
    display_816(40,6,shuzi[display_time.hour%10]);
    display_816(48,6,shuzi[11]);
    display_816(56,6,shuzi[display_time.minute/10]);
```

```
        display_816(64,6,shuzi[display_time.minute%10]);
        display_816(72,6,shuzi[11]);
        display_816(80,6,shuzi[display_time.second/10]);
        display_816(88,6,shuzi[display_time.second%10]);
}

void display_date(date tmp_date)
{
        display_816(32,4,shuzi[tmp_date.year/10]);
        display_816(40,4,shuzi[tmp_date.year%10]);
        display_816(48,4,shuzi[10]);
        display_816(56,4,shuzi[tmp_date.month/10]);
        display_816(64,4,shuzi[tmp_date.month%10]);
        display_816(72,4,shuzi[10]);
        display_816(80,4,shuzi[tmp_date.day/10]);
        display_816(88,4,shuzi[tmp_date.day%10]);
}

void initlcd()
{
    volatile unsigned char a,b;
    CS1ON;
    CS2ON;
    write_command(63);
    write_command(192);
    for(a=0;a<8;a++)
    {
        write_command(184+a);
        write_command(64);
        for(b=0;b<64;b++)
            write_data(0x00);
    }
}

char monthday(char year,char month)
{
    if(month==2 && (year%4==0))
        return(29);
    else
```

```
        return(dayofmonth[month-1]);
}
//T/C0 计数溢出时处理程序，注意其中的逻辑关系
SIGNAL(SIG_OVERFLOW0)
{
  TCNT0=0;
  TCCR0=_BV(CS02)|_BV(CS00);
  TIMSK=_BV(TOIE0);
  cli();
  if(++count>4)
  {
    count=0;
    now.second++;
     if(now.second==60)
     {
       now.second=0;
       now.minute++;
       if(now.minute==60)
       {
         now.minute=0;
         now.hour++;
         if(now.hour==24)
         {
           now.hour=0;
           today.day++;
           if(today.day>monthday(today.year,today.month))
           {
             today.day=0;
              today.month++;
              if(today.month==13)
              {
                today.month=1;
                today.year++;
              }
           }
         }
       }
     }
  }
}
```

```
   sei();
}

void main()
{
   DDRB=0b00011111;
   PORTB=0b01100000;
   DDRA=0xff;
   TCNT0=0;
   TCCR0=_BV(CS02)|_BV(CS00);
   TIMSK=_BV(TOIE0);
   initlcd();
   sei();
   display_3232(0,0,timedis[0],4);
   display_time(now);
   display_date(today);
   while(1)
   {
   display_time(now);
   display_date(today);
   }
}
```

（4）本例的仿真效果如图 7-102 所示，运行中寄存器情况如图 7-103 和图 7-104 所示。

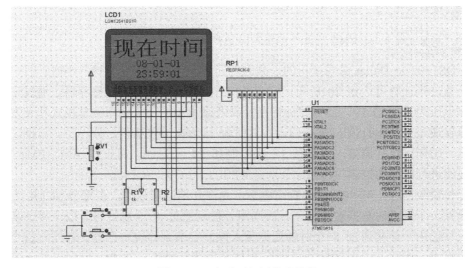

图 7-102　电子万年历仿真效果

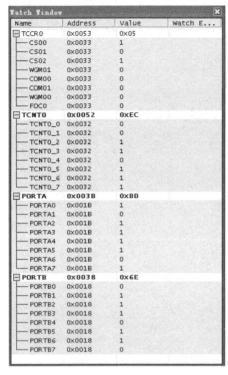

图 7-103　电子万年历运行时主要寄存器情况　　图 7-104　电子万年历运行时寄存器情况

实例 7-14　使用 Proteus 仿真 DS1302 实时时钟

本实例仿真 DS1302 实时时钟，以了解常用电子器件时钟芯片 DS1302 功用及单片机 UART 设置。

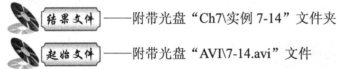

结果文件——附带光盘"Ch7\实例 7-14"文件夹

起始文件——附带光盘"AVI\7-14.avi"文件

（1）DS1302 是 Dallas 公司所出的一款时钟芯片，可以对秒、分钟、小时、月、星期、年进行计数，年计数可达到 2010 年，拥有 31×8 位的额外数据暂存寄存器，通过三引脚控制，工作电压为 2.0～5.5V，读写时钟寄存器或内部 RAM 可采用单字节模式和突发模式。数据通信仅通过一条串行输入/输出口，实时时钟/日历提供包括秒、分、时、日期、月份和年份信息。闰年可自行调整，可选择 12 小时制和 24 小时制，可设置 AM、PM。DS1302 通过三根线进行数据的控制与传递，分别是 RESET、I/O 和 SCLK。

进行传输数据时，RESET 必须置高电平，允许外部读写数据，在每个 SCLK 上升沿时数据被输入，下降沿时数据被输出，一次读写一位，通过 8 个脉冲可读取一字节从而实现串行输入与输出。最初通过 8 个时钟周期载入控制字节到移位寄存器。若控制指令选择的是单字节模式，连续 8 个时钟脉冲可进行 8 位数据读写操作。在 SCLK 时钟的上升沿时，数据被写入至 DS1302，SCLK 脉冲的下降沿读取 DS1302 的数据。8 个脉冲便可读写一个字节。在突发模式，通过连续脉冲一次性读写完 7 字节的时钟/日历寄存器，也可一次性读写 8～328 位 RAM 数据（按实际情况进行一定量的读写）。

（2）本例的电路图如图 7-105 所示。其所使用的元器件如元器件表 7-14 所示。

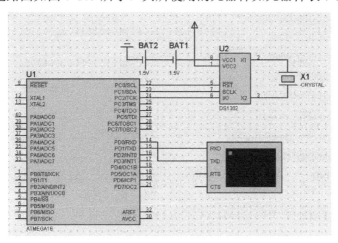

图 7-105　Proteus 仿真 DS1302 实时时钟电路原理图

元器件表 7-14　DS1302 实时时钟电路

Reference	Type	Value	Package
BAT1	CELL	1.5V	**missing**
BAT2	CELL	1.5V	**missing**
U1	ATMEGA16	ATMEGA16	DIL40
U2	DS1302	DS1302	DIL08
X1	CRYSTAL	CRYSTAL	XTAL18

注意　为 DS1302 芯片供电时，VCC1 为两节干电池，晶振频率为 32 768Hz。

（3）本例的源程序如下：

```
#include<avr/io.h>
#include<avr/pgmspace.h>
#include<stdio.h>

#define AM(X)   X
#define PM(X)   (X+12)                      //转成 24 小时制

#define DS1302_RAM(X)   (0xC0+(X)*2)        //用于计算 DS1302_RAM 地址的宏

#define DS1302_IO ((PINC&0x04)<<5)
#define SET_DS1302_CLK PORTC|=_BV(PC1)
#define CLR_DS1302_CLK PORTC&=~_BV(PC1)
#define SET_DS1302_RST PORTC|=_BV(PC0)
#define CLR_DS1302_RST PORTC&=~_BV(PC0)

typedef struct __SYSTEMTIME__
    {
```

```
        unsigned char Second;
        unsigned char Minute;
        unsigned char Hour;
        unsigned char Week;
        unsigned char Day;
        unsigned char Month;
        unsigned char   Year;
        unsigned char DateString[9];
        unsigned char TimeString[9];
}SYSTEMTIME;        //定义的时间类型

unsigned char ACC;

int uart_putchar(char c)
{
  if(c=='\n')
    uart_putchar('\r');
  loop_until_bit_is_set(UCSRA,UDRE);
  UDR = c;
  return 0;
}

int uart_getchar(void)
{
  loop_until_bit_is_set(UCSRA,RXC);
  return UDR;
}

void Ioinit(void)
{
  UCSRB=_BV(RXEN)|_BV(TXEN);
  UCSRC = (1<<URSEL) | (3<<UCSZ0);
  UBRRL=0x19;
  fdevopen(uart_putchar,uart_getchar);
}

void DS1302InputByte(unsigned char d)       //实时时钟写入一字节(内部函数)
{
    unsigned char i;
    ACC = d;
```

```
        DDRC=0x07;
        for(i=8; i>0; i--)
        {
            if(ACC&0x01)
                PORTC|=_BV(PC2);
            else
                PORTC&=~_BV(PC2);                    //相当于汇编中的 RRC
            SET_DS1302_CLK;
            CLR_DS1302_CLK;
            ACC = ACC >> 1;
        }
        DDRC=0x03;
}


unsigned char DS1302OutputByte(void)                 //实时时钟读取一字节(内部函数)
{
    unsigned char i;
    DDRC=0x03;
    for(i=8; i>0; i--)
    {
        ACC = ACC >>1;                               //相当于汇编中的 RRC
        ACC |= DS1302_IO;
        SET_DS1302_CLK;
        CLR_DS1302_CLK;
    }
    return(ACC);
}


void Write1302(unsigned char ucAddr, unsigned char ucDa)   //ucAddr: DS1302 地址, ucDa: 要写的数据
{
    DDRC=0x03;
    CLR_DS1302_RST;
    CLR_DS1302_CLK;
    SET_DS1302_RST;
    DS1302InputByte(ucAddr);                         //地址，命令
    DS1302InputByte(ucDa);                           //写 1Byte 数据
    SET_DS1302_CLK;
    CLR_DS1302_RST;
}
```

```c
unsigned char Read1302(unsigned char ucAddr)          //读取 DS1302 某地址的数据
{
    unsigned char ucData;
     DDRC=0x03;
    CLR_DS1302_RST;
    CLR_DS1302_CLK;
    SET_DS1302_RST;
    DS1302InputByte(ucAddr|0x01);                     //地址，命令
    ucData = DS1302OutputByte();                       //读 1Byte 数据
    SET_DS1302_CLK;
    CLR_DS1302_RST;
    return(ucData);
}

void DS1302_SetTime(unsigned char Address, unsigned char Value)          //设置时间函数
{
    Write1302(0x8E,0x00);
    Write1302(Address, ((Value/10)<<4 | (Value%10)));
}

void DS1302_GetTime(SYSTEMTIME *Time)
{
    unsigned char ReadValue;
    ReadValue = Read1302(0x80);
    Time->Second = ((ReadValue&0x70)>>4)*10 + (ReadValue&0x0F);
    ReadValue = Read1302(0x82);
    Time->Minute = ((ReadValue&0x70)>>4)*10 + (ReadValue&0x0F);
    ReadValue = Read1302(0x84);
    Time->Hour = ((ReadValue&0x70)>>4)*10 + (ReadValue&0x0F);
    ReadValue = Read1302(0x86);
    Time->Day = ((ReadValue&0x70)>>4)*10 + (ReadValue&0x0F);
    ReadValue = Read1302(0x8a);
    Time->Week = ((ReadValue&0x70)>>4)*10 + (ReadValue&0x0F);
    ReadValue = Read1302(0x88);
    Time->Month = ((ReadValue&0x70)>>4)*10 + (ReadValue&0x0F);
    ReadValue = Read1302(0x8c);
    Time->Year = ((ReadValue&0x70)>>4)*10 + (ReadValue&0x0F);
}

void DateToStr(SYSTEMTIME *Time)
{
```

```c
        Time->DateString[0] = Time->Year/10 + '0';
        Time->DateString[1] = Time->Year%10 + '0';
        Time->DateString[2] = '-';
        Time->DateString[3] = Time->Month/10 + '0';
        Time->DateString[4] = Time->Month%10 + '0';
        Time->DateString[5] = '-';
        Time->DateString[6] = Time->Day/10 + '0';
        Time->DateString[7] = Time->Day%10 + '0';
        Time->DateString[8] = '\0';
}

void TimeToStr(SYSTEMTIME *Time)
{
        Time->TimeString[0] = Time->Hour/10 + '0';
        Time->TimeString[1] = Time->Hour%10 + '0';
        Time->TimeString[2] = ':';
        Time->TimeString[3] = Time->Minute/10 + '0';
        Time->TimeString[4] = Time->Minute%10 + '0';
        Time->TimeString[5] = ':';
        Time->TimeString[6] = Time->Second/10 + '0';
        Time->TimeString[7] = Time->Second%10 + '0';
        Time->DateString[8] = '\0';
}

void Initial_DS1302(void)
{
        unsigned char Second=Read1302(0x80);
        if(Second&0x80)
                DS1302_SetTime(0x80,0);
}

void main(void)
{
    DDRC=0x03;
    SYSTEMTIME CurrentTime;
    Ioinit();
    Initial_DS1302();
    while(1)
    {
      DS1302_GetTime(&CurrentTime);
       DateToStr(&CurrentTime);
       TimeToStr(&CurrentTime);
       printf_P(PSTR("DATE:%s\n"),CurrentTime.DateString);
       printf_P(PSTR("TIME:%s\n"),CurrentTime.TimeString);
    }
}
```

（4）生成可执行文件后，设置单片机时钟为内部 RC 时钟 4MHz，然后开始仿真。仿真效果如图 7-106 所示。

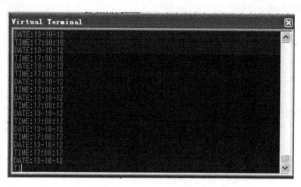

图 7-106　使用 Proteus 仿真 DS1302 实时时钟

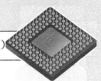

第8章　PCB 布板

　　ARES PCB 设计是一款具有 32 位数据库、元件自动布置、撤销和重试的自动布线功能的超强性能的 PCB 设计系统。本章主要是介绍 Proteus VSM 中的 PCB 布板系统 Proteus ARES 的基本操作，包括其工作界面、菜单、工具栏、环境参数设置，同时结合实例详细介绍 ARES 的功能及 PCB 布板过程。

本章内容

- ❯ Proteus ARES 工作界面
- ❯ ARES 系统设置
- ❯ ARES 设计流程

本章案例

- ❯ PCB 布板流程

8.1　PCB 概述

　　PCB 板即 Printed Circuit Board 的简写，中文名称为印制电路板，又称印刷电路板、印刷线路板，是重要的电子部件，是电子元器件的支撑体，是电子元器件电气连接的提供者。由于它是采用电子印刷术制作的，故被称为"印刷"电路板。根据电路层数分类，可分为单面板、双面板和多层板。常见的多层板一般为 4 层板或 6 层板，复杂的多层板可达十几层。根据软硬进行分类，可分为普通电路板和柔性电路板。

　　PCB 设计中有很多技巧及注意事项，在此不再赘述。

　　Proteus VSM 系统集成了 PCB 设计工具 ARES，采用 ARES 可以完成 ISIS 仿真，证明可行的电路的 PCB 设计，从而真正实现了设想→仿真→设计→成品的 Proteus 设计流程。

8.2　Proteus ARES 的工作界面

　　启动 Proteus ARES 后，工作界面如图 8-1 所示。

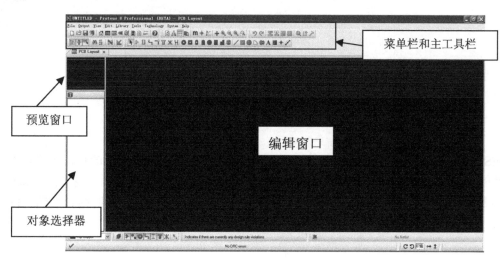

菜单栏和主工具栏

预览窗口

编辑窗口

对象选择器

图 8-1　Proteus ARES 的工作界面

8.2.1　编辑窗口

编辑窗口为点状的栅格区域，它显示正在编辑的 PCB 布板图，可以通过 View 菜单中的 Redraw 命令来刷新显示内容，同时预览窗口中的内容会跟着刷新。编辑窗口用于放置元件，进行连线，绘制原理图，是 ARES 最直观的部分。编辑窗口的缩放、栅格，以及实时捕捉与 ISIS 的操作类似。

缩放时，可以在菜单栏的查看（View）菜单使用四个命令放大（Zoom In）、缩小（Zoom Out）、全局缩放（Zoom All）、区域缩放（Zoom to Area）以达到所需的视野，或者可以通过快捷键 F6（放大）、F7（缩小）、F8（缩放至全局），或者通过鼠标的竖直滚轮达到缩放效果，十分方便。

栅格可以通过单击主菜单栏内的查看（View）中的网格（Grid）开启/禁止按钮，或者使用快捷键 G，点与点之间的距离可以通过当前捕捉的设置决定，如图 8-2 所示。

图 8-2　栅格的开启与设定

视频教学

8.2.2 预览窗口

预览窗口用于显示 PCB 布板图。窗口内的绿框标识编辑窗口中显示的区域。在预览窗口上单击将会以单击位置为中心刷新编辑窗口。其他情况下则显示将要被放置的对象的预览。当一个对象有以下情况：

① 使用旋转或镜像按钮。

② 在对象选择器中被选中。

③ 为一个可以设定朝向的对象类型图标时。

此对象则为"放置预览"特性激活状态。放置对象或执行非以上情况，"放置预览"特性被解除。

8.2.3 对象选择器

对象选择器显示布板图的原理图元器件。在对象选择器中选中元件，然后可以在板框内进行放置。

8.2.4 菜单栏与主工具栏

菜单栏与主工具栏是整个 PCB 布板图设计的控制中心，包括文件的打开、加载、存储，操作的重复、撤销等功能。

如图 8-3 所示为菜单栏与主工具栏。Proteus ISIS 的菜单栏包括有 File（文件）、Output（输出）、View（查看）、Edit（编辑）、Library（库）、Tools（工具）、System（系统）、Help（帮助）。主工具栏有一系列的图标代替文字形象地说明它们的作用。单击任一个菜单后都将会弹出相应的下拉菜单。

图 8-3　菜单栏与主工具栏

1. 菜单栏

File 菜单包括常用的文件功能，例如，新建版图、装载版图、保存版图、另存版图、清除网络表、装载网络表、保存网络表、导入 DXF、导入位图、导入区域、导出区域、整版统计，以及退出系统等操作。

Output 菜单包括打印、打印机设置、打印机信息、设置输出区域、设置输出原点、输出位图文件、输出 Metafile 文件、输出 DXF 文件、输出 EPS 文件、输出矢量文件、输出覆盖层、产生要点等命令。

View 菜单包括刷新、翻转、网格开启、层显示设置、选择公/英制、切换极坐标、原点、光标、网格间距设置、电路图的缩放及工具条设置。

Edit 菜单包括操作的撤销/恢复、剪切/复制/粘贴、焊盘复制、对象置于列表前/后、过孔转为焊盘、复制层及版图转角斜化/去斜化设置。

Library 菜单包括封装/符号的选取、创建封装/符号、分解、库管理器的调用、新建焊盘类型、新建焊盘栈、新建导线类型、新建过孔类型及合并默认风格等命令。

Tools 菜单包括导线转角锁定激活、自动选择导线激活、自动导线缩颈激活、自动重建区域激活、搜索元件、设计规则管理器、自动布局、自动布线、门交换优化、生成电源层、元件重新标注及连通性检查等选项或命令。

System 菜单包括系统信息、检查更新、设置颜色、设置默认规则、设置环境、设置选择过滤器、设置快捷键、设置网格、设置使用板层、设置板层对、设置路径、设置绘图笔、设置模板、设置工作区域、设置区域、保存参数等。

Help 菜单包括帮助索引、版本信息、关于 ARES 等。

2．主工具栏

主工具栏图标及其用法如表 8-1 所示。

表 8-1 主工具栏图标及其用法

图　标	图 标 名 称	图标按钮作用
	新建文件	按下该按钮将会新建一个版图
	打开文件	按下该按钮可以选择打开已有工作版图
	保存文件	按下该按钮将保存工作版图
	关闭文件	按下该按钮将会关闭一个版图
	打开主页	按下该按钮将会打开初始界面
	新建原理图	按下该按钮将会打开原理图编辑页面
	新建 PCB	按下该按钮将会打开 PCB 版图编辑页面
	生成 CADCAM	按下该按钮可以生成 CADCAM 文件
	Gerber 查看	按下该按钮生成 Gerber 和 Excello n 输出
	设计浏览器	按下该按钮可以查看元件的根目录
	材料清单	按下该按钮可以查看材料清单
	源代码	按下该按钮可以查看源代码
	帮助	按下该按钮可以查看帮助
	刷新编辑	按下该按钮将刷新窗口显示，重画编辑与预览窗
	板翻转	按下该按钮可以翻转设计的板以观察底面
	网络切换	按下该按钮可以开启/关闭网格显示
	设置显示板层	按下该按钮可以编辑板层及其可见性

续表

图 标	图标名称	图标按钮作用
m	公/英制切换	按下该按钮可以切换公制与英制
✛	切换为原点	按下该按钮可使能/禁止人工原点设定
⬔	极坐标切换	按下该按钮可以使能极坐标
✛	光标居中	按下该按钮使得光标居于编辑窗口中央
⊕	放大	按下该按钮放大编辑窗口显示范围内的图像
 ⊖	缩小	按下该按钮缩小编辑窗口显示范围内的图像
⊕	缩放到全图	按下该按钮编辑窗口显示全部图像
⊡	缩放到区域	按下该按钮出现区域廓选，选中后将显示区域内容
↺	撤销	按下该按钮撤销前一步操作
↻	重做	按下该按钮重做撤销的命令
⬇	块复制	按下该按钮以区域形式复制对象区域
⬇	块移动	按下该按钮以区域形式移动对象区域
⬈	块旋转	按下该按钮以区域形式旋转对象区域
⊠	块删除	按下该按钮以区域形式删除对象区域
⊕	从库中选择元件	按下该按钮将进入库中选择所需的元件、终端、引脚、端口和图形符号
⬚	封装工具	按下该按钮将启动可视化封装工具
 ⚒	分解	按下该按钮将选择的对象拆解成原型

8.2.5 状态栏

状态栏里的文字显示鼠标指向停留状态，报告一些图标或按钮的命令说明或编辑窗口中的坐标，仿真时会显示实际运行时间、运行信息等内容。

8.2.6 工具箱

工具箱内含有多种工具，帮助进行布板图的编辑设计及仿真。

选择工具箱内相应的工具箱图标按钮，将提供不同类型的操作工具。如图 8-4 所示为工具箱。

图 8-4 工具箱

工具箱图标及其说明如表 8-2 所示。

表 8-2　工具箱图标及其说明

图　标	图 标 名 称	说　　明
	导线转角锁定	按下该按钮可以激活导线转角锁定
	自动导线缩颈	按下该按钮可以切换焊盘间的自动缩颈功能
	自动导线风格	按下该按钮可以切换自动导线风格
	搜索元件	按下该按钮可以搜索元件且选中该元件
	自动编号	按下该按钮可产生字符序列
	自动布线	按下该按钮可以自动进行 PCB 板布线
	设计规则	按下该按钮可设置管理设计规则
	选择模式	按下该按钮将会进入选择模式。此模式下可以选择任意元件并编辑元件的属性
	元件模式	按下该按钮将会进入元件模式。此模式下可选择元件
	封装模式	按下该按钮可放置封装与编辑封装
	导线模式	按下该按钮可放置导线与编辑导线
	过孔模式	按下该按钮可放置过孔与编辑过孔
	覆铜模式	按下该按钮可放置覆铜与编辑覆铜
	飞线模式	按下该按钮可输入或修改飞线连接
	连接高亮模式	按下该按钮可激活高亮显示连通性
	圆形穿孔焊盘模式	按下该按钮可放置圆形穿孔焊盘
	方形穿孔焊盘模式	按下该按钮可放置方形穿孔焊盘
	DIL 焊盘模式	按下该按钮可放置 DIL 焊盘
	边缘连接器焊盘模式	按下该按钮可放置边缘连接焊盘
	圆形 SMT 焊盘模式	按下该按钮可放置圆形 SMT 焊盘
	方形 SMT 焊盘模式	按下该按钮可放置方形 SMT 焊盘
	多边形 SMT 焊盘模式	按下该按钮可放置多边形 SMT 焊盘
	焊盘栈模式	按下该按钮可放置焊盘栈
	2D 图形直线模式	按下该按钮将会进入 2D 图形直线模式。此模式用于创建元件或表示图表时划线
	2D 图形框体模式	按下该按钮将会进入 2D 图形框体模式。此模式用于创建元件或表示图表时绘制方框
	2D 图形圆形模式	按下该按钮将会进入 2D 图形圆形模式。此模式用于创建元件或表示图表时绘制圆形

续表

图标	图标名称	说明
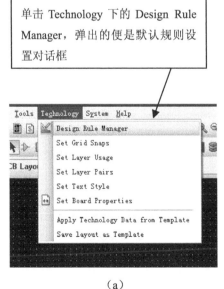	2D 图形圆弧模式	按下该按钮将会进入 2D 图形圆弧模式。此模式用于创建元件或表示图表时绘制弧线
	2D 图形闭合路径模式	按下该按钮将会进入 2D 图形闭合路径模式。此模式用于创建元件或表示图表时绘制任意形状图标
A	2D 图形文本模式	按下该按钮将会进入 2D 图形文本模式。此模式用于创建元件或表示图表时插入各种文字说明
S	2D 图形符号模式	按下该按钮将会进入 2D 图形符号模式。此模式用于创建元件或表示图表时选择各种符号元件
+	2D 图形标记模式	按下该按钮将会进入 2D 图形标记模式。用于产生各种标记图标
	度量模式	按下该按钮放置对象的尺度标记

8.3 ARES 系统设置

由于每个人都有自己的工作习惯，因此，使用软件工作时都希望构造最适用于自己的工作环境。系统设置能很方便地调整各种系统参数，包括大量隐藏的系统参数，使得使用 Proteus ARES 更得心应手。

8.3.1 默认规则设置

默认规则设置用于决定版图的设置策略，包括间距、类型、容差等。具体的设置如图 8-5 所示。

单击 Technology 下的 Design Rule Manager，弹出的便是默认规则设置对话框

（a）　　　　　　　　　　　　　　（b）

图 8-5　ARES 默认规则设置

视频教学

弹出的对话框内有以下选项：

Default Clearances（默认间距）：在默认间距里面可以设置 Pad-Pad（焊盘与焊盘间间距）、Pad-Trace（焊盘与走线间间距）、Trace-Trace（走线与走线间间距）、Graphics-Net（图形与网络间间距）、Edge-Net（边缘与网络间间距）。

Default Styles（默认类型）：在默认类型中可以选择 Neck Style（缩颈类型）与 Relief Style（浮雕类型）。

Tolerance（容差）：在容差中可以设定 Curve Tolerance（曲线容差）与 Rule Check Tolerance（规则检查容差）。

Apply to Default（应用到所有策略）：单击此按钮则可以更新版图设计规则。

8.3.2　网格设置

在网格设置对话框可以设置网格的大小，网格方便对齐元件、摆放元件，系统有默认的网格设定值，而在此对话框中可以重新设置，设置的数值可以以英制或公制作为单位，设置完保存退出后，在 View（视图）菜单中观察网格值会发现是既定的设定值，按下默认的快捷键 F1、F2、F3、F4 便可以很方便地切换网格。

此外，还可以设置网格的显示像素。在 Minimum dot spacing（pixels）中设定。

网格设置具体如图 8-6 所示。

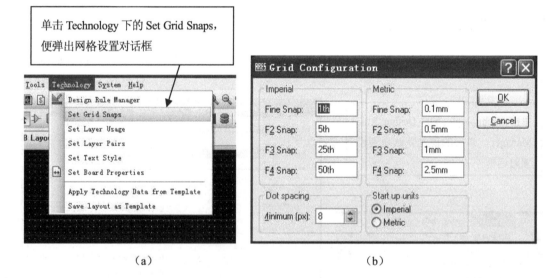

（a）　　　　　　　　　　　　　　　　（b）

图 8-6　ARES 网格设置

8.3.3　使用板层设置

在使用板层设置对话框可以设置板层的显示名称，以及在哪种模式下出现。具体设置如图 8-7 所示。

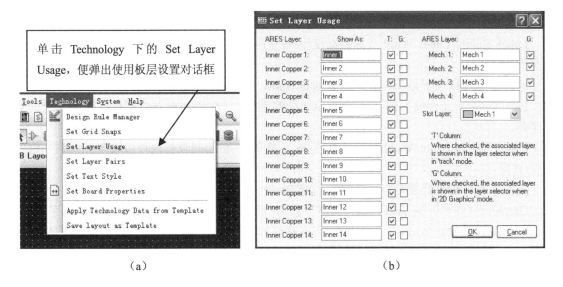

（a）　　　　　　　　　　　　　（b）

图 8-7　ARES 使用板层设置

8.3.4　板层对设置

板层对的设置可以设置内层板，具体设置如图 8-8 所示。

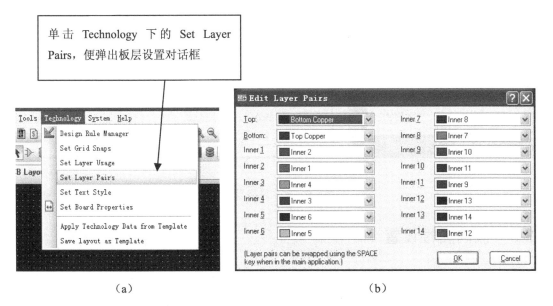

（a）　　　　　　　　　　　　　（b）

图 8-8　ARES 板层对设置

8.3.5　文本风格设置

在文本风格设置对话框中可以设置的选项如下：

Part Reference（元件参考）的 Label Font（标签字体），在此列表框中可以设置元件参考的标签字体。

Label Height/Label Width（标签高度/标签宽度），在此列表框内可以设置元件参考的标签高度/宽度。

元件参考可以设置显示与否，只要勾选 Show（显示）复选框即可。

Part Value（元件值）的 Label Font（标签字体），在此列表框中可以设置元件值的标签字体。

Label Height/Label Width（标签高度/标签宽度），在此列表框内可以设置元件值的标签高度/宽度。

元件参考可以设置显示与否，只要勾选 Show（显示）复选框即可。

Graphics（图形）的 Text Font（文本字体），在此列表框中可以设置图形的文本字体。

Text Height/Text Width（文本高度/文本宽度），在此列表框内可以设置图形的文本高度/宽度。

具体设置如图 8-9 所示。

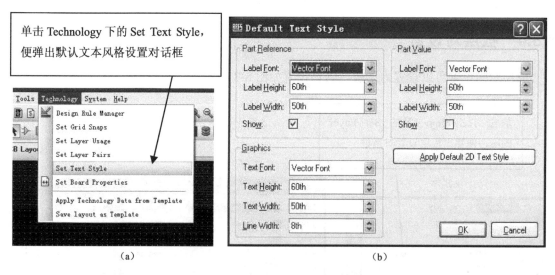

图 8-9　文本风格设置

8.3.6　板的属性设置

板的属性设置可以设置板的最大宽度（Maximum Width）、最大高度（Maximum Height）、板的厚度（Board Thickness）、特征厚度（Feature Thickness）。

单击 Technology 下的 Set Board Properties，弹出板的属性设置对话框，此时便可进行相关的参数设置。

具体设置如图 8-10 所示。

单击 Technology 下的 Set Board Properties，便弹出板的属性设置对话框

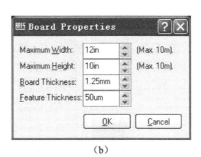

（a）　　　　　　　　　　（b）

图 8-10　板的属性设置

8.3.7　从模板中调取技术数据

从模板中调取技术数据的具体操作如图 8-11 所示。

先单击 Technology 下的 Apply Technology Data from Template，便弹出从模板中调取技术数据的窗口，然后可进行相关的调取操作。

单击 Technology 下的 Apply Technology Data from Template 便弹出从模板中调取技术数据

（a）

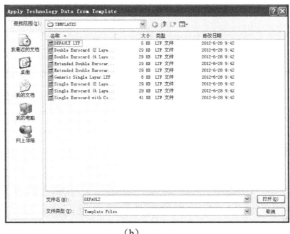

（b）

图 8-11　从模板中调取技术数据

8.3.8　把当前版图保存为技术数据

把当前版图保存为技术数据的具体操作如图 8-12 所示。

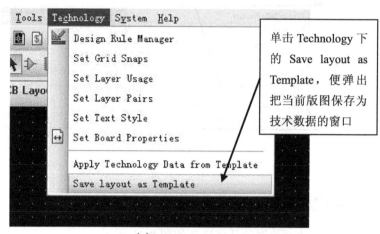

（a）

（b）

图 8-12　把当前版图保存为技术数据

8.3.9　显示选项设置

单击 System 下的 Set Display Options 便可以进行显示选项的设置。其包括图形模式的设置、各个板层的透明度的设置、自动相移动画设置以及突出动画设置。具体操作如图 8-13 所示。

视频教学

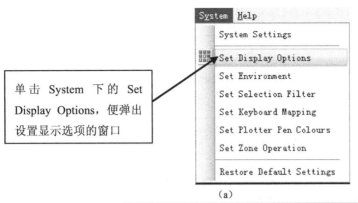

单击 System 下的 Set Display Options，便弹出设置显示选项的窗口

(a)

(b)

图 8-13　显示选项设置

8.3.10　环境设置

单击 System 下的 Set Environment 可以进行环境设置。具体设置如图 8-14 所示。

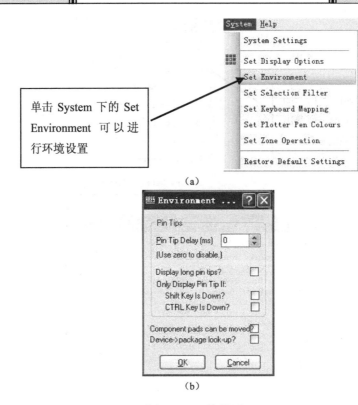

图 8-14 环境设置

8.3.11 选择过滤器设置

选择过滤器设置可以设置模式下的默认过滤器，选项包括元件、图形对象、元件引脚、走线、过孔、覆铜/电源层、飞线连接等。具体设置如图 8-15 所示。

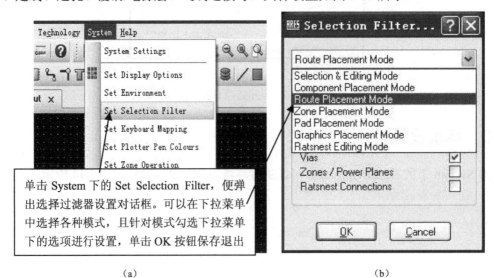

图 8-15 ARES 选择过滤器设置

视频教学

8.3.12 快捷键设置

快捷键的设置为工作带来了方便，具体设置如图 8-16 所示。

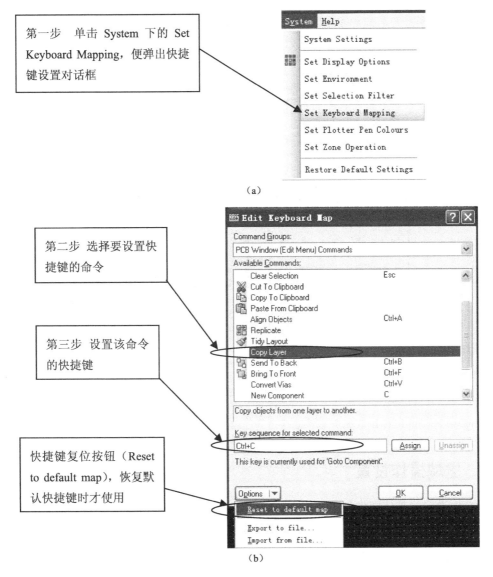

第一步 单击 System 下的 Set Keyboard Mapping，便弹出快捷键设置对话框

（a）

第二步 选择要设置快捷键的命令

第三步 设置该命令的快捷键

快捷键复位按钮（Reset to default map），恢复默认快捷键时才使用

（b）

图 8-16 ARES 快捷键设置

在弹出的对话框中，Command Groups（命令组）提供了不同命令组的子命令，可以在此列表中选择相应的命令组进而设置子命令。

在欲改变的子命令中单击，此时在 Key sequence for selected command（快捷键）设置框中单击，然后按下欲设置的快捷键（可以是单键也可以是组合键），该设置框中会出现按下的按键组合，确定后单击 Assign（设置）按钮便可以完成此子命令的快捷键设置。

在 Options（选项）列表框中可以对系统快捷键复位。

8.3.13 颜色设置

颜色设置可以设置整个 PCB 布板的层面、通孔、盲孔、埋孔、焊盘、走线、阻焊、掩膜、边界、钻孔、引脚数目、飞线、格点等颜色。具体的设置如图 8-17 所示。

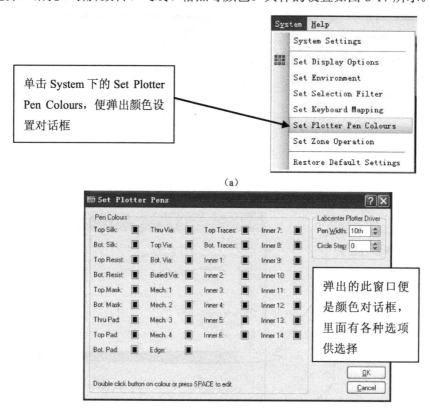

图 8-17 ARES 系统颜色设置

8.3.14 区域操作设置

区域操作设置的具体操作如图 8-18 所示。

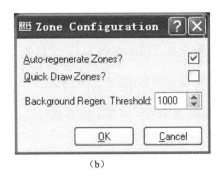

（b）

图 8-18　区域操作设置

8.3.15　恢复默认设置

恢复默认设置的具体操作如图 8-19 所示。

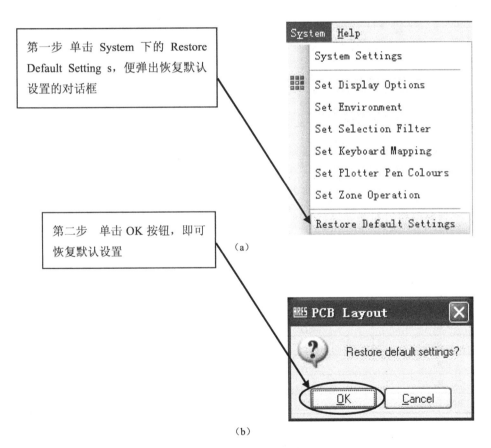

第一步　单击 System 下的 Restore Default Setting s，便弹出恢复默认设置的对话框

第二步　单击 OK 按钮，即可恢复默认设置

（a）

（b）

图 8-19　恢复默认设置

单击 System 下的 Restore Default Setting，便弹出恢复默认设置的对话框。单击 OK 按钮，即可恢复默认设置。

实例 8-1 PCB 布板流程

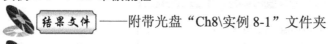

结果文件——附带光盘"Ch8\实例 8-1"文件夹

动画演示——附带光盘"AVI\8-1.avi"文件

（1）此处取第 5 章的实例 5-1PID 控制电路分析作为分析对象。先要绘制好电路原理图，如图 8-20 所示。

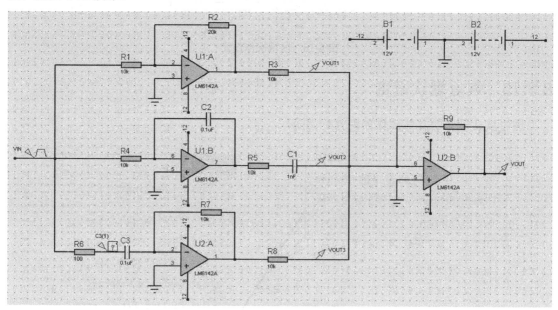

图 8-20 PID 控制电路原理图

PID 控制电路的材料如元器件表 8-1 所示。

元器件表 8-1 PID 控制电路

名　称	属　性	名　称	属　性
C_1	1nF	C_2	0.1μF
C_3	0.1μF	R_1	10kΩ
R_2	20kΩ	R_3	10kΩ
R_4	10kΩ	R_5	10kΩ
R_6	100Ω	R_7	10kΩ
R_8	10kΩ	BATTERY1	12V
BATTERY2	12V	U1、U2	LM6142A

（2）对某些元件修改封装。在 ISIS 中添加元件时系统会自动为元件配置一个封装，但是有部分元件需要用户手动配置封装，或许有些封装并不适合设计的要求也需要重新配置封装。例如，欲改变 C1 的封装，先单击出 C1 的属性对话框，如图 8-21 所示。

然后单击 PCB Package 菜单，选择带有"？"的按钮，如图 8-21 所示。

接着便会弹出如图 8-22 所示的封装选择对话框。选择自己所需要的封装，可以在左下角的预览窗口中观察，确定后单击 OK 按钮退出选择对话框。

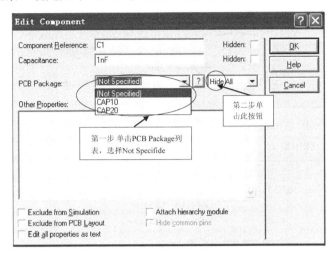

图 8-21　C1 属性对话框

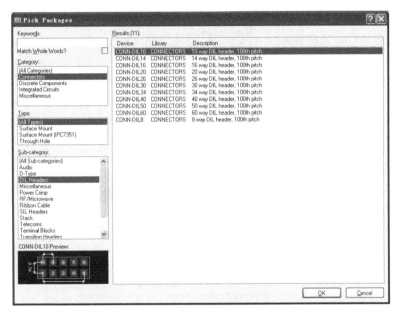

图 8-22　封装选择对话框

　　但有些元件，例如，本例中的电池，本身系统未指定 PCB Package（s）项，可以通过创建器件命令为其指定一种封装。右击电池，在弹出的快捷菜单中选择 Make Device 命令，如图 8-23 所示。

　　在弹出的对话框中单击 Next 按钮，如图 8-24 所示。

　　进入下一个对话框后，也就是选择 PCB 封装对话框，此时可以看到电池的 PCB 封装是空白的，如图 8-25 所示，单击 Add/Edit 按钮进入器件封装选择。

　　按下按键后会出现如图 8-26 所示的封装，单击 Add 按钮。

　　之后会弹出如图 8-22 所示的选择框，选择好后单击 OK 按钮。假如为电池选择

Connectors 中的 CONN-SIL2 封装，将会出现图 8-27 所示的情形，在中间的引脚列表中必须要在相应的 A 项中标明 1 脚、2 脚。

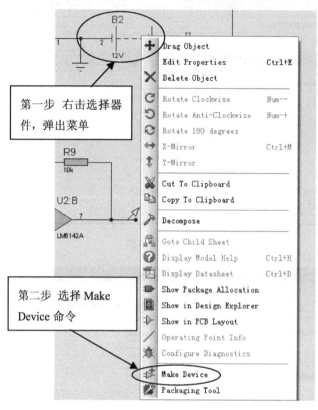

图 8-23　创建元件封装

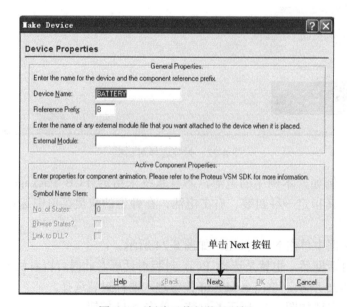

图 8-24　创建元件封装对话框

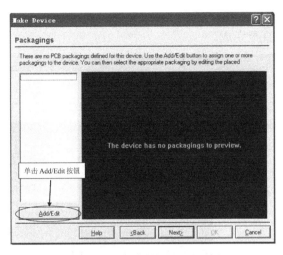

图 8-25　器件封装选择对话框

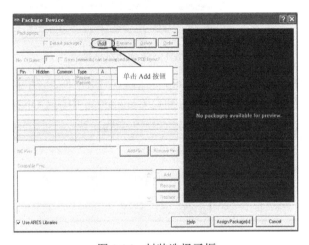

图 8-26　封装选择子框

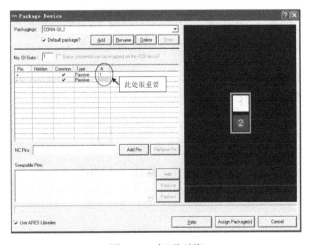

图 8-27　标明引脚

视频教学

单击 Assign Package(s)按钮，若上一步没标明引脚则无法通过，然后会回到图 8-28，之后一直单击 Next 按钮直至完成。

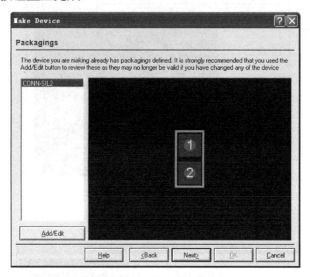

图 8-28 元件封装选择对话框

系统会提示是否要升级关于元件 Battery 的信息，如图 8-29 所示，直接单击 OK 按钮即可。至此 Battery 这个器件系统便会默认拥有 Connectors 中的 CONN-SIL2 的封装。

图 8-29 器件更新确认框

倘若要删除封装，先单击元件，右击元件选择编辑器件。按照前面所说的步骤去打开器件封装选择对话框，如图 8-30 所示，在 Packagings 列表中选择欲删除封装，单击 Delete 按钮，然后系统会弹出确认对话框，单击确认后便可删除封装。

注意 对于类似电池类无封装的器件，Proteus 里面还有不少，实际在 ARES 中也可处理，但是建议在 ISIS 中进行预处理，更为直观。

（3）调整好所有元件的封装后，在 Proteus ISIS 中，单击 Tools（工具）→Netlist Compiler（编译网络表），接着打开编译网表设置对话框，如图 8-31 所示，设置保持默认即可，然后单击 OK 按钮，将会生成网表文件，如图 8-32 所示。

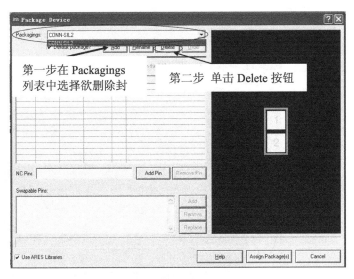

图 8-30　删除封装

图 8-31　编译网表设置对话框

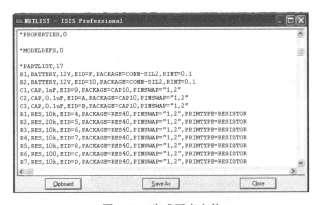

图 8-32　生成网表文件

接着就是将网表文件导入至 ARES，选择 Tools（工具）菜单，单击 Netlist to ARES，如图 8-33 所示，或者直接单击工具栏中的 图标，此时 ARES 便会启动，如图 8-34 所示。

注意　若之前没有为所有元件处理好封装，则会出现提示框提示某元件某引脚无法找到封装，需要手动为其配置。故建议在此之前先用 ISIS 为元件配置好封装。

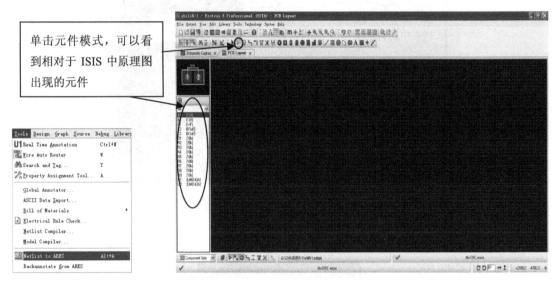

图 8-33　选择 Netlist to ARES　　　　　　　　图 8-34　进入 ARES

（4）进入 ARES 后，单击元件模式可以看到相对于 ISIS 中原理图上的所有元件。放置元件前，需要设置一个板框以决定元件放置的范围，单击 2D 图形框体模式按钮▪，并且在左下角的板层设置中设置为 Board Edge，在编辑窗口中使用鼠标括出欲设置的范围，如图 8-35 所示。

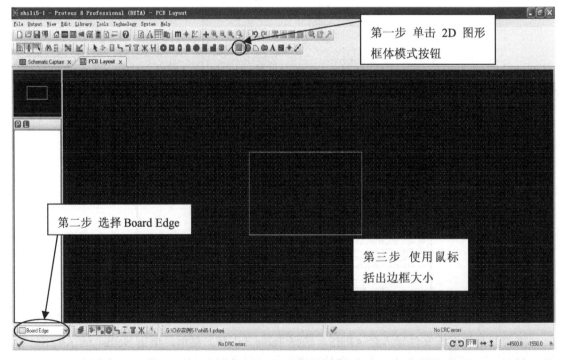

图 8-35　设置边框

视频教学

注意 若以后想修改边框，只需再次单击 2D 图形框体模式按钮■，在板框的边框上单击右键，出现控制点后拖动控制点即可调整板框大小。

单击器件模式按钮跳至器件放置步骤，按下 F8 键或者在菜单栏中单击 View（视图）→Zoom All（全局放大）命令，以获得合适的视图比例，然后可以进行器件的摆放。摆放的步骤是单击元件选中，然后在板框内选择欲放置位置再单击左键，如图 8-36 所示。

同时也可以在菜单栏中单击 Tools（工具）→Auto-placer（自动布局）命令选择交由系统帮助完成自动布局，如图 8-37 所示。但是在自动布局前必须要先设置好边框，否则无法进行自动布局操作。自动布局命令下达后会出现自动布局设置对话框，如图 8-38 所示。

自动布局设置对话框内有以下项目：

① 左列框内是元件及元件封装，底下分别有 All（全部选择）、None（全部不选择）、Schedule（排序）三个按钮，分别对应字面意思。

② Design Rules（设计规则）：设计规则对话框内有两个设置条，分别是设置 Placement Grid（网格大小）和 Edge Boundary（边框边界层厚度），输入具体数字进行设置。

③ Preferred DIL Rotation（DIL 优先放置方向）：此设置框内有单选按钮 Horizontal（水平）和 Vertical（竖直）。

④ Trial Placement Cost Weightings（放置权重）：此设置框内有 Grouping（组数）设置、Ratsnest Length（飞线长度）设置、Ratsnest Crossings（飞线交叉）设置、Congestion（密集度）设置、DIL Rotation 90（DIL 旋转 90°）设置、DIL Rotation 180（DIL 旋转 180°）设置及 Alignment（对齐）设置，分别输入数字进行调整。若想恢复原来设置，单击 Restore Defaults（装载默认设置）按钮即可。

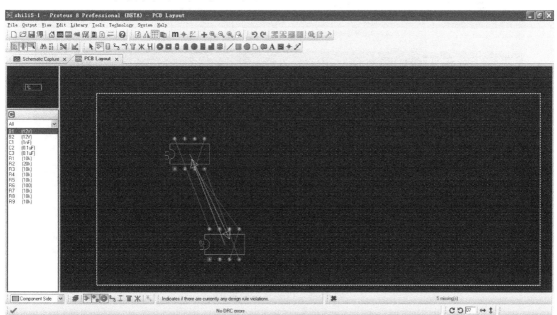

图 8-36 放置元件

图 8-37　自动布局选择

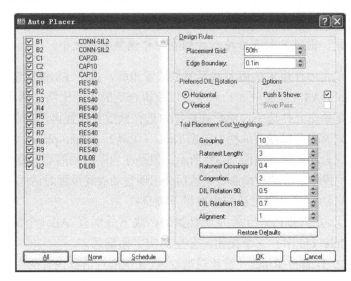

图 8-38　自动布局设置对话框

在此设置后，进行自动布局。布局后的情形如图 8-39 所示。

可以看出比较混乱，所以采取手工调整，选取每个器件，进行合理的放置。摆好位置后如图 8-40 所示。

然后进行布线，选择 Tools（工具）→Auto-router（自动布线）命令，或者在工具栏中单击自动布线按钮，如图 8-41 所示。

启动命令后将会弹出如图 8-42 所示的设置框。

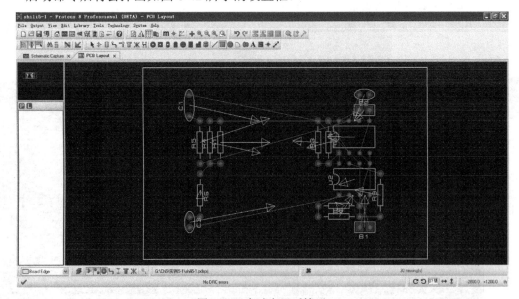

图 8-39　自动布局后情形

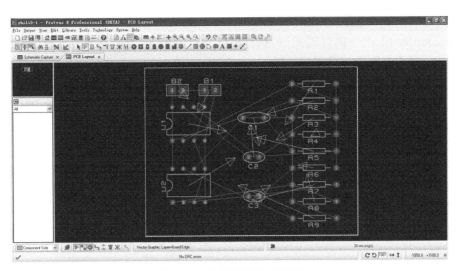

图 8-40　摆放好后的元件图

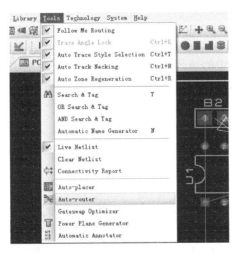

图 8-41　自动布线命令

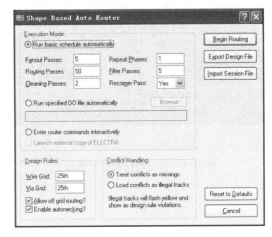

图 8-42　ARES 自动布线设置框

视频教学

此设置框有以下设置项：

① Execution Mode（执行模式）：执行模式内有 Fanout Passes（扇出通过）设置框、Repeat Phases（重复阶段）设置框、Routing Passes（布线通过）设置框、Filter Passes（过滤通过）设置框、Cleaning Passes（间隙通过）设置框，以及 Recorner Pass（重新拐角通过下拉框）等，通过设定数值进行相应的设置。此外，可以设定 Run specified DO file automatically（自动执行设置）或 Run basic schedule automatically（自动执行基本设置）。

② Design Rules（设计规则）：设计规则有 Wire Grid（导线栅格）设置框、Via Grid（过孔栅格）设置框，通过输入数字设定宽度大小。此外，还有 Allow off grid routing（允许无栅格布线）和 Enable autonecking（允许自动缩颈）复选框。

③ Conflict Handling（冲突处理）：非法走线会呈现黄色且闪烁，说明违背设计规则，在此可以设定 Treat conflicts as missings（把冲突作为错误）或 Load conflicts as illegal tracks（忽视冲突）。

④ 若想恢复原始设置可以单击 Reset to Defaults（恢复默认）按钮，查看帮助信息可以单击 Help（帮助）按钮，也可以 Export Design File（导出设计文件）或 Import Session File（导入区域文件）。

设置好后，单击 Begin Routing（开始布线）按钮，出现如图 8-43 所示情形。

可以针对走线进行进一步的修改或调整，但是必须要跳至相应的板层进行修改。

（5）调整完后，进行焊盘的摆放，单击圆形穿孔焊盘模式按钮▣，在对象选择器中选择欲放置的焊盘类型，如图 8-44 所示。

（6）摆放固定焊盘后，本例的 PCB 布板到此结束了。效果如图 8-45 所示。

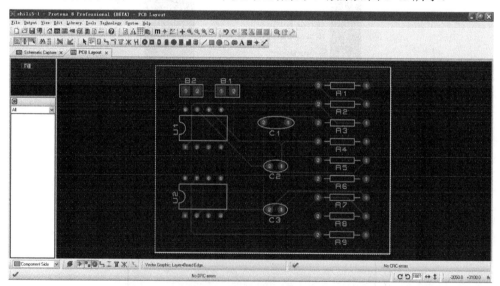

图 8-43　自动布线执行后效果

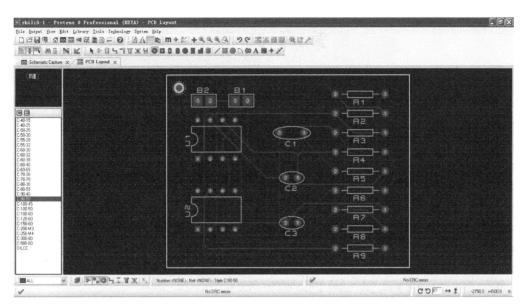

图 8-44　摆放固定焊孔

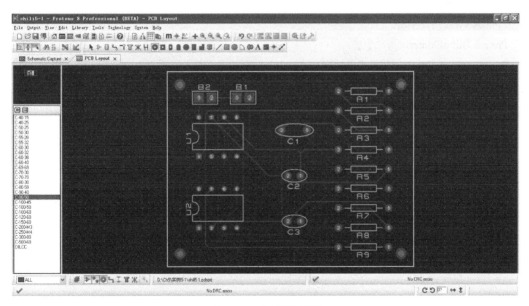

图 8-45　完成效果图

参 考 文 献

[1] 谢龙汉，莫衍. Proteus 电子电路设计及仿真[M]. 北京：电子工业出版社，2012.

[2] 江海波，王卓然，耿德根. 深入浅出 AVR 单片机——从 ATmega48/88/168 开始[M]. 北京：中国电力出版社，2008.

[3] 佟长福. AVR 单片机 GCC 程序设计[M]. 北京：北京航空航天大学出版社，2006.

[4] 郁文工作室，侯正鹏. 嵌入式 C 语言程序设计——使用 MCS-51[M]. 北京：人民邮电出版社，2006.

[5] 周景润，郝媛媛. Altium Designer 原理图与 PCB 设计（第 2 版）[M]. 北京：电子工业出版社，2012.

[6] 周润景，张丽娜. 基于 Proteus 的 AVR 单片机设计与仿真[M]. 北京：北京航空航天大学出版社，2007.

[7] 周景润，蔡雨恬. Proteus 入门实用教程（第 2 版）[M]. 北京：机械工业出版社，2011.

[8] 李庆常. 数字电子技术基础（第 3 版）[M]. 北京：机械工业出版社，2010.

[9] 童诗白，华成英. 模拟电子技术基础（第 4 版）[M]. 北京：高等教育出版社，2006.

[10] 阎石. 数字电子技术基础（第 5 版）[M]. 北京：高等教育出版社，2006.

[11] Proteus 8 Framework Help.

[12] Proteus ISIS 用户手册.

[13] Proteus ARES 用户手册.

[14] Proteus VSM 用户手册.

[15] Proteus Bill of Materia 用户手册.

[16] Proteus Design Explorer 用户手册.

[17] ATmega16 用户手册.

[18] http://www.labcenter.com.